티 소믈리에가 들려주는

'호레카' 속의 티 세계 1

HoReCa   Tea

정승호 지음

티 소믈리에가 들려주는

'호레카' 속의 티 세계 1

HoReCa   Tea

정승호 지음

세계 '호스피탈러리 산업'을 대표하는 'HoReCa(호텔·레스토랑·카페)'의 티(Tea) 트렌드

글로벌 호텔·레스토랑·카페로 떠나는 세계 호스피탈러티 산업의 다양한 파인 다이닝 & 애프터눈 티의 신세계

한국티소믈리에연구원

프롤로그

오늘날 세계 호스피탈러티 산업계는 거대 여행 산업과 맞물려 호텔, 레스토랑, 카페, 리조트, 투숙지, 레저 등 다양한 분야에서 각국의 독특한 역사와 문화, 지정학적인 특성을 바탕으로 고객들의 요구와 맞물려 치열하게 경쟁, 발전하고 있습니다.

특히 호스피탈러티 산업계의 주축을 이루는 '호레카(HoReCa)(호텔 앤 리조트, 레스토랑, 카페)' 분야에서는 각 분야의 선두를 달리는 초거대 기업들이 세계 호스피탈러티 시장을 점유하기 위하여 새로운 호텔 브랜드를 세우거나, 로열티 프로그램을 통해 호스피탈러티 브랜드를 차별화하거나, 기존의 호스피탈러티 기업을 인수, 합병하는 등 매우 다이내믹하게 성장하고 있습니다. 아울러 전 세계 각지의 럭셔리 브랜드 호스피탈러티 업체들의 그러한 성장을 통해서는 호텔의 역사뿐 아니라 각 지역의 독특한 역사와 문화, 그리고 전통까지도 엿볼 수 있습니다.

이번에 한국티소믈리에연구원이 출간하는 『호레카(HoReCa)〉 속 티(Tea)의 세계 1』는 그러한 호스피탈러티 산업계를 내부에서 실질적으로 움직이는 사람들, 즉 호텔리어, 레스터러테어, 카페 매니저, 컬리너리 셰프, 소믈리에, 바텐더, 티소믈리에 등 각 분야 전문가들이 펼치는 눈부신 활약상을 '파인 다이닝 & 애프터눈 티의 명소'를 중심으로 소개합니다.

또한 전 세계 '호레카' 산업계 중에서 유럽, 중동, 아프리카 지역의 '파인 다이닝과 티의 명소'를 중심으로 호스피탈러티 산업을 소개한 제1권으로서,

제2권은 인도아대륙, 오세아니아, 아시아, 북미, 남미의 '파인 다이닝 앤 티의 명소'를 중심으로 호스피탈러티 산업계의 이야기가 소개될 예정입니다.

애프터눈 티로 시작하여 브리티시 티 문화가 융성한 서유럽, 허브티와 스페셜티 티의 강세인 북유럽, 사모바르의 러시아와 보헤미안 티 스타일의 동유럽, 세계 최고의 럭셔리 호텔 앤 리조트에서 최고의 애프터눈 티를 즐기는 중동, 모로칸 스타일의 북아프리카, 홍차의 대국으로 성장한 동아프리카 등 각지에서 눈부시게 성장하는 호텔, 레스토랑, 카페, 리조트, 투숙지, 바, 레저, 케이터링(catering), 요리, 식음료(와인, 샴페인, 티, 맥주, 칵테일 등)와 관련한 각 분야의 전문가들이 펼치는 호스피탈러티 산업계의 이야기를 담고 있어 매우 흥미를 더해 줍니다.

티를 사랑하는 사람들이나 식음료 산업에 종사하는 분들이 전 세계를 여행하면서 티·파인 다이닝의 명소들을 둘러보고 싶거나, 또는 티가 호스피탈러티 산업계에서 어떤 위상을 차지하고, 어떤 기능을 하는지 등에 궁금한 분들에게 이 책은 좋은 길잡이가 되기를 기대합니다. 덧붙여 호스피탈러티 산업계에 종사하시는 많은 분들께 큰 응원을 보냅니다.

정승호
외식경영학 박사
사단법인 한국티협회 회장
한국티소믈리에연구원 원장

Contents

Part I

'유럽의 호레카HoReCa' 속
티Tea 명소

I 서유럽

1. 영국(UK) 잉글랜드 – '브리티시 스타일 홍차'의 탄생지

5. 프랑스 – '살롱 드 테(티 하우스)', '마카롱'의 탄생지

6. 포르투갈 – 유럽 최초로 '중국 해상 무역로'를 개척한 나라

II 북유럽

III 동유럽

Part II

'중동의 호레카HoReCa' 속
티Tea 명소

I 중동

Part III

'아프리카의 호레카 HoReCa' 속 티 Tea 명소

Ⅰ 북아프리카

1. 이집트 - 서양 문화의 원류인 나라

2. 튀니지 - 카르타고의 후예

칼럼

II 동아프리카

III 남아프리카

부록

1

유럽의
호레카(HoReCa) 속
티(Tea) 명소

I

서유럽

'애프터눈 티', '하이 티'의 본고장, 런던

영국은 17세기 중반 '티(Tea)'가 네덜란드로부터 처음 유입된 뒤로 오늘날까지도 티 소비의 선두 주자인 나라이다. 역사를 거슬러 올라가면 1650년 커피 하우스가 런던에 처음 생긴 뒤 17세기 후반에는 런던에만 커피 하우스가 3000개나 생겨날 정도였다.

영국의 상류층에 티 음료 문화를 최초로 전파한 캐서린 오브 브라간사 왕비

그 뒤 영국 스튜어트 왕조의 3대 국왕 찰스 2세(Charles II, 1630~1685)의 왕비 캐서린 오브 브라간사(Catherine of Braganza, 1638~1705), 앤 여왕(Queen Ann, 1665~1714)이 영국 왕궁에 티 문화를 정착시킨 뒤 영국 동인도회사를 통해 18세기 초부터는 막대한 양으로 티를 중국에서 수입하는 가운데, 런던의 상류층 사회에는 19세기 제7대 베드퍼드 공작부인(Duchess of Bedford)인 애나 마리아 러셀(Anna Maria Russell, 1783~1861)의 디너 전 '허기'를 모티브로 '애프터눈 티(Afternoon Tea)'의 귀족 문화가 탄생하였고, 19세기 산업혁명기에는 노동자를 중심으로 '하이 티(High Tea)'의 서민 문화가 생겨난 것이다.

이러한 문화적인 배경으로 영국은 전 세계에 '브리티시 스타일 홍차(British Style Black Tea)'의 독특한 티 문화를 확산시켰으며, 그 문화는 지금까지도 계속되고 있다. 여기서는 그런 영국의 '애프터눈 티', '하이 티'의 세계적인 명소들을 소개한다.

The Ritz Hotel

피커딜리의 '리츠 호텔'

리츠 호텔 전경

영국의 브리티시 스타일 티
문화를 대표하는 '애프터눈
티(aftenoon tea)'가 탄생한
런던에는 티 애호가들이 둘
러볼 만한 호텔, 레스토랑, 티

리츠 레스토랑 애프터눈 티

하우스(Tea House)의 명소들이 많다. 런던 내의 자치구인 웨스트민스터
(City of Westminster)의 주요 거리인 피커딜리(Piccadilly)에 위치한 '리
츠 호텔(The Ritz Hotel)'도 그중 한 곳이다.

1906년 스위스 호텔리어인 세자르 리츠(César Ritz, 1850~1918)가 창립
하여 약 120년의 역사를 자랑하는 리츠 호텔은 오늘날에도 5성급의 휴
양 시설과 서비스를 갖춘 럭셔리 호텔로서 세계 정상급의 다이닝과 애프
터눈 티를 선보인다.

이 호텔은 1900년부터 발간되어 약 120여 년의 역사와 전통으로 세계
적인 권위를 자랑하는 세계 여행의 안내서, 〈미쉐린 가이드(Michelin
Guide)〉에 등록된 '리츠 레스토랑(Ritz Restaurant)', 와인, 샴페인, 칵테
일을 야외에서 즐길 수 있는 '리츠 가든(The Ritz Garden)', 칵테일로 유
명한 '리볼리 바(The Riboli Bar)', 그리고 5성급의 스위트룸이 유명한데,
그중 영국 정통 애프터눈 티는 여행을 좋아하는 티 애호가들에게는 아마

도 '버킷리스트'일 것이다.

'리츠 레스토랑'에서는 파인 다이닝을 비롯해 영국 정통 방식의 애프터눈 티를 선보이는 것으로 유명하다. 이 레스토랑은 찬연히 빛나는 샹들리에, 환상적인 대리석의 열주, 그린 파크(Green Park)가 내려다보이는 전망 등으로 분위기가 매우 화려하다. 특히 〈미쉐린 가이드〉 성급의 수석 셰프인 존 윌리엄스(John Williams)가 선보이는 파인 다이닝의 테이블 세팅은 매우 스펙터클하다.

이곳에서는 매일 신선한 애프터눈 티를 서비스하는데, 콘월식 고형크림(clotted cream)을 바른 스콘, 딸기잼, 별미의 페이스트리, 티 케이크, 그리고 18종류의 프리미엄 잎차(loose leaf tea)를 고객들이 자신의 취향에 따라 즐길 수 있다. 여기에 최고급 샴페인을 더한다면 최고의 경험이 될 것이다.

이곳은 티 전문가인 '티소믈리에(Tea Sommelier)'가 티에 관한 제반 업무를 진행하는 잉글랜드 유일의 호텔이다. 티소믈리에가 전 세계의 산지를 돌아다니면서 최고 품질의 티를 엄선하여 고객들에게 제공하는 것으로도 유명하다. 피아니스트, 하피스트, 현악 5중주의 고요하면서도 감미로운 음악이 흐르는 가운데 애프터눈 티를 즐기고 싶다면 런던의 리츠 호텔로 가 보길 바란다.

야외 테라스형인 리츠 가든에서도 정통 애프터눈 티를 비롯하여 최고급 캐비어 요리와 함께 클래식 메뉴, 디저트, 샴페인, 스파클링 와인, 최고급 와인, 스피릿츠를 비롯해 각종 소프트 링크를 화사한 분위기 속에서 즐길 수 있다. 한편, 리볼리 바는 칵테일의 명소로서 와인, 샴페인, 샌드위치, 캐비어 등의 간단한 별미와 함께 다양한 음료들을 즐길 수 있다.

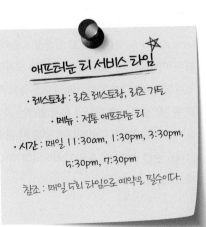

애프터눈 티 서비스 라임

• 레스토랑 : 리츠 레스토랑, 리츠 가든

• 메뉴 : 정통 애프터눈 티

• 시간 : 매일 11:30am, 1:30pm, 3:30pm, 5:30pm, 7:30pm

참조 : 매일 5회 타임으로 예약은 필수이다.

'RMS 타이태닉호(號)'의 일등객실 레스토랑,

'알라카르트'를 설계한 세자르 리츠

20세기 최대 해양 참사를 일으켰던 초호화 유람선 'RMS 타이태닉호(Titanic)'(이하 타이태닉호)는 1911년 영국 조선사인 하랜드 앤 울프(Harland & Wolff)가 진수, 동일 국적의 해운선사 '화이트 스타 라인(White Star Line)'이 소유한 '불침의 선박', '세계 최대', '초호화 크루즈' 등 화려한 수식어를 죄다 달고 다녔던 거대 올림픽급 여객선이었다.

그런데 1912년 4월 10일 영국 사우샘프턴에서 미국 뉴욕으로 처녀 출항에 나서면서 '최단 시간 운항 기록의 경신'이라는 또 하나의 '장식어'를 달기 위해 무리한 가속 끝에 운항한 지 불과 6일 만인 4월 15일 새벽, 빙산과 충돌한 뒤 침몰하였다. 이 사고로 승선 인원 2223명 중 1514명이 숨지는 세기의 해양 참사가 벌어졌다.

이때 침몰한 타이태닉호의 선교루(船橋樓) 갑판에 설계된 초호화 일등객실 레스토랑 '알라카르트(à la carte)'를 설계, 디자인한 사람이 바로 영국 리츠 호텔의 창립자인 세자르 리츠(César Ritz)였다.

제임스 카메론(James F. Cameron) 감독, 레오나르도 디카프리오(Leonardo W. Dicaprio)가 잭 도슨, 케이트 윈슬릿(Kate E. Winslet)이 로즈로 열연한 할리우드 영화「타이태닉(The Titanic)」에서는 잭 도슨이 로즈를 구해 준 뒤 그 약혼자인 칼 헉클리가 답례로 초대하는 디너의 그 일등객실 레스토랑.

그 뒤 3등 선객인 잭 도슨의 불시 입장은 금지되고, 영화 끝 무렵에 로즈가 '대양의 심장'이라는 다이아몬드를 바다에 던진 뒤 꿈속에서 잭 도슨과 만나는 장면에서는 문이 열리는 순간 감미로운 음악이 시작되며 추억 속의 사람들이 웃으며 등장하는 바로 그 레스토랑이기도 하다.

RMS 타이태닉호의 일등 객실 레스토랑 알라카르트

RMS 타이태닉호

The Savoy

'세기의 명사', '영국 왕가'를 고객층으로 둔
130여 년 전통의 '사보이 호텔'

사보이 호텔 정문

영국 런던의 한복판을 가로지르는 템스강 유역의 노스뱅크(Northbank)
에는 1889년 설립되어 약 133년의 역사와 전통을 자랑하는 럭셔리 5성
급 호텔이 있다. 영국 호텔 사상 럭셔리 호텔의 선두 주자로 명실공히 인
정을 받는 '사보이(The Savoy)' 호텔이다.

이 호텔은 특히 19세기의 연극, 오페라의 거물급 여배우들에서부터 20
세기의 무비, 록스타 등에 이르기까지 수없이 많은 세계 유명 스타들이
활약하거나 거쳐 가고, 영국 왕가와도 세기를 뛰어넘는 깊은 인연으로
유명세가 높다.

19세기 프랑스 연극배우인 사라 베르나르(Sarah Bernhardt,
1844~1923), 호주 오페라가수 넬리 멜바(Dame Nellie Melba,

1861~1931), 영국 상류 사교계의 명사이자 연극배우 릴리 랭트리 (Lillie Langtry, 1853~1929)에 이어 20세기 할리우드의 영화배우 마를레네 디트리히(Marlene Dietrich, 1901~1992), 존 웨인(John Wayne, 1907~1979), 프랭크 시나트라(Frank Sinatra, 1915~1998), 가수이자 영화배우인 마릴린 먼로(Marilyn Monroe, 1926~1962), 밥 딜런(Bob Dylan), 존 바에즈(Joan Baez), 록밴드 비틀스(The Beatles) 등 다 거론할 수 없을 정도로 수많은 스타의 방문지이기도 하다.

또한 이 호텔은 19세기에 설립 당시부터 영국 최초의 '디럭스 호텔(Deluxe Hotel)'을 겨냥하여 영국 왕가에서 각종 연회나 브렉퍼스트, 디너를 위해 참석한 곳인 만큼, 영국 정통 애프터눈 티를 비롯한 다이닝과 바의 수준은 두말할 것도 없이 세계에서도 톱 수준이다.

〈미쉐린 가이드〉에서 현재 총 14개의 별점을 보유한 스코틀랜드 출신의 셰프이자 푸드 작가, 방송인으로 유명한 고든 램지(Gordon Ramsay)의 '리버 레스토랑 바이 고든 램지(The River Restaurant by Gordon Ramsay)'에서는 템스강의 전경을 드넓게 바라보면서 온종일 다이닝을 즐길 수 있다. 특히 해산물 요리를 비롯해 탄두리(tandoori) 화덕 요리인 아귀커리, 랍스터구이 등의 「알라카르트」 메뉴는 오직 이곳에서만 맛볼 수 있는 별미이다.

호텔 입구의 '레스토랑 1890 바이 고든 램지(Restaurant 1890 by Gordon Ramsay)'는 2022년에 문을 연 곳으로서 '요리의 제왕', '왕들의 요리사'라 불리는 요리계 거두이자 프랑스 요리장인 오귀스트 에스코피에(Georges Auguste Escoffier, 1846~1935)에 경의를 표하기 위하여 최고의 다이닝을 선사하고 있다. 전 세계 곳곳에서 최고 품질의 재료들만 엄선하여 사용하는 요리와 빈티지 와인의 절묘한 조화로 요리의 신세계를 펼쳐 보여 미식가들에게는 버킷리스트일 것이다.

또한 '사보이 그릴 바이 고든 램지(the Savoy Grill by Gordon Ramsay)'의 전신인 '사보이 그릴(the Savoy Grill)'은 영국의 수상 윈스턴 처칠(Winston Churchill, 1874~1965), 할리우드의 반항아 제임스 딘(James

템스강 노스뱅크의 사보이 호텔 야경

Dean, 1931~1955), 할리우드의 배우 마릴린 먼로, 프랭크 시나트라, 오스카 와일드(Oscar Wilde, 1854~1900), 엘리자베스 2세 여왕(Queen Elizabeth II) 등 세계 최고의 인사들이 즐겨 찾는 레스토랑이었다.

지금은 당대의 유명 셰프인 고든 램지의 지도 아래에 운영되면서 영국과 프랑스의 정통 요리들을 선보이고 있다. 특히 런치와 디너에서 '테르미도르(Thermidor)', '도버 서대기 뫼니에르(Dover sole meuniere)', '석화' 등 요리의 대기행을 즐길 수 있다. 한 시대를 풍미한 최고의 인사들이 즐겨 찾았던 이 기념비적인 레스토랑을 미식가들은 아마 그냥 지나칠 수는 없을 것이다.

이 호텔의 '아메리칸 바(The American Bar)'는 1893년 문을 연 뒤 런던의 칵테일 바 중에서도 가장 오랫동안 살아남은 곳으로서 세계 칵테일 역사상에서 매우 상징적인 곳이다.

칵테일계의 전설적인 바텐더 해리 크래덕(Harry Craddock), 에이다 콜먼(Ada 'Coley' Coleman)이 활약한 곳이다. 이곳은 처칠 수상에서부터 미국의 노벨문학상 수상 작가 어니스 헤밍웨이(Ernest Hemingway, 1899~1961)에 이르기까지 그동안 숱한 인사들이 들러서 칵테일을 즐겼던 명소로 '월드 베스트 바 50선'에 든다. 아마도 칵테일 마니아들에게는

최상의 방문지가 아닐까
싶다.

영국의 술을 제대로 즐기
고 싶은 사람에게 또 하
나의 명소가 있다. '바 앳
심슨스 인 더 스트랜드
(the bar at Simpson's in
the Strand)'이다. 이곳은

바 앳 심슨스 인 더 스트랜드의 칵테일

수많은 칵테일들이 그동안 탄생한 곳으로 유명하고, 지금도 초일류 바텐
더들이 스피릿츠, 토닉, 진, 비터를 믹솔로지한 칵테일들을 창조해 세상
에 첫선을 보이는 곳이다.

또한 사보이 호텔에는 지난 130년 역사와 함께한 애프터눈 티의 명소가
있다. 레스토랑 '템스 포이어(the Thames Foyer)'이다. 이 레스토랑은 호
텔 개업과 함께 문을 연 뒤 애프터눈 티의 고향인 런던에서도 「사보이 애
프터눈 티(Savoy's Afternoon Tea)」의 메뉴로 지난 130년간 명성을 누려
왔다. 1840년대 영국 정통 방식의 「사보이 애프터눈 티」는 세계에서도
가장 유명한 것으로서 아마도 티 애호가들에게는 최고의 경험을 선사할
것이다.

뷰포트 바

사보이 호텔 약 130년 역사와 함께한,

「사보이 애프터눈 티」의 메뉴

약 130년 전 사보이 호텔이 개업할 당시에 문을 연 레스토랑인 '템스 포이어(the Thames Foyer)'에서는 「사보이 애프터눈 티」와 「하이 티」를 19세기에서 탄생할 당시의 원형 그대로인 영국 정통 방식으로 제공하는 곳으로 유명하다.

사보이 애프터눈 티에서는 30종류에 달하는 광범위한 종류의 티와 영국 전통의 샌드위치, 콘월식 고형크림을 얹은 스콘, 딸기잼, 레몬 커드(lemon curd) 등이 제공된다. 여기에 등장하는 각각의 별미들은 거의 예술적인 수준이다. 엑스트라 스페셜로는 '로랑 피에르 샴페인(Laurent-Perrier Champagne)'이나 '나이팀버 스파클링 와인(Nyetimber sparkling wine)'을 추가할 수 있다.

한편 템스 포이어에서는 「사보이 애프터눈 티」와 「하이 티」를 영국 정통적인 방식으로 제공하는 것 외에도, 고객들이 육류를 회피하는 정도에 따라 즐길 수 있도록 「비건 애프터눈 티(Vegan Afternoon Tea)」, 「베지테리언 애프터눈 티(Vegetarian Afternoon Tea)」도 서비스하고 있다.

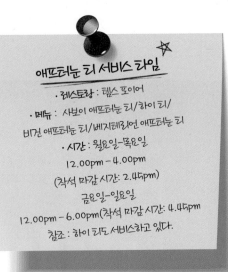

애프터눈 티 서비스 타임
- 레스토랑 : 템스 포이어
- 메뉴 : 사보이 애프터눈 티/하이 티/ 비건 애프터눈 티/베지테리언 애프터눈 티
- 시간 : 월요일-목요일
  12.00pm - 4.00pm
  (착석 마감 시간: 2.45pm)
  금요일-일요일
  12.00pm - 6.00pm(착석 마감 시간: 4.45pm
  참조 : 하이 티도 서비스하고 있다.

사보이 애프터눈 티

템스강이 바라보이는 가운데 즐기는 영국 정통 애프터눈 티

The Langham, London

상류층의 '애프터눈 티'를 최초로 대중화한 호텔,
'랭엄 런던 호텔'

웅장한 모습의 랭엄 런던 호텔의 전경

런던을 여행하는 사람이라면 아마도 세계적인 명소인 '대영박물관
(British Museum)'은 버킷리스트로서 들르지 않을 수 없는 곳이다. 그 대
영박물관과 인근의 쇼핑가를 구경한 뒤에는 애프터눈 티의 명소를 방문
해 보길 바란다. 런던 리전트 스트리트(Regent Street)에 있는 유럽 최초
의 그랜드호텔, '랭엄 런던(The Langham, London)'이다.

랭엄 런던 호텔은 1865년 그랜드호텔로서 첫 문을 연 뒤로 157년의 역
사를 지금까지 쓰고 있다. 이 호텔은 홍콩의 자산운용사인 '그레이트 이
글 홀딩스(Great Eagle Holdings)'의 자회사인 '랭엄 호텔스 인터내셔널
(Langham Hotels International Limited)'의 첫 브랜드로서 5성급 럭셔리
호텔이다. 오늘날 흔히 '랭엄 호스피탈러티 그룹(Langham Hospitality

Group)'이라고도 하는 '랭엄 호텔스 인터내셔널'은 4대륙의 주요 도시에 16개의 5성급 호텔을 두고 있다.

랭엄 런던 호텔은 지금도 끊임없이 이미지의 쇄신과 혁신을 시도하고 있으며, '유럽 최초 그랜드호텔'이라는 타이틀을 지닌 자긍심으로 런던에서도 초일류의 휴양 시설과 다이닝 앤 바(Ding & Bar)의 서비스를 제공한다.

특히 이 호텔은 19세기 빅토리아 시대의 베드퍼드 공작부인에 의해 시작된 상류층 문화인 '애프터눈 티'를 일반인들에게 최초로 호텔에서 대중화한 역사적인 명소이다. 지금도 약 160년 동안 영국 정통 방식으로 애프터눈 티의 메뉴를 고수하고 있어 티 애호가들에게는 선택의 여지가 없는 여행지이다. 특히 애프터눈

팜코트 내부의 화려한 모습

티의 본고장 런던에서도 「베스트 애프터눈 티 서비스 2018」로 선정된 곳으로 확실히 보장된 장소이다. 호텔과 함께 문을 연 레스토랑인 '팜코트(Palm Court)'가 바로 그 명소이다.

이곳은 오랜 역사를 자랑하는 만큼이나 오늘날에도 다양한 애프터눈 티의 메뉴를 선보인다. 영국 정통 방식의 애프터눈 티 외에도 거기에 더해 현대의 요리 문화를 융합한 다양한 종류의 「랭엄 애프터눈 티(Langham Afternoon Tea)」의 서비스이다.

영국 국민이 가장 좋아하는 비스킷과 타르트, '페더라이트 스콘(Featherlight scones)', 제철 최고의 식자재를 사용한 고전적 스타일의 페이스트리와 싱글 다원의 영국 티 브랜드인 '징(JING)'의 티 등 모든 것을 영국 스타일로 제공하는 서비스이다. 엑스트라 메뉴인 거스본

(Gusbourne) 양조장의 스파클링 와인은 애프터눈 티와도 절묘한 페어링을 이룬다.

특히 「기프트 오브 애프터눈 티(A gift of Afternoon Tea)」 서비스에서는 사랑하는 사람에게 선사하는 선물인 만큼, 도자기의 명가 웨지우드(Wedgewood)가 랭엄 호텔 런던을 위해 특별히 우아하게 제작한 「랭엄 로즈 티웨어(Langham Rose teaware)」에 담겨 제공된다. 핑거 샌드위치, 수제 스콘, 페이스트리, 그리고 영국 정통 데본셔(Devonshire) 스타일의 고형크림과 함께 30종류의 블렌딩 티 중 하나를 선택해 즐길 수 있다. 이 때 티는 티소믈리에가 고객에게 맞춤형으로 직접 선택해 주기 때문에 애프눈 티가 거의 완벽한 수준이다.

더욱이 이 레스토랑에서는 새롭게 창조한 특별 메뉴로서 12세 이하의 아동을 위한 「칠드런스 애프터눈 티(children's Afternoon Tea)」도 서비스하고 있다. 그밖에도 고객들의 취향에 맞게 메뉴를 구성한 「비건 애프터눈 티(Vegan Afternoon Tea)」, 「베지테리언 애프터눈 티(Vegetarian Afternoon Tea)」를 서비스하여 애프터눈 티의 낙원이 아닐 수 없다.

이같이 랭엄 런던 호텔은 '애프터눈 티의 명소'이지만 레스토랑과 바도 세계 정상급이다. 이 호텔의 모든 레스토랑과 바에는 랭엄 호스피탈러티 그룹의 서비스와 식자재들이 지원되며, 특히 레스토랑은 세계적인 셰프인 마이클 루 주니어(Michel Roux Jr.)가 직접 감독, 운용한다.

프랑스와 영국의 정통 요리 레스토랑 '루 앳 더 랜도(Roux at The Landau)'는 미식가들의 발길을 잡기에는 충분하며, 전통과 현대의 향미를 절묘하게 융합해 새로운 칵테일을 탄생시키는 바인 '아르테시안(Artesian)'은 칵테일 마니아나 애주가라면 꼭 들러볼 만하다. 현대식 브리티시 퍼브(Pub)인 '위그모어(The Wigmore)'에서는 옛 퍼브 스낵들을 새롭게 발전시켜 영국 와인, 수제 맥주, 칵테일 등과 함께 가볍게 즐길 수 있다.

유럽 최초의 그랜드호텔,
'랭엄 호스피탈러티 그룹'

LANGHAM
HOSPITALITY GROUP

'랭엄 호스피탈러티 그룹(Langham Hospitality Group)'은 1865년 영국 런던에서 유럽 최초의 그랜드호텔인 '랭엄 호텔(Langham Hotel)'로 첫 문을 연 호스피탈러티 기업이다. 정식 명칭은 '랭엄 호텔스 인터내셔털(Langham Hotels International Limited)'이다. 랭엄 호텔 개업 당시에 영국 왕가를 비롯해 정치인, 유명 인사들이 머물러 큰 화제를 불러 모은 곳이다.

랭엄 런던 호텔의 레스토랑 루 앳 더 랜도의 와인 셀러

오늘날에는 1995년 홍콩의 대표적인 자산사, 호스피탈러티 업체인 '그레이트 이글 홀딩스(Great Eagle Holdings)'에 매각되어 자회사로 운영되고 있다. 산하에는 '랭엄 호텔 앤 리조트(The Langham Hotels and Resorts)'와 '코디스 호텔 앤 리조트(Cordis Hotels and Resorts)'를 두고 있다. 약 157년의 역사

아르테시안 바

와 전통을 바탕으로 아시아태평양, 북미, 영국연방, 유럽의 주요 도시에 수많은 럭셔리 호텔들을 운영하면서 오늘날 고객들에게 고품격의 서비스를 제공하고 있다.

The Landmark London

런던 중심부의 '호화로운 오아시스',
'랜드마크 런던 호텔'

영국 전통 스타일의 붉은색 벽돌과 시계탑이 웅장한 호텔의 전경

런던 중심가에서도 세계에서 가장 유명한 쇼핑가인 마리번 로드 (Marylebone road)의 인근을 여행하다 보면 가까운 거리에 마치 거대한 중세의 시계탑을 중심으로 장엄한 위용을 자랑하는 건물을 볼 수 있다. 5성급의 럭셔리 호텔, '랜드마크 런던(The Landmark London)'이다.

'호화로운 오아시스'를 지향하는 랜드마크 런던 호텔은 영국의 '마지막 철도왕'이라는 에드워드 왓킨 경(Sir. Edward William Watkin, 1819~1901)이 1899년에 첫 문을 연 뒤로 120여 년의 역사를 간직하면서 지금도 럭셔리와 화려함의 기준이 되는 호텔로서 위상을 차지하고 있다. 특히 호텔 역사의 초창기부터 영국 왕가의 각종 기념식이 열리는 장소였던 만큼, 영국 호텔계에서는 유명세나 위상이 높다. 또한 세계적인 럭셔리 독립 호텔의 연합체인 '리딩 호텔스 오브 디 월드(LHW, The Leading Hotels of the World, Ltd)'의 회원사이기도 하다.

원터 가든 레스토랑의 전경

이 호텔에는 런던의 명물인 거대 온실 구조물로서 '빅토리안 윈터 가든 아트리움(Victorian Winter Garden atrium)'이 있다. 또 그 안에는 유럽 정통 레스토랑으로서 전설적인 명소인 '윈터 가든 레스토랑(Winter Garden restaurant)'이 있다. 실내 야자수 아래의 테이블에서 애프터눈 티를 비롯해 영국, 유럽의 전통적인 브렉퍼스트에서부터 디너에 이르기까지 하나같이 미식 수준으로 즐길 수 있다.

이 레스토랑에서는 지난 100년 전통의 애프터눈 티를 완벽하고도 정제된 형태로 선보이는데, 「하이 팜스 하이 티(High Palms High Tea)」이다. 높이 솟은 야자수 아래에서 진정한 '런던식 애프터눈 티'를 경험하고 싶

하이 팜스 하이 티

은 사람은 이곳에 들러야 할 것이다.

피아노의 부드러운 음률이 흐르는 가운데 테이블 위에 놓인 핑거 샌드위치, 갓 구운 스콘, 콘월식 고형크림과 수제 케이크, 그리고 페이스트리를 즐겨 보길 바란다. 물론 특별 선택 메뉴로서 스파클링 와인인 '로랑 페리에(Laurent-Perrier)'와 애프터눈 티의 환상적인 페어링이나 신선한 과일 아로마를 풍기는 '퀴베 로제 브뤼(Cuvee Rose Brut)'가 애프터눈 티의 별미에 더하는 감미로운 향미는 일품이다.

이 레스토랑이 한눈에 내려다보이는 '가든 테라스(The Garden Terrace)'에서는 편안한 분위기 속에서 갓 볶은 커피나 신선한 티 등을 비롯해 광

가든 테라스 실내

범위한 메뉴의 음료를 별미들과 함께 즐기면서 사람들과 대화를 나눌 수 있는데, 디너 전의 간단한 만남을 위한 완벽한 장소이다.

이곳이 약간 부족하다고 느끼는 애주가들을 위하여 디너 전후에 들러 즐길 수 있는 곳도 있다. '그레이트 센트럴 바(Great Central Bar)'와 '미러 바(Mirror Bar)'이다. 마리번 로드 일대에서도 최고의 바인 그레이트 센트럴 바는 신선한 맥주, 최고급 와인과 애피타이저를, 미러 바는 디너 전후로 간단한 칵테일류나 술을 즐길 수 있는 최상의 장소이다. 특히 미러 바는 마리번 일대에서도 칵테일 수준이 최고로서 칵테일 또는 목테일(mocktail)을 좋아하는 사람에게는 버킷리스트가 될 곳이다.

세계 최대 독립 호텔 단체,

'리딩 호텔스 오브 디 월드(LHW)'

전 세계에는 유명 호스피탈러티 그룹들이 수많은 자체 브랜드의 체인 호텔들을 운영하고 있다. 그러나 여기에 속하지 않은 독립 호텔(Independent Hotels)들도 매우 많다. 그러한 독립 호텔들 중

LHW 회원사인 랜드마크 런던 호텔의 그레이트 센트럴 바

에서도 일정한 기준에 따라 검증을 받고 커뮤니티를 구성하는 경우도 있다.

그중 대표적인 곳이 1928년에 설립되어 100여 년의 역사를 자랑하는 독립 호텔 단체인 '리딩 호텔스 오브 디 월드(LHW, The Leading Hotels of the World, Ltd)'(이하 LHW)인데, '호화로움(authentic)'과 '특출한 럭셔리(uncommon luxury)' 등을 기준으로 평가를 받는 독립 호텔들이 가입한 공인 단체로 알려져 있다.

LHW는 호텔리어 출신인 창립자가 당시 북미 여행 시장에서 여행객들과 여행 대행사 간의 직접적인 접촉과 정보 공개의 중요성을 파악한 뒤 여행객, 여행 대행사 사이의 미싱 링크인 호텔들을 대표하는 성격의 업체 '호텔 레프리젠터티브(HRI, Hotel Representative, Inc.)'를 뉴욕에 설립하면서 시작된 만큼 호텔 브랜드의 철저한 관리로도 유명하다.

전 세계 여행객들을 상대로 회원사들에 대한 호스피탈러티 부문의 상세 내용, 전반적 수준(등급)과 비용, 그리고 시설, 다이닝, 룸, 스위트 룸, 스파 등 부문별 서비스 등 호스피탈러티의 필요 정보를 공유 및 공개함과 동시에 회원사들의 서비스 제고를 위한 노력을 통해 호텔 브랜드의 상승을 이끌고 있다.

그러한 노력으로 오늘날 LHW는 전 세계 70개국에 걸쳐 400개 이상의 5성급 럭셔리 호텔들이 가입된 초거대 독립 호텔 커뮤니티 중 하나로 성장하였고, 또한 회원사들도 독립 호텔들 중에서도 세계 초일류의 호텔로 평가를 받고 있다.

The Milestone Hotel

'로열 애프터눈 티' 등 버라이어티 애프터눈 티의 낙원,
켄싱턴 코트의 '마일스톤 호텔'

17세기의 고풍스러운 모습을 자랑하는 마일스톤 호텔 전경

런던의 켄싱턴 코트(Kensington Court) 지역을 여행하다 보면, 그 유명
한 '로열 앨버트 홀(Royal Albert Hall)'이나 '켄싱턴 궁전(Kensington
Palace)', '나이트브리지(Knightsbridge)', '노팅힐(Notting Hill)' 등의 관
광 명소들을 구경할 수 있다.

그런데 켄싱턴 궁전 맞은편의 인근에는 건축 역사가 무려 17세기로까지
거슬러 올라가는 건물이 있다. '마일스톤 호텔(The Milestone Hotel)'이
다. 이 호텔의 슬로건이 '옛 세계의 매력과 풍요로운 역사'인 것도 아마도
그러한 오랜 역사로 인한 것인지도 모른다.

당시 건물명이 '켄싱턴 하우스(Kensington House)'였던 이 호텔의 건물

은 영국 스튜어트 왕조의 국왕 윌리엄 3세(William III, 1650~1702)의 시대에 세무 국장이었던 푸트 온슬로(Foot Onslow)가 1689년에 소유한 것이다. 그 뒤 여러 귀족의 맨션으로 사용되다가 1922년에 호텔로 처음 문을 열었다. 1986년 원인 불명의 화재로 건물이 훼손된 뒤에 옛 건축의 철제 '마일스톤(milestone)'(건축의 공정표)이 처음 발견되면서 지금의 호텔명이 되었다.

1998년에 세계적인 호스피탈러티 기업인 '레드 카네이션 호텔 컬렉션 그룹(Red Carnation Hotel Collection Group)'에 인수된 뒤 1999년에 건물의 초기 모습을 완전히 복구하여 오늘날에는 세계적인 권위를 자랑하는 〈포브스 트래블 가이드(Forbes Travel Guide)〉에서 5성급의 럭셔리 호텔로 평가를 받고 있다. 또한 리딩 호텔스 오브 디 월드(LHG)의 호텔 브랜드를 마케팅하는 대표 호텔 중 하나일 만큼 각종 호텔 시설이나 다이닝의 서비스도 최상이다.

그러나 '켄싱턴·첼시 왕가 자치구(the Royal Borough of Kensington and Chelsea)'의 한복판에 있는 이 호텔에서는 영국 정통 애프터눈 티를 「로열 애프터눈 티(Royal Afternoon Tea)」의 메뉴로 선보이는 곳으로 유명

호텔의 시그니처 디시인 「로열 애프터눈 티」

하다. '로열(Royal)'이라는 왕가의 칭호가 붙은 이유가 무엇일까?

그 '왕가의 진정한 사치'인 「로열 애프터눈 티」는 '체네스톤스 레스토랑(Cheneston's Restaurant)', '파크 라운지(the Park Lounge)', '컨저버터리(the Conservatory)' 레스토랑의 세 곳에서 경험할 수 있다.

우아한 핑거 샌드위치들이 놓인 가운데 갓 구운 신선한 스콘 위로 쌓아올린 데본셔 고형크림, 에클레어(éclairs) 샌드위치, 타틀릿(tartlets) 파이,

컵케이크, 마카롱 등의 엄선된 페이스트리와 함께 방대한 종류의 프리미엄 잎차를 직접 선택해 「로열 애프터눈 티」를 경험해 보길 바란다. 여기에 더해 1900년부터 왕실 조달 허가증인 「로열 워런트(Royal Warrant)」를 소유한 업체, '랜슨 샴페인(Lanson Champagne)'의 최고급 샴페인을 곁들이는 왕가의 사치는 그야말로 애프터눈 티 애호가들에게는 선망의 대상일 것이다.

또한 12세 이하의 아동을 위한 「칠드런스 애프터눈 티」의 메뉴판인 「리틀 프린스 앤 프린세스 애프터눈 티(Little Princes and Princess Afternoon Tea)」에는 이 호텔의 이웃인 켄싱턴 궁전에서 살았던 왕가의 사람들, 즉 윌리엄 왕자(Prince William)와 왕자비 케이트 미들턴(Kate Middleton), 전 왕세자비 다이애나(Pricess Diana, 1961~1997), 빅토리아 여왕(Queen Victoria, 1819~1901), 국왕 조지(Georges) 1, 2, 3세의 이야기가 기록되어 있으며, 특히 빅토리아 여왕은 이 궁전에서 태어나 18세의 나이에 여왕에 등극한 뒤 버킹엄 궁전으로 이사하였다는 이야기도 적혀 있어 큰 흥미로움을 더해 준다.

특히 4월 11일~24일까지 부활절(Easter) 기간에 선보이는 메뉴인 「이스터 로열 애프터눈 티(Easter Royal Afternoon Tea)」는 부활절을 기리는 정신으로 장인이 직접 만든 케이크를 선보이며, 이때 '정통 애프터눈 티'나 '샴페인 애프터눈 티'의 둘 중 어느 하나를 선택해 즐길 수 있다.

부활절에 즐기는 「이스터 로열 애프터눈 티」

레스토랑 '오러토리(The Oratory)'와 '컨저버터리'에서는 생일, 기념일, 약혼식, 돌잔치 등의 행사를 위한 '애프터눈 티 파티'도 열 수 있다. 더욱이 켄싱턴 가든에서는 우아한 별미들을 바구니인 햄퍼(hamper)에 담아서

정원으로 나와 「로열 애프
터눈 티」나 「피크닉 피스트
(Picnic Feast)」를 즐기면서
오후를 여유롭게 보낼 수
있다. 이동식 광주리 햄퍼
에서 핑거 샌드위치, 데본
셔 고형크림이 얹힌 스콘,
프렌치 페이스트리, 훈제
연어, 치즈 플레이트, 샤퀴
트리(charcuterie) 등을 꺼

아늑한 분위기의 스테이블스 바

내 「로열 애프터눈 티」를 사람들과 함께 준비하면서 왕가의 사치도 경험
해 보길 바란다.

이 호텔에서는 영국 정통의 「로열 애프터눈 티」로 그치지 않는다. 다이
어트를 위한 여성들이나 육류의 회피 정도가 다른 사람들을 위한 애프
터눈 티도 준비되어 있다. 특히 「스페셜 다이어터리 애프터눈 티(Special
Dietary Afternoon Tea)」 메뉴에서는 베지테리언 샌드위치, 글루텐이 함
유되지 않은 빵과 페이스트리, 그리고 스콘이 등장하고, 더욱이 견과류
에 알레르기가 있거나 비만 체질의 사람들을 위해 견과류를 100% 사용
하지 않는 애프터눈 티도 서비스하고 있다. 이외에도 비건, 베지테리언
을 위한 애프터눈 티도 별도의 예약을 통해 서비스한다. 가히 애프터눈
티의 서비스에서는 '로열 등급'이라 할 만하다.

이곳은 로열 애프터눈 티의 최고 명소이기도 하지만, 바의 수준도 최고
이다. 우아한 실내 분위기의 '스테이블스 바(Stables Bar)'에서 바 매니저
가 믹솔로지 기술로 창조해 선사하는 시거너처 칵테일인 '스모킹 올드
패션드(Smoking Old Fashioned)'를 토스트와 함께 즐기는 맛은 티 애호
가들도 직접 경험해 보길 기대한다.

호스피탈러티의 세계적 권위의 평가 기관,

〈포브스 트래블 가이드〉

여행을 즐기는 사람이라면 누구나 한 번쯤은 들어보았을 '여행 가이드 북', <포브스 트래블 가이드 (Forbes Travel Guide)>. 1958년 미국 모빌 석유의 지주 업체인 '모빌 (Mobil Corporation)'과

<포브스 트래블 가이드>의 5성급 호텔인 마일스톤 호텔의 체네스턴스 레스토랑

출판사인 '사이먼 앤 슈스터(Simon & Schuster)'가 공동으로 창간하였다.

미국에서도 가장 오래된 여행 가이드 북으로서 호텔, 레스토랑, 스파 분야의 호스피탈러티 업체들을 객관적인 기준에 따라 별점으로 평가를 매기고 있다. 평균적으로 양호한 '1성(★)'에서부터 해당 지역에서 최고의 수준이면 '5성(★★★★★)'으로까지 평가를 세분하고 있다. 지금은 '5성'과 '4성', 그리고 '추천'의 별점 평가 시스템이 운영되고 있다고 한다.

이 가이드 북은 초창기에는 미국 일부 지역에 대해서만 평가, 소개하였지만 점차 범위를 넓혀 2008년도에 국제적인 도시로 그 별점 평가의 범위를 넓혔다. 2011년도부터는 종이책의 출간을 끝내고 <포브스트래블가이드닷컴(ForbesTravelGuide.com)>의 홈페이지상에서 '온라인 여행 가이드'의 형태로 운영하고 있다.

세계 각지 주요 도시의 호텔, 레스토랑, 스파 분야의 수준을 온라인상에서 별점 형태로 평가해 놓아 전 세계 여행객들에게 호스피탈러티에 대한 객관적인 정보를 제공하고 있다. 전 세계로 '티 여행'에 나설 때 참조하길 바란다.

The Egerton House Hotel, London

'이상한 나라의 앨리스'의 애프터눈 티도 있다?!
'에거턴 하우스 호텔 런던'

역사가 17세기로 올라가는 에거턴 하우스 호텔 런던의 전경

런던 나이트브리지(Knightbridge) 인근에는 세계적인 관광 명소들이 많다. 예술, 디자인 분야에서 최고의 박물관인 '빅토리아·앨버트 박물관(Victoria & Albert Museum)'이나 역사와 전통을 자랑하는 세계적인 백화점 '해러즈(Harrods)' 등이 대표적이다. 그런데 이곳에는 미식가들이나 티 애호가들이 자주 찾는 명소도 있다. '에거턴 하우스 호텔 런던(The Egerton House Hotel, London)'이다.

이 호텔은 영국 연방(UK) 최고의 '브렉퍼스트', 런던 최고의 '엑설런트 호텔', 세계 최고의 '마티니 바'로서 명성을 떨치고 있고, 세계적 권위의 〈포브스 트래블 가이드〉에서도 5성급 럭셔리 호텔로 평가되고 있다.

붉은 벽돌로 지은 이 호텔 건물은 역사가 무려 1627년으로까지 거슬러 올라간다. 그 뒤 19세기 초 국왕 조지 4세(George IV, 1762~1830)가 섭정 황태자(Prince Regent) 시절에 도서관으로 활용하였다가 여러 소유주를 거쳤다. 또한 '런던호텔협회(the London Hotels Association)'가 1943

년~1980년의 기간에 런던을 방문하는 여행객들을 대상으로 숙소로 운영한 적도 있다.

1992년 '레드 카네이션 호텔 컬렉션 그룹(The Red Carnation Hotel Collection Group)'이 인수하여 지금의 '에거턴 하우스 호텔'로 운영하고 있다. 이 호텔에서는 다이닝 부문에서 '애프터눈 티', '마티니', '브렉퍼스트'를 특별 서비스로 내세우고 있어 눈길을 끈다.

레스토랑 '이팅 인(Eating In)'에서는 '이상한 나라'의 분위기 속에서 영국 정통의 애프터눈 티를 즐길 수 있다. 레스토

'이상한 나라 앨리스'의 콘셉트인 「애프터눈 티 이트 미」

「화이트 래빗 애프터눈 티」의 테이블 세팅

랑 이름은 영국의 동화작가 루이스 캐럴(Lewis Carroll, 1832~1898)의 소설 『이상한 나라의 앨리스(Alice's Adventures in Wonderland)』(1885)에서 '과자'가 '앨리스'에게 조그만 문을 들어가기에 앞서 '나를 먹어요!(Eating me!)'라고 말하는 대사에서 유래하였다.

또한 그 소설에서 콘셉트를 채용한 「해터의 티 파티(Hatter's Tea Party)」(일명 미친 티 파티)와 「화이트 래빗 애프터눈 티(White Rabbit Afternoon Tea)」의 메뉴를 받아든 순간 고객들은 '이상한 나라 앨리스'

의 여왕의 나라에 온 듯한 매우 기묘한 느낌과 재미를 느낄 것이다.

「해터의 티 파티」의 메뉴에서는 '영국 정통 방식', '비건', '베지테리언', '글루텐 프리'에서 고객들이 자유롭게 고를 수 있으며, '크림 티(Cream Tea)'는 별도이다. 칵테일류와 6대 분류의 티, 허브티, 꽃차들도 메뉴의 다양한 카테고리 속에서 발견하여 선택할 수 있다.

12세 이하의 아동을 위한 '칠드런스 애프터눈 티'로서 「화이트 래빗 애프터눈 티(White Rabbit Afternoon Tea)」의 메뉴도 선보이고 있다. 화이트 래빗 스콘, 아이스크림 샌드위치, 초콜릿 오렌지 브라우니, 목테일, 티들로 구성된 것이 특징이다. 참고로 여행객이 애견을 동반하였다면, '애견용 애프터눈 티'도 준비되어 있다.

한편 이곳은 영국연방 내에서도 브렉퍼스트의 최고 명소로서 24시간 즐길 수 있는 점도 큰 특색이다. 바에서는 즉석에서 창조하여 그 누구도 흉내 낼 수 없는 마티니와 함께 코로네이션 치킨 브레드(coronation chicken bread), 모차렐라 브루스케타(Mozzarella brustchetta), 훈제 연어, 토마토 카나페를 즐길 수 있다. 칵테일 마니아들이라면 이곳을 방문하여 이것이 왜 런던 최고의 마티니인지 직접 검증해 보는 것도 뜻깊을 것이다.

호텔 바에서 마티니를 선보이는 바텐더

'호텔리어 여왕'의 부부애로 탄생한,
'레드 카네이션 호텔스'

미국 캘리포니아에 본사를 둔 톨먼 일가의 호스피탈러티 업체인 'TTC(The Travel Corporation)'의 자회사인 호텔 기업 '레드 카네이션 호텔스(Red Carnation Hotels)'는

레드 카네이션 호텔스의 에거턴 하우스 호텔 런던의 다이닝룸

'레드 카네이션 호텔 컬렉션 그룹(The Red Carnation Hotel Collection Group)'이라고도 하는데, 그 역사는 약 60년 전으로 거슬러 올라간다. 호텔 이름에 붙은 '레드 카네이션'에는 오늘날 '호텔리어의 여왕'이라는 베아트리체 톨먼(Beatrice Tollman)의 남편에 대한 애틋한 사랑의 이야기가 담겨 있다.

1950년 남아프리카공화국 출신의 젊은 여성 베아트리체는 당시 붉은 카네이션을 옷깃에 항상 착용하고 다닌 젊은 호텔리어 스탠리 톨먼(Stanley Tollman, 1930~2021)에 첫눈에 반해 결혼한 뒤 한평생 호스피탈러티 업계에 일생을 바쳤는데, 1984년 부부가 영국 메이페어(Mayfair) 지역의 '체스트필드 호텔(Chesterfield Hotel)'를 구입한 것을 계기로 '레드 카네이션 호텔 컬렉션 그룹'의 전설이 시작되었다고 한다. 이때 호텔 그룹의 이름인 레드 카네이션은 남편을 상징하는 꽃을 기념하기 위하여 붙인 것이라고 한다.

당시 베아트리체는 '열정의 힘'을 기치로 내세우고 최고의 서비스를 제공한다는 비전으로 호텔 그룹을 세운 것인데, 오늘날에는 전 세계에 걸쳐 20개 이상의 럭셔리 호텔들이 운영되고 있다. 개인 일가가 운영하는 호텔 그룹 중에서도 호스피탈러티의 진정성과 예술성을 보여 주는 곳으로도 유명하다.

One Aldwych

영국 최고의 독립 호텔,
'원 올드위츠 호텔'

로비 바

런던의 유행가인 커번트 가든(Covent Garden)은 18세기부터 공연, 예술
의 메카였던 곳으로 오늘날에는 세계적인 패션가이면서 미용·액세서리
의 전문 쇼핑가이다.

이곳에는 '로열 오페라 하우스(Royal Opera House)' 등을 비롯하여 문
화적인 명소들이 많아 여행객들의 발길이 끊임없이 이어지고 있다. 물론
애프터눈 티의 명소들도 곳곳에 산재해 있다. 영국 최고의 독립 호텔로
평가를 받는 '원 올드위츠(One Aldwych)'도 그중 한 곳이다.

레스토랑 '인디고(Indigo)'에서는 브렉퍼스트, 런치 앤 애프터눈 티, 그리
고 디너까지 서비스하는데, 특히 오후 12시 30분~오후 3시까지 서비스되
는 영국 정통 방식의 「인디고 애프터눈 티(Indigo Afternoon Tea)」에서는

「인디고 애프터눈 티」

찰리 팩토리 티 푸드

전통적인 훈제 연어, 크레송으로 장식된 로스트 비프를 비롯해 정통 스콘,
초콜릿, 가염 캐러멜, 레몬·검은깨 케이크 등과 함께 즐길 수 있다.

또한 티 칵테일(tea cocktail)과 영국 브랜드 스파클링 와인 중 하나를 선택
해 즐길 수 있는데, 이때 티 칵테일은 셰프가 최고급 품질의 잎차를 우린
뒤 칵테일과 믹솔로지한 것이고, '스파클링 와인'은 잉글랜드 남동부 이스
트서식스(East Sussex)의 해안가 포도원에서 생산된 '최고급 와인'이다.

애프터눈 티 전문 레스토랑인 '찰리 앤 초콜릿 팩토리(Charlie and the
Chocolate Factory)'에서는 수요일에서 토요일까지 정오 12시~오후 4
시까지 기존의 영국 정통 애프터눈 티를 새로운 개념으로 확장한 메뉴를
선보인다.

이곳의 애프터눈 티는 영국의 소설가 로알드 달(Roald Dahl, 1916~1990)
의 소설 『찰리와 초콜릿 공장(Charlie and the Chocolate Factory)』(1964)

에서 영감을 받아 창조한 메뉴
로서 런던의 그 어디에서도 찾
아볼 수 없는 독창적인 별미들
이 애프터눈 티에 등장한다.
예를 들면 독특한 연어 요리
와 비트루트 마카롱, 호스래디
시를 가니시로 올린 로스트 비
프, 기묘한 모양의 케이크들과
맬로, 그리고 초콜릿이나 레몬
셔벗 티, 펀치 칵테일 등이다.

「찰리 팩토리 애프터눈 티」의 세팅

이같이 새롭게 변신한 애프터눈 티의 신세계를 접하다 보면 아마도 티
애호가들의 시각과 미각에 신선한 바람을 불어넣을 것이다. ㄴ물론 별도
로 샴페인이나 칵테일을 선택해 함께 즐길 수 있고, 12세 이하의 아동을
위한 '칠드런스 애프터눈 티'도 있다.
한편 런던에서도 가장 유명한 로비 바에서는 장인의 손길로 창조되어 선
보이는 시거너처 칵테일을 맛볼 수 있다. 이른 아침이나 점심 뒤에 나른
한 오후나 잠자리에 들기 전에 즐기는 데 제격이다.

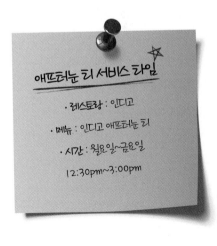

애프터눈 티 서비스 타임
· 레스토랑 : 인디고
· 메뉴 : 인디고 애프터눈 티
· 시간 : 월요일~금요일
　　　　12:30pm~3:00pm

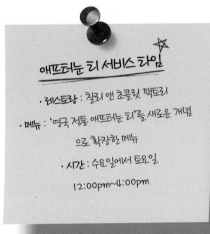

애프터눈 티 서비스 타임
· 레스토랑 : 찰리 앤 초콜릿 팩토리
· 메뉴 : '영국 전통 애프터눈 티'를 새로운 개념
　　　　으로 확장한 메뉴
· 시간 : 수요일에서 토요일
　　　　12:00pm~4:00pm

The Chesterfield Mayfair

'레드 카네이션 호텔 컬렉션' 그룹 최초의 호텔,
'체스트필드 메이페어 호텔'

찰스 스트리트의 체스필드 메이페어 호텔의 정문

런던의 대표적인 번화가인 피카딜리 광장에서 길을 따라 도심지를 구경
하면서 하이드 파크 코너(Hyde Park Corner) 지역으로 가다 보면 영국
옛 사교계의 중심지이자 고급 주택가인 메이페어(Mayfair) 지역의 한복
판인 찰스 스트리트(Charles Street)를 지나게 된다. 이곳에도 애프터눈
티의 명소가 곳곳에 숨어 있다. 런던의 건축사에서 역사가 매우 오래된
것에 속하는 호텔 '체스트필드 메이페어(The Chesterfield Mayfair)'이다.
이 호텔 건물은 1660년 버클리 경(Lord Berkley)이 지었던 '버클리 하
우스(Berkley House)'의 일부였을 정도로 역사가 깊다. 그 뒤 백작, 백
작 부인 등 여러 귀족의 소유를 거친 뒤 2000년도에 체스트필드 힐
(Chesterfield Hill) 지역과도 지리적으로 인접하고, 체스트필드 4대 백작
의 칭호도 겸하여 오늘날의 이름으로 바뀌었다.
이곳은 런던에서도 애프터눈 티, 칵테일, 진의 품격 있는 맛을 경험할 수

있는 곳으로 이름이 나 있다. 야외의 '스위트 숍(Sweet Shop)'은 정통 애프터눈 티에 기발하면서도 재미있는 요소들을 연출하여 인기가 높다. 하얀 연기가 피어나는 속에서 초콜릿 스콘과 비트루트 빵에 훈제 연어가 들어간 핑거 샌드위치, 메뉴판을 끝없이 이어지는 티(Tea) 리스트, 그리고 시거너

스위트 숍에서의 애프터눈 티

처, 클래식, 샴페인, 칵테일과 함께하는 애프터눈 티이다. 이러한 일반 메뉴 외에도 '비건', '베지테리언', '글루텐 프리'의 세 종류의 애프터눈 티를 기호에 따라 선택할 수 있다.

더욱이 애프터눈 티를 위한 전용 티 메뉴인 「애프터눈 티 블렌드(Afternoon Tea Blends)」도 선보이는데, 거기의 '체스트필드 애프터눈 블렌드(The Chesterfield Afternoon Blend)', '클래식 얼 그레이(Classic Earl Grey)', '재스민 그린 티(Jasmine Green Tea)', '체스트필드 초콜릿 티(Chesterfield Chocolate Tea)', '히비스커스 보라 보라(Hibiscus Bora Bora)'는 티 애호가라면 직접 그 블렌딩의 맛과 향이 어떤지 경험해 보길 바란다. 스위트 숍에서는 또한 생일, 기념일, 돌잔치, 결혼식 등 각 상황과 고객의 요구에 맞게 '애프터눈 티 파티'의 서비스도 제공한다. 수용 인원은 6~100명 정도이다.

그밖에도 '버틀러 레스토랑(Butlers Restaurant)'이나 '테라스 바(Terrace Bar)'에서 선보이는 다양한 메뉴들도 모두 미식 수준이다. 특히 버틀러 레스토랑은 '도버 솔(Dove Sole)(도버 서대기)'의 요리는 영국에서도 최고의 '일미(一味)'를 자랑한다. 그리고 테라스 바는 위스키를 비롯해 진과 토닉을 마치 화학의 '몰(mole)' 수를 맞춰 '연금술적'으로 배합하듯이 창조하는 환상적인 칵테일, 그리고 맥주와 치즈의 예상 밖의 페어링도 시음해 볼 수 있는 곳으로 유명하다. 칵테일 애호가들은 이곳의 '연금술'을 반드시 경험해 보길 바란다.

Hotel 41

'티숍'이 영국연방 No. 1의 호텔로 성장한, 호텔 '41'

유니언 잭이 펄럭이는 호텔 41 정문

런던을 여행하는 사람에게는 랜드마크인 빅벤(Big Ben)이나 트라팔가 광장(Trafalgar Square), 지금 여왕의 버킹엄 궁전(Buckingham Palace), 세인트 제임스 파크(St James's Park) 등은 버킷리스트일 것이다. 이러저리 구경하면서 버킹엄 팰리스 로드를 걷다가 41번가를 지나칠 때면 유니언 잭이 펄럭이는 고풍스러운 호텔이 하나 보인다. 바로 '호텔 41'이다.

호텔 41은 엘리자베스 2세 여왕이 거주하는 '버킹엄 궁전'에 가장 인접한 호텔이다. '레드 카네이션 호텔 컬렉션' 호텔로서 〈포브스 트래블 가이드〉의 5성급 럭셔리 호텔, 세계적 권위의 여행 정보 사이트인 〈트립어드바이저(TripAdvisor)〉에서 '영국연방(UK) No. 1의 호텔'로 꼽힌 적이 있다.

이 호텔의 건물 역사는 1703년으로까지 거슬러 올라간다. 당시에는 멀그레이브 백작(Earl of Mulgrave)이 소유한 가옥이었다. 그 뒤 1850년 디너용 의상과 '티 드레스(Tea dresses)' 등 여성 패션 디자인으로 유명하였던 '마담 에스칼리에(Madame Excalier)'가 운영한 뒤 1890년에는 티 애호가들에게도 낯익은 '에이레이티드 브레드 컴퍼니(A.B.C., The Aerated Bread Company Ltd)'가 이곳에 티숍(Tea Shop)을 열었다. 참고로 말하면, A.B.C 회사는 당시 런던의 전역에 250개의 '티숍'을 운영한 전설적인

이그재큐티브 라운지의 애프터눈 티 서비스

티 업체이다.

이 호텔은 1912년 버킹엄 궁전의 왕실 행사에 본격적으로 참여하면서 유명해졌다. 그 뒤 여러 소유주를 거쳐 1997년부터는 '레드 카네이션 호텔 컬렉션 그룹'이 인수하여 현재는 런던에서도 톱 수준의 호텔로서 휴양 시설과 다이닝 레스토랑이 세계 정상급이다.

이곳의 '중요 고객 라운지(Executive Lounge)'는 브렉퍼스트에서 디너까지 모두 훌륭한 데다 애프터눈 티도 최고 수준이어서 티 애호가들에게는 최상의 목적지이다. 더욱이 이 건물이 과거 런던에서 티숍을 확산시켰던 바로 그 역사적인 업체의 옛 소유 건물이었다는 사실을 상기한다면 애프터눈 티의 맛도 더욱더 풍요로워지지 않을까?

이 라운지에서는 알라카르트 수준의 별미와 함께 나오는 영국 정통 애프터눈 티뿐 아니라 고객들의 취향에 맞게 '다이어트리', '비건', '베지테리언', '글루텐 프리'의 애프터눈 티 메뉴도 서비스하고 있다.

그밖에도 영국의 대표적인 관광 명소로 '버킹엄 궁전의 마구간'이라는 '로열 뮤스(the Royal Mews)'와 버킹엄 궁전의 앞뜰이 내려다보이는 '레오파드 바(The Leopard Bar)'에서는 200종류의 위스키와 30종류의 샴페인이 마련되어 있으며, 이를 기반으로 창조되는 수많은 종류의 칵테일은 직접 경험해 보지 않고서는 모를 정도이다. 재즈 피아노의 감미로운 음률 속에서 편안한 분위기로 런던에서도 유명한 스테이크 샌드위치와 다채로운 칵테일들을 맛보고 싶다면 이곳의 방문을 권해 본다.

Royal Lancaster London

랭커스터 왕가 본거지의 '로열 랭커스터 런던 호텔'

로열 랭커스터 런던 호텔의 전경

런던에는 역사적인 명소들이 많다. 유명 공원인 '하이드 파크(Hyde Park)' 인근을 여행하다 보면 영국 빅토리아 여왕을 기리기 위한 정원인 '켄싱턴 가든(Kensington Gardens)'의 경계를 구분하기 위해 1705년에 건립된 '퀸 앤스 어클로브(Queen Anne's Alcove)'를 옮겨 온 것이라든지, 우두법을 발명하여 인류의 천연두(두창) 퇴치에 큰 공을 세운 에드워드 제너(Edward Jenner, 1749~1823)를 기리기 위해 1858년 빅토리아 여왕의 부왕인 앨버트 공(Prince Albert, 1819~1861)이 제막식을 한 '에드워드 제너 기념상(Edward Jenner Memorial)' 등을 볼 수 있다. 특히 이곳은 '장미의 전쟁(the War of Roses)' 기간에 '요크 왕가(House of York)'와 왕위를 놓고 싸워 승리한 '랭커스터 왕가(House of Lancaster)'의 본거지로

하이드 카페에서의 애프터눈 티 서비스

서 유서가 깊은 곳이다.

이러한 역사적인 명소들을 곳곳에서 구경한 뒤 여장을 풀거나 애프터눈 티를 즐길 수 있는 곳이 있다. 이 인근에 있는 '랭커스터 테라스(Lancaster Terrace)' 지역의 호텔, '로열 랭커스터 런던(Royal Lancaster London)'이다.

이 호텔은 1967년에 건립되어 약 50여 년의 역사를 이어 오며, 오늘날에는 전 세계 85개국에 650개의 독립 호텔을 대표하는 브랜드인 '프리퍼러드 호텔스 앤 리조트(Preferred Hotels & Resorts)'의 럭셔리 등급인 L.V.X 브랜드의 회원사로 런던에서도 5성급의 호텔이다. 따라서 각종 시설과 다이닝이 세계 정상급이며, 특히 영국 정통 애프터눈 티의 명소로도 유명하다.

이 호텔 오후 1시~4시의 영국 정통 애프터눈 티는 자체 운영하는 '하이드 카페(Hyde Cafe)'에서 스페셜티 티 메뉴인 「카멜리아스 티 하우스 티 실렉션(Camellia's Tea House Tea Selection)」을 통해 티를 다양하게 제공하며, 수제 샌드위치, 스콘 등과 함께 즐길 수 있다. 특히 생일이나 기념일에는 고객들의 요구에 맞춤형으로 스페셜 서비스도 제공하고 있다. 물론 엄격한 채식주의자를 위한 '비건 애프터눈 티'도 별도의 메뉴로 제공하고 있어 고객들이 취향에 따라 즐길 수 있다.

또한 하이드 카페에서는 엘리자베스 여왕이 왕위에 오른 70주년을 맞은 '플래티넘 주빌레(Platinum Jubilee)'를 기념하는 「플래티넘 주빌레 애프터눈 티(Platinum Jubilee Afternoon Tea)」도 2022년 5월 6일~5월 18일까지 서비스하였다. 이 왕가를 위한 서비스에는 엘리자베스 2세 여왕이 좋아하는 코로네이션 치킨(coronation chicken), 등심구이를 넣은 브리티스 스타일의 샌드위치, 수제 스콘을 비롯해 초콜릿과 배턴버그(Battenberg)의 케이크류 구성하였다.

그밖에도 태국 정부로부터 공인을 받은 타이 전통 레스토랑인 '니파 타이(Nipa Thai)'는 런던 최고의 태국 정통 요리점으로 이름이 나 있다. '파크 레스토랑(Park Restaurant)'은 영국 정통 브렉퍼스트 레스토랑으로서 모든 요리들을 알라카르트 수준으로 제공한다. '파크 라운지 바(Park Lounge Bar)'는 오후 4시부터 식사를 즐길 수 있는데, 인도, 아랍, 영국 등 다양한 나라의 음식들과 새롭게 창조된 칵테일들을 선보인다.

런던 하이드 파크의 거리에서 역사적인 명소들을 구경한 뒤 애프터눈 티를 즐기고 싶다면 이곳을 권해 본다.

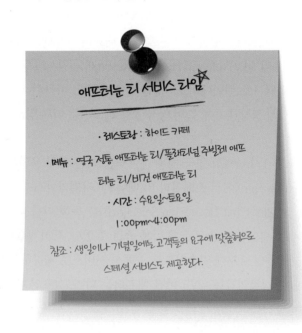

애프터눈 티 서비스 타임

• 레스토랑 : 하이드 카페
• 메뉴 : 영국 전통 애프터눈 티/플래티넘 주빌레 애프터눈 티/비건 애프터눈 티
• 시간 : 수요일~토요일
　　　　 1:00pm~4:00pm
참조 : 생일이나 기념일에는 고객들의 요구에 맞춤형으로 스페셜 서비스도 제공한다.

세계 최대의 독립 호텔 브랜드,
'프리퍼러드 호텔 앤 리조트'

전 세계에 개인 소유의 호텔들을 대표하는 세계 최대의 독립 호텔 브랜드 '프리퍼러드 호텔 앤 리조트 (Preferred Hotels & Resorts)'. 1968년 북미 출신의 호텔리어

프리퍼러드 호텔 앤 리조트의 호텔 로열 랭커스터 런던의 파크 라운지 바

12명이 창설한 연합체의 브랜드로서 캘리포니아에 본사를 두고 오늘날 85개국에 650개 이상의 독립 호텔들을 회원사로 두고 있다.

모기업인 프리퍼러드 호텔 그룹(Preferred Hotel Group, Inc)이 관리, 운영하는 이 브랜드의 호텔들은 개인 독립 호텔들인 만큼 역사적, 문화적인 성격이 매우 다양한 것들이 많고, 각종 휴양 시설과 서비스도 단연 돋보이는 수준이다. 특히 회원사들의 서비스 품질 유지와 관련해서는 매년 제삼자의 전문가가 불시에 익명으로 방문하여 '프리퍼러드 스탠더드 오브 엑설런스(Preferred Standards of Excellence)'의 품질 기준에 부합하는지 현장 조사를 벌여 평가를 매긴다.

오늘날에는 레전드(Legend), L.V.X., 라이프스타일(Lifestyle), 커넥트 (Connect), 프리퍼러드 레지던스(Preferred Residences)의 5개의 브랜드로 운영하고 있는데, 각 브랜드마다 독특한 개성을 띠는 호텔들이 가입되어 있다.

애프터눈 티를 대중화시킨 두 여성 셀럽,
'애나 마리아' & '패니 캠블'

애프터눈 티의 기원에 대해서는 여러 설들이 있다. 그중에서도 가장 유력한 설이 제7대 베드퍼드 공작부인(Duchess of Bedford)인 애나 마리아 러셀(Anna Maria Russell, 1783~1857)에서 비롯되었다는 것이다.

제7대 베드퍼드 공작 부인
애나 마리아

19세기 영국 상류층에서 디너는 전통적으로 저녁 8시 30분 또는 9시에 시작되며, 특히 여름에는 그 디너 시간이 더 늦어지는 것이 일반적이었다. 따라서 사람이라면 허기가 몰려오는 것은 당연한데, 그러한 배경 속에서 베드퍼드 공작부인이 매일 오후 3시~4시에 습관적으로 샌드위치와 케이크들로 허기를 채운다는 사실이 알려지자 상류층에서도 유행하면서 오늘날의 영국 정통 애프터눈 티가 탄생하였다는 것이다.

그러나 상류층이 아니라 일반 사람에게까지 애프터눈 티를 대중화하는 데는 또 다른 여성의 역할도 컸다. 당시 유명 여배우이자, 대중 소설 작가인 '패니 캠블(Fanny Kemble, 1809~1893)'이었다.

패니 켐블(Fanny Kemble)

패니 켐블은 1829년 20세의 나이로 '커번트 가든 극장(Covent Garden Theatre)'에서 공연된 「로미오와 줄리엣(Romeo and Juliet)」에서 여주인공 줄리엣을 처음으로 주연하여 폭발적인 인기를 끌었던 여배우였다.

당시 셀럽이었던 패니 켐블이 베드퍼드 공작부인의 습관을 전해 듣고서는 주위의 사람들을 초대하여 애프터눈 티를 즐기자, 상류층의 유행에 민감하였던 런던의 곳곳에서 한 곁에 다양한 종류의 샌드위치를 놓고 티를 마시는 문화가 유행한 것이다.

이때부터 오후에 티를 마시는 습관이 런던의 일반 사람들 사이에 확산되면서 오늘날같이 예절과 결부된 복잡한 형태로 발전하였다는 이야기이다. 후세기를 휩쓸고 있는 문화 아이콘인 애프터눈 티를 미리 대중화한 위대한 여성 셀럽들이 아닐 수 없다.

Corinthia London

미식가들의 낙원, '코린티어 런던' 호텔

화이트홀 광장 인근의 코린티어 런던 호텔 전경

런던 중심부의 트라팔가 광장을 지나 템스강 방향으로 이동하여 화이트
홀 광장(Whitehall Place) 인근에 다다르면, '애프터눈 티'를 비롯해 미식
요리의 숨은 명소가 있다. '미식가의 낙원(A gastronome's paradise)'이라
불리는 '코린티어 런던(Corinthia London)' 호텔이다.

이 호텔의 중심부에 1001개의 크리스털 샹들리에가 빛나는 '크리스털 문
라운지(Crystal Moon Lounge)'에서는 애프터눈 티가 풍성하기로 유명하
다. 영국 정통 애프터눈 티뿐만 아니라 세계적인 명성의 셰프가 새로운
안목으로 재탄생시킨 애프터눈 티도 있다. 물론 그 애프터눈 티의 메뉴에
따라서 별미들의 요소들도 세세하게 다르다. 예를 들면, 「영국 정통 애프
터눈 티」, 「샴페인 애프터눈 티」, 「로제 샴페인 애프터눈 티」, 「셀리브리
에이션 애프터눈 티」, 부활절 기간의 「이스터 애프터눈 티」도 제공하고
있다.

크리스털 라운지의 샴페인 애프터눈 티

이 라운지에서는 애프터눈 티를 월요일~금요일은 오후 2시~6시, 토요일~일요일은 오후 1시~7시까지 서비스하는데, 로비에서 전해지는 피아노의 아름다운 선율이 흐르는 가운데 애프터눈 티의 테이블 세팅만 보고 있어도 그 화려함에 티 애호가들은 즐거움이 밀려올 것이다. 또한 브렉퍼스트에서부터 미드나이트까지 고객들이 원하는 시간대에 미식 수준의 요리들을 즐길 수 있다.

이 호텔은 '미식가의 낙원'이라 불리는 만큼, 레스토랑의 요리 수준도 최상급이다. 야외 레스토랑 '가든(The Garden)'은 런치와 디너만 선보이는데, 〈미쉐린 가이드〉 성급 수석 셰프인 앙드레 개릿(André Garrett)이 직접 창안한 이탈리아의 계절별 지중해 요리는 수많은 미식가의 미각을 사로잡을 것이다.

'노스홀 바(The Northall Bar)'는 식전 칵테일을 사람들과 만나 즐기기에 완벽한 장소이다. '바순 바(Basoon Bar)'는 샴페인과 칵테일을 즐기면서 밤늦게까지 즐길 수 있는 곳으로서 편안한 음악과 함께 분위기가 품격이 높기로 유명하다. 이곳 '미식가들의 낙원'에서 애프터눈 티와 함께 식도락을 함께 즐겨 보길 바란다.

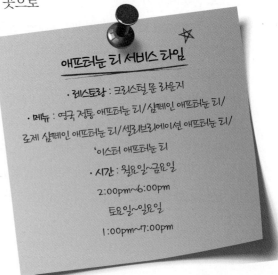
애프터눈 티 서비스 타임
· 레스토랑 : 크리스털 문 라운지
· 메뉴 : 영국 전통 애프터눈 티 / 샴페인 애프터눈 티 /
로제 샴페인 애프터눈 티 / 셀러브레이션 애프터눈 티 /
'이스터 애프터눈 티
· 시간 : 월요일~금요일
2:00pm~6:00pm
토요일~일요일
1:00pm~7:00pm

The Ampersand Hotel

'사이언스 애프터눈 티'로 유명한, '앰퍼샌드 호텔'

사우스켄싱턴 지역의 앰퍼샌드 호텔의 정문 전경

런던 남서부 한복판인 사우스켄싱턴(South Kensington) 지역에는 풍
요로운 역사의 여행 목적지들이 집중되어 있다. 하이드 파크에서 첼시,
나이트브리지, 메이페어 지역으로 이어지면서 1881년 개관한 네오로
마네스크 양식의 '자연사 박물관(Natural History Museum)', 예술, 디
자인 분야에서 세계 최대 규모인 '빅토리아·앨버트 박물관(Victoria &
Albert Museum)', '과학박물관(Science Museum)', '로열 앨버트 홀(Royal
Albert Hall)', 유럽 최대 사진 박물관 '프라우드 갤러리(Proud Gallery)'
등을 볼 수 있다. 이러한 곳들을 단 하루 만에 구경하기에는 벅찰 것이다.
티 애호가들이 사우스켄싱턴 지역에 머물며 자유롭게 구경한 뒤 여장을
풀고 애프터눈 티도 즐기고 싶다면, '해링턴가(Harrington Road)'의 '앰
퍼샌드 호텔(The Ampersand Hotel)'을 들러 보는 것도 좋다. 이 호텔은
2012년에 부티크 호텔로서 처음 문을 연 뒤 현재 세계적인 독립 호텔 연
합체의 브랜드인 '스몰 럭셔리 호텔스 오브 디 월드(SLH, Small Luxury

드로잉 룸의 실내 모습

Hotels of The World)'의 회원사로 있으며 웰빙 서비스와 럭셔리 시설로 이름이 높다. 레스토랑의 요리 수준은 물론이고 영국 정통의 애프터눈 티도 사우스켄싱턴 지역에서 최고의 수준이다. 또한 호텔의 모든 전력을 풍력, 태양광, 바이오매스 발전기 등 재생에너지로 공급하고 있는 것도 큰 특징이다.

레스토랑 '아페로(Apero)'는 사우스켄싱턴 지역에서 지중해 정통 요리를 브렉퍼스트에서부터 디너까지 즐길 수 있는 곳이다. 벽돌로 쌓은 빅토리아 시대 아치형의 통로와 간단하면서도 정갈한 디자인의 실내 분위기가 매우 편안하여 지역 주민뿐 아니라 이곳을 찾은 여행객들에게도 인기가 높은 장소이다.

특히 이탈리아 정통 주말 브런치 메뉴인 「프란조 델라 논나(Pranzo della Nonna)」는 온 가족이 즐기다 보면 마치 이탈리아 현지의 길거리에 있는 듯한 느낌이 들 정도로 이탈리아 향미를 고스란히 옮겨왔다. 그리고 레스토랑 내의 '버지 바(buzzy bar)'에서는 디너 전에 입맛을 돋우는 와인이나 시거너처 칵테일로 '아페리티보(aperitivo)'(아페리티프)를 행복하게 즐길 수 있다.

티 애호가들은 역시 애프터눈 티가 관심사로서 레스토랑 '드로잉 룸(The Drawing Rooms)'을 지나칠 수 없다. 이 레스토랑의 실내는 일부는 영국의 '거실', 또 일부는 프랑스의 '살롱 드 테'의 실내 디자인으로 절묘하게 조화를 이루어 영국풍의 '간결미'와 프랑스풍의 '우아미'를 동시에 느낄 수 있다.

이 레스토랑은 '애프터눈 티의 세계'에서도 매우 독특한 장소이다. 인근

의 과학박물관에 감흥
을 받아 애프터눈 티에
과학을 융합한 「사이언
스 애프터눈 티(Science
Afternoon Tea)」의 메뉴
를 선보이기 때문이다.
이곳은 전 세계에서도
물리, 화학의 과학과 미

드로잉 룸의 「사이언스 애프터눈 티」

식을 연금술처럼 융합한 「사이언스 애프터눈 티」를 내는 유일한 레스토
랑이다. 마치 티 가든에서 찻잔 세트에 관심을 보이는 우아한 귀부인과
실험실에서 디텍터의 수치에 열중하는 부스스한 과학자같이 서로 어울
리지 않을 듯한 앙상블이지만, 「사이언스 애프터눈 티」는 〈2018 애프터
눈 티 어워드〉의 '테마 애프터눈 티' 부문에서 최고로 선정된 메뉴이다.
세균 배양에 사용되는 페트리 접시에 과일 젤리가 담겨 있고, 음료는 주
사기에 담아 컵에 뿌려서 블렌딩하며, 소스는 튜브에서 짜서 빵에 바르
고, 우주선과 우주비행사, 토성 모양의 초콜릿, 공룡 모양의 비스킷들이
3단 스탠드에 장식된 아기자기한 모습을 보면 재미와 호기심이 절로
난다. 티 애호가라면 사우스켄싱턴의 명물인 「사이언스 애
프터눈 티」를 경험해 보길
바란다.

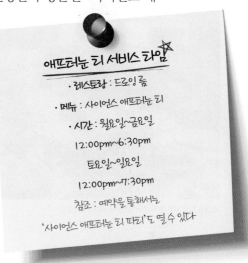

애프터눈 티 서비스 타임

· 레스토랑 : 드로잉 룸
· 메뉴 : 사이언스 애프터눈 티
· 시간 : 월요일~금요일
   12:00pm~6:30pm
   토요일~일요일
   12:00pm~7:30pm
   참조 : 예약을 통해서는
'사이언스 애프터눈 티 파티'도 열 수 있다

작지만 럭셔리한 독립 호텔들의 세계적인 브랜드,

'스몰 럭셔리 호텔스 오브 디 월드'

'호스피탈러티' 품질의 공인 업체(단체) 중 하나인 '스몰 럭셔리 호텔스 오브 디 월드(SLH, Small Luxury Hotels of The World)'는 1992년에 설립된 '스몰 럭셔리 호텔스 오브 디월드 매니지먼트(Small Luxury Hotels of The World Management Limited)'의 자회사이다.

오늘날에는 전 세계 여행객에게 웰니스와 럭셔리 서비스를 제공하는 곳들을 직접 방문하여 공인한 소규모의 럭셔리 호텔들이 가입한 단체 브랜드로서 전 세계 90개국에 520개의 호텔들을 회원사로 두고 있다. 이름 그대로 규모는 작지만 최고의 럭셔리 서비스를 여행객들에게 제공하는 호텔들의 브랜드이다.

SLH의 회원사인 앰퍼샌드 호텔의 아페로 레스토랑

The Connaught Hotel

'월드 No. 1, 바', '애프터눈 티'의 명소,
200년 역사의 '콘노트 호텔'

카를로스 광장의 콘노트 호텔 전경

런던 도심의 번화가인 메이페어 지역에는 5성급 럭셔리 호텔과 다이닝,
애프터눈 티의 명소들이 곳곳에 숨어 있다. '카를로스 광장(Carlos Place)'
의 거리에 있는 '콘노트(The Connaught)' 호텔도 그중 한 곳이다.
이 호텔은 런던에서도 최고로 손꼽히는 '클라리지스(The Claridge's)' 호
텔을 비롯해 런던을 대표하는 5개의 럭셔리 호텔을 소유한 '메이본 호텔
그룹(Maybourne Hotel Group)'의 브랜드로서 〈포브스 트래블 가이드〉

의 5성급, 영국, 아일랜드의 통합 호스피탈러티 평가에서 최고인 'AA 5레드스타'를 자랑한다.

이 호텔은 기원이 1815년으로 거슬러 올라가는 약 200년의 역사를 자랑한다. 호텔명은 1917년 빅토리아 여왕의 일곱 번째 왕자인 '콘노트·스트라스언 공작(Duke of

세계 최정상의 콘노트 바

Connaught and Strathearn)'의 이름에서 유래되었다.

이 호텔의 '콘노트 바(Connaught Bar)'는 '바(Bar)' 부문 역대 수상 경력에서 런던이 아니라 '세계 최정상'을 자랑한다. 〈월드 베스트 호텔 바 2010〉, 2019, 2020년 〈월드 50 베스트 바〉에 연속으로 오르는 기염을 토하여 런던을 방문한 칵테일 마니아들에게는 버킷리스트 No. 1에 속한다. 이곳의 칵테일들은 시각·미각을 흥분시킬 정도로 세계 톱의 예술 작품들이다. 칵테일을 좋아하는 사람에게 이곳 '월드 No. 1의 바'는 '성지 순례 길'이 되고도 충분히 남을 만하다.

또한 〈미쉐린 가이드〉 3성 레스토랑 '엘렌 다로즈(Hélène Darroze)'는 세계적인 거장인 프랑스 디자이너 피에르 야보노비치(Pierre Yovanovitch)의 실내 장식으로 완벽한 분위기를 자아내고, 모든 식자재를 농장에서부터 직접 엄선하여 고객의 취향에 맞게 런치와 디너를 완벽하게 서비스하는 곳으로 유명하다. 그리고 '셰프의 테이블(Chef's Table)'에서는 〈미쉐린 가이드〉 3성 셰프가 일곱 코스로 별미를 선보이는데, 미식가들에게는 아마도 '미각의 수험'을 치르는 곳이 될 것이다.

마찬가지로 실내 장식이 예술적인 수준인 '장 조르주(Jean-Georges)' 레스토랑은 런던에서도 '애프터눈 티의 명소' 가운데 하나이다. 이곳의 애프터눈 티는 영국 정통적인 방식에 현대적인 요소들을 융합한 것이 특징이다. 스콘과 케이크류, 콘월식 고형크림과 수제 딸기잼은 영국 정통 방식을 유지한 가운데, 샌드위치 등의 나머지 별미들은 과감하게 동남아시아나 지중해의 맛을 융합시킨 것이다. 특히 케이크와 페이스트리는 제철 식자재로 만들어 철마다 애프터눈 티의 향미가 달라진다. 티 애호가라면 그러한 애프터눈 티에서 '제철의 향미'를 느껴 보길 바란다.

한편, 애프터눈 티에서도 주인공이라 할 티 메뉴에서는 정통적인 향미를 지닌 홍차인 얼 그레이, 다르질링, 아삼에서부터 일본, 중국의 소규모 농장에서 생산한 티인 후지야마(fuji-yama)나 재스민 펄(jasmine pearls), 바닐라 향이 독특한 '테 알로페라(Thé à l'Opéra)'를 선택할 수 있다. 디카페인을 원한다면 루이보스, 민트, 캐모마일 등의 허브티를 선택하면 후회 없을 것이다.

오후에는 '애프터눈 티', 저녁에는 월드 No. 1 바의 '칵테일'을 경험하지 않는다면 티 애호가들이나 칵테일 마니아들에게는 이곳을 방문한 이유를 찾기 어려울 것이다.

엘렌 다로즈 레스토랑 내부의 모습

미국의 다국적 호스피탈러티 업체,
'힐튼 호텔 앤 리조트'

'힐튼 호텔 앤 리조트(Hilton Hotels & Resorts)'는 미국의 기업인 콘래드 니콜슨 힐튼(Conrad Nicholson Hilton, 1887~1979)이 1919년 설립한 미국의 다국적 기업인 '힐튼 월드와이드 홀딩스(Hilton Worldwide Holdings Inc.)'의 자회사이다.

힐튼 호텔 앤 리조트는 콘래드 힐튼이 '모블리(Mobley)' 호텔을 처음 인수하여 호스피탈러티 사업을 본격적으로 시작한 뒤로 오늘날에는 호텔 분야에서 18개의 브랜드로 전 세계 약 94개국에서 584개의 호텔, 약 4600개 이상의 지점을 운영하고 있다.

따라서 힐튼 호텔 앤 리조트는 현재 세계 호텔 업계에서도 가장 큰 기업으로 위상을 자랑하고 있다. 대표적인 럭셔리 브랜드로는 '월도프 아스토리아 호텔 앤 리조트', 'LXR 호텔 앤 리조트', '콘래드 호텔 앤 리조트'가 있다.

콘래드 힐튼 호텔 앤 리조트 콘래드 런던 제임스 호텔의 블러 보어 퍼브의 실내

Shangri-La The Shard, London

서유럽 최고 빌딩, '더 샤드'의 '샹그릴라 더 샤드 런던 호텔'

유럽 최고 높이의 더 샤드 빌딩의 야경 모습

런던 템스강 유역의 세인트 토머스 스트리트(St. Thomas Street)에는 서유럽에서도 가장 높은 건축물인 '더 샤드(The Shard)' 빌딩이 있다. 이탈리아의 세계적인 건축가 렌조 피아노(Renzo Piano, 1937~)가 건축하여 2012년부터 런던의 새로운 랜드마크로 자리를 잡은 '더 샤드 빌딩'은 런던의 스카이라인을 한눈에 볼 수 있어 오늘날 런던을 찾는 여행객들에게는 필수적인 관광 명소이다.

그런데 이 더 샤드 빌딩에도 세계적인 호텔이 들어서 있다. 홍콩에 본사를 둔 약 50년 역사의 호스피탈러티 업체인 '샹그릴라 그룹(Shangri-La Group)'의 럭셔리 브랜드 호텔인 '샹그릴라 더 샤드 런던(Shangri-La The Shard, London)'이다.

이 호텔은 높이 125m로 하늘을 치솟은 더 샤드 빌딩의 34층에서 시작

「알파인 애프터눈 티」의 페이스트리

되어 52층에 이르며, '런던 No.1 호텔', '유럽 No. 2 시티 호텔', '세계 호텔 톱 100' 등의 화려한 이력과 함께 〈포브스 트래블 가이드〉에서도 5성급의 럭셔리 호텔로서 런던 최고의 스카이 뷰와 함께 다이닝 레스토랑도 최고의 명성을 자랑한다. 같은 층의 '스카이 라운지(Sky Lounge)'에서는 일반적인 다이닝 외에도 일요일의 브런치가 특급 수준이다.

35층의 레스토랑 '팅(TING)'에서는 영국 정통 미식 요리와 아시아 여러 나라의 요리들을 1인당 3코스, 2인당 5코스의 다양한 메뉴로 선보인다. 특히 런던의 마천루를 볼 수는 있는 다이닝 룸에서는 「다이닝 인 더 스카이(Dining in the Sky)」의 메뉴를 통해 3코스의 미식 요리를 즐길 수 있다. 팅 레스토랑은 이름 자체에서 아시아의 느낌이 물씬 풍기지만 뜻밖에도 영국에서도 '애프터눈 티'의 명소이다. 창가로는 구름 위에서 런던의 시내를 바라보면서 「영국 정통 애프터눈 티」와 「샴페인 애프터눈 티」, 그리고 「피크닉 애프터눈 티」, 그리고 겨울에는 독특하게도 「알파인 애프터눈 티(Alpine afternoon Tea)」의 메뉴도 즐길 수 있는 곳이다.

그중에서도 「알파인 애프터눈 티」의 메뉴는 유명하다. 감미로운 스콘, 버찌와 크림을 켜켜이 쌓은 초콜릿 케이크인 '블랙 포레스트 가토(Black Forest Gâteaux)', 비엔나의 유명 케이크인 '자허토르테(Sachertorte)' 등 우아한 오스트리아의 페이스트리가 등장하면서 티 애호가들에게 애프터눈 티의 신세계를 보여 준다. 특히 「알파인 애프터눈 티」 메뉴는 '일반', '할랄', '베지테리언', '글루텐 프리'로 세분되어 있어 사람들에게 큰 호평을 받고 있다.

호텔의 최상부인 52층의 바인 '공(Gong)'은 서유럽에서도 가장 높은 곳에 있는 호텔 바로서 런던의 일몰을 바라보면서 칵테일을 즐기거나 늦은 밤 런던의 화려한 빛의 스카이라인을 배경으로 다양한 술을 즐길 수 있는 완벽한 장소이다. 특히 믹토솔로지스트가 직접 창조한 시거너처인 '공 칵테일(Gong Cocktail)'을 구름 위에서 즐기는 맛과 정취는 '백문불여일견', 칵테일 애호가들이라면 직접 경험해 보길 바란다.

또 하나, 정오 12시~오후 4시까지 칵테일 등 주류와 함께 선보이는 「리퀴드 애프터눈 티(Liquid Afternoon Tea)」의 서비

팅 레스토랑의 「피크닉 애프터눈 티」

공바에서 본 야경

「스카이 브런치」의 테이블

스는 오로지 이곳 공 바에서만 경험할 수 있는 것이다.

구름 위의 높이에서 즐기는 「리퀴드 애프터눈 티」는 티 애호가들에게 구름 위에 붕 뜬 듯한 기분을 가져다줄 것이 분명하다. 목테일, 칵테일, 티를 좋아하는 사람들이라면 방문해 몸소 그 느낌을 경험해 보길 바란다.

Bettys Cafe Tea Rooms

애프터눈 티 전문 레스토랑, '베티스 카페 티룸스'

해러게이트시에 있는 베티스 티 룸스의 전경

'베티스 카페 티룸스(Bettys Bettys Cafe Tea Rooms)'는 스위스 출신 레스토랑 경영인 프레데릭(Frederick)이 1919년에 첫 문을 열고 5대째 가업을 이어 오고 있다. 이곳은 레스토랑 외식 전문 업체로서 각종 다이닝과 애프터눈 티가 초일류급이다. 잉글랜드 노스요커셔주(North Yorkshire)의 도시 해러게이트(Harrogate)에 위치한 베티스 카페 티룸스는 애프터눈 티를 전문적으로 세분화하여 서비스하는 것으로 유명하다.

「카페 티룸스 메뉴(Café Tea Rooms menu)」(애프터눈 티 포함), 「글루텐 프리 메뉴(Non-gluten containing menu)」(애프터눈 티 포함), 「베지테리언 애프터눈 티 메뉴(Vegetarian Afternoon Tea Menu)」, 「비건 애프터눈 티 메뉴(Vegan Afternoon Tea Menu)」로 고객의 취향에 따라 선택하여 애프터눈 티를 즐길 수 있도록 서비스하는 것이 특색이다. 이곳은 한마디로 '애프터눈 티 전문 레스토랑'이라 할 수 있다. 샌드위치, 수제 케이크, 요크셔풍 고형크림을 곁들여 갓 구운 스콘과 함께 프리미엄 티를 즐길 수 있다. 그 밖에도 브렉퍼스트, 디너 등의 다양한 메뉴도 제공하고 있고, 역사와 전통을 자랑하는 정통 레스토랑 업체인 만큼 그 맛도 일품인 것으로 알려져 있다.

Leaf

도시적 감각의 티숍, '리프'

2007년 리버풀시의 볼드 스트리트(Bold Street)에서 조그만 티숍으로 문을 연 '리프(Leaf)'. 프리미엄 잎차만 전문적으로 취급하는 이곳에서는 홍차, 녹차, 백차 등의 싱글 티와 과일 티, 루이보스와 같은 허브티도 선보이고 있다.

영국 정통 티 블렌딩 전문가의 다양한 '허브 블렌딩 티(Herb Blending Tea)'들도 함께 즐길 수도 있으며, 애프터눈 티는 정통적인 방식에서 벗어나 젊은 세대의 도시풍 감각에 맞게 서비스하여 눈길을 끈다.

각종 티 칵테일이나 허브 칵테일과 같은 술도 병에 담아 판매하고 있어 술을 그 자리에서 즐길 수도, 구입해 갈 수도 있다. 또한 잎차를 우리는 도구들도 판매하고 있어 티 애호가라면 한 번쯤은 들러 볼 만하다.

티숍 리프에서는 예술품과 빈티지의 장식품들을 구경하면서 밴드의 라이브 연주를 들으며 애프터눈 티를 즐길 수 있다. 연중 수시로 모집하는 티 클럽 회원에 가입해 정기적으로 밤에 활동할 수도 있는 도시적인 감각의 티숍이라 할 만하다.

전문 티숍 리프의 실내 모습

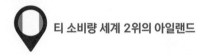
'아이리시 브렉퍼스트 티'의 나라

아일랜드에는 18세기 중반에 중국에서 티가 처음으로 유입되었다. 영국과 마찬가지로 19세기 초까지 티는 상류층에서만 즐길 수 있었지만, 세기의 중반에 이르러 국민 음료로 자리를 잡았다.

잉글랜드가 '애프터눈 티', '하이 티'로 유명하다면, 아일랜드는 '아이리시 티(Irish Tea)'로 더 유명하다. 아이리시 티는 우유와 티, 그리고 설탕을 적당 비율로 넣어 먹는 일종의 '밀크 티(milk tea)'로 오늘날에는 국민에게 '기네스(Guinness)' 브랜드의 맥주만큼이나 인기가 높다.

이러한 배경으로 오늘날 아일랜드는 1인당 티 소비량이 2kg을 넘어 터키에 이어 세계 2위를 차지한다. 따라서 아일랜드에도 세계적으로 유명한 티나 브랜드들이 많다. 잉글랜드와 스코틀랜드에 '립톤(Lipton)', '트와이닝(Twinings)' 등의 브랜드가 있다면, 아일랜드에도 '배리스(Barry's)', '뷰어리스(Bewley's)' 등이 있고, 잉글랜드에 '잉글리시 브렉퍼스트 티(English breakfast tea)'가 있다면, 아일랜드에는 '아이리스 브렉퍼스트 티(Irish breakfast tea)'가 있는 것이다.

'아이리시 브렉퍼스트 티'는 인도의 아삼 홍차와 스리랑카의 실론 홍차, 케냐 홍차 등을 블렌딩한 홍차로서 색상이 블랙에 가깝고 맛은 매콤하면서도 강한 향미가 특징이다. 따라서 아일랜드에는 그러한 티를 우유와 함께 넣어 밀크 티로 부드럽게 마시는 관습이 있다. 여기서는 아일랜드에서 티 애호가들이 둘러보아야 할 '파인 다이닝 앤 티' 명소들을 소개한다.

The Westbury

여행객들에게 '아일랜드 No. 1 호텔'로 통하는
'웨스트베리' 호텔

웨스트베리 호텔의 시그니처 레스토랑인 와일드 실내 모습

아일랜드의 수도 더블린(Dublin)에는 여행객들에게 매혹적인 요소들이
많다. 특히 예술가들의 활동으로 사진 박물관이나 국립미술관, 레스토
랑, 브랜드 숍, 바 등이 밀집한 '템플 바(Temple Bar)'의 거리나, 대영제국
통치의 상징으로서 13세기에 건립된 '더블린성(Dublin Castle)', 그리고
뮤지컬, 오페라 전문 극장으로 19세기의 건축인 '게이어티 극장(Gaiety
Theatre)' 등은 아마도 여행객들에게 버킷리스트일 것이다.

더블린의 중심지에도 물론 파인 다이닝과 애프터눈 티의 명소들이 곳곳
에 있다. 발페 스트리트(Balfe Street)의 '웨스트베리(The Westbury)' 호텔
도 그중 한 곳이다.

이 호텔은 전 세계의 주요 도시에 8개의 럭셔리 호텔을 지닌 아일랜드 호
텔 그룹인 '도일 컬렉션(The Doyle Collection)'의 소유로서 현재 '리딩 호

텔스 오브 디 월드(LHW)'의 회원사이다. 특히 '럭셔리 앤 라이프 스타일 계'에서 최고의 권위를 자랑하는 매거진 〈콩데 나스트 트래블러(Condé Nast Traveler)〉에서는 2020년에 전 세계 여행객들로부터 '아일랜드 No. 1 호텔'로 선정될 만큼 각종 시설과 다이닝 앤 바, 그리고 애프터눈 티의 서비스 등이 훌륭하다.

호텔의 시거너처 레스토랑인 '와일드(Wilde)'는 1930년대의 기풍이 융합된 실내 디자인으로 마치 당시의 야외 정원에 온 듯한 분위기를 자아낸다. 브렉퍼스트에서부터 디너까지 「알라카르트」 메뉴를 통해 아일랜드의 제철 식자재로 전 세계의 국제적인 요리와 아일랜드의 전통 요리들을 선보이는데, 육류를 회피하는 정도에 따라서 '베지테리언', '비건'의 메뉴도 별도로 제공한다. 특히 와인 메뉴는 아일랜드 최고의 소믈리에(Sommelier)가 선보이는 것으로서 와인 애호가들에게는 정말 매혹적인 명소가 아닐 수 없다.

호텔 내 작은 식당 겸 바, 그리고 파리지앵 식당인 '발페스 바 앤 브라스리(Balfes Bar & Brasserie)'에서는 실내 또는 야외 테라스에서 브렉퍼스트, 브런치, 디너를 즐길 수 있는데, 그 요리의 수준이 상당히 높다. 연어를 해초와 함께 절인 그라블락스(gravlax)라든지, 퀴노아(Quinoa) 샐러드와 함께 등장하는 대서양대구구이, 최상급 소갈비살, 아시아의 각종 채소 등을 맛보면 미각이 놀랄 정도이다. 특히 아일랜드 전통의 예술적 수준인 치즈와 방목해 기른 가금류, 32일간 드라이에이징한 소고기는 미식가들의 호기심을 부추길 것이다. 물론 구내의 바에서도 다양한 칵테일들을 즐길 수 있는 일거삼득의 장소이다.

이 호텔의 바인 '사이드카(The Sidecar)'는 1930년대 칵테일 바를 현대적으로 재현하여 우아하고도 세련된 분위기를 느낄 수 있다. 바텐더들이 창조하는 칵테일은 2018년, 2019년의 2회 연속으로 아일랜드 내에서 최고의 호텔 바로 선정되었을 정도로 최고의 수준이다. 더욱이 바임에도 '베지테리언', '비건' 메뉴를 별도로 선보이는 매우 드문 곳으로 아일랜드에서는 칵테일 마니아들의 명소이다.

애프터눈 티의 명소인 갤러리 레스토랑

갤러리 레스토랑의 애프터눈 티

티 애호가들에게는 별도의 장소가 기다리고 있다. 애프터눈 티의 명소인 레스토랑 '갤러리(The Gallery)'이다. 이 레스토랑에서는 정오 12시~오후 4시 30분에 애프터눈 티를 선보인다. 은제 주전자에서 따른 최상급의 티를 샌드위치, 스콘, 수제 페이스트리와 함께 즐기면서 여기에 '찰스 하이직 로제 리저브(Charles Heidsieck Rosé Réserve) NV' 브랜드의 샴페인도 곁들여 보길 바란다. 또 하나의 스페셜로 이 샴페인과 환상적인 페어링을 이루는 '버블스 앤 케이크(Bubbles & Cake)'는 아마도 애프터눈 티, 샴페인의 애호가들에게 또 다른 안목을 키워 줄 것이다.

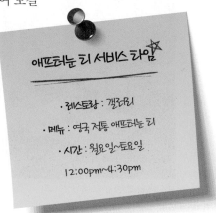

애프터눈 티 서비스 타임

· 레스토랑 : 갤러리
· 메뉴 : 영국 정통 애프터눈 티
· 시간 : 월요일~토요일
  12:00pm~4:30pm

미국의 럭셔리 라이프스타일, 여행 분야의 권위지,

〈콩데 나스트 트래블러〉

Condé Nast Traveler

미국의 '럭셔리 및 라이프스타일' 분야의 전문 월간지 <콩데 나스트 트래블러(Condé Nast Traveler)>. 미국의 기업가 콩데 몬트로즈 나스트(Condé Montrose Nast, 1873~1942)가 뉴욕에서 1909년 설립한 출판사 '콩데 나스트(Condé Nast)'가 1987년에 '여행 속의 진실'을 모토로 창간하였다. 이외에도 콩데나스트는 미국의 패션, 라이프스타일 월간지 <보그(Vogue)>, 시사 주간지 <뉴요커(The New Yorker)>를 간행하고 있다.

<콩데 나스트 트래블러>는 오늘날 약 9개국에서 간행되고 있으며, 럭셔리 여행의 경험을 원하거나 소중한 추억을 원하는 전 세계 여행객에게 다양하고도 유익한 정보들을 소개하고 있다. 특히 관광지, 레스토랑, 호텔, 스파, 숍, 미술관 등을 비롯하여 럭셔리 라이프스타일과 레저와 관련한 호스피탈러티 분야에서는 세계적인 권위지로 인정을 받고 있다. 지금은 온, 오프라인의 형태로 모두 운영되고 있다.

웨스트베리 호텔의 발페스 바 앤 브라스리

Conrad Dublin

'걸리버 여행'의 애프터눈 티를 즐겨 보자!
'콘래드 더블린 호텔'

얼스포트 지역의 콘래드 더블린 호텔의 전경

더블린 최대 유행가인 그래프턴 스트리트(Grafton Street)를 지나 국립박
물관, 국립콘서트홀(The National Concert Hall), 국립미술관(National
Art Gallery) 등을 관람한 뒤에 여장을 풀고 파인 다이닝과 애프터눈 티를
즐길 만한 장소를 인근에서 찾아야 한다면 크게 문제가 될 것이 없다.

이 지역에는 세계적인 호스피탈리티 업체의 브랜드 호텔들이 즐비하기
때문이다. 더블린 한복판에 여가와 휴식을 위해 17세기에 조성된 자연공
원인 '세인트 스티븐스 그린(St. Stephen's Green)'과 지척인 얼스포트 테
라스(Earlsfort Terrace) 지역의 힐튼 호텔 그룹 브랜드인 '콘래드 더블린
(Conrad Dublin)'도 그중 한 곳이다. 이 호텔은 5성급의 럭셔리 호텔로서
브라스리, 라운지, 다이닝 서비스 등이 매우 독창적이기로 유명하다.

브렉퍼스트 전문 레스토랑 '코버그 브라스리(The Coburg Brasserie)'는
이름 그대로 프랑스 브라스리(식당)의 진면모를 보여 준다. 이 레스토랑

의 하이라이트인 프랑스 남부의 수프인 해산물 부야베스(bouillabaisse)
라든지, 홍합 무슬(mussel), 그리고 새우 라비올리(ravioli) 등은 더블린에
서도 일품이다.

레스토랑 '테라스 키친 앤 소셜 하우스(The Terrace Kitchen & Social
House)'에서는 얼스포트 테라스 지역에 새롭게 개장한 광장을 바라보면
서 아일랜드 최고의 식재료에 셰프의 영감이 발휘된 별미들을 경험할 수
있다. 한마디로 식사를 즐기면서 사교적인 만남을 가질 수 있는 광장의
레스토랑이다. 물론 샴페인과 함께 '하이 티'도 즐길 수 있다.

티 애호가들에게는 런치와 디너를 주력으로 하는 '레뮤얼스(Lemuel's)'
레스토랑이 인기이다. 이 레스토랑의 이름은 아일랜드의 세계적인 풍자
소설가인 조너선 스위프트(Jonathan Swift, 1667~ 1745)에 경의를 표하
기 위하여 그의 소설 『걸리버의 여행기(Gulliver's Travels)』의 주인공 '레
뮤얼 걸리버(Lemuel Gulliver)'에서 따온 것이다. 이 소설과도 같이 이곳
의 다이닝 앤 티 메뉴들은 매우 기묘하면서도 독창적이다.

이 레스토랑에서는 전 세계의 햇와인과 바텐더들이 창조적인 믹솔로지
기술로 탄생시킨 칵테일, 그리고 전 세계의 산지에서 온 프리미엄 티로
우아한 '티 타임'을 즐기면서 사람들과 아름다운 추억도 쌓을 수 있다.
티 타임이 깊어지는 가운데 '걸리버 여행기'의 이야기도 절로 떠오를 것
이다.

레뮤얼스 레스토랑의 애프터눈 티 서비스

Westin Hotel Dublin

더블린의 아이콘, '뱅킹 홀'로 유명한,
'웨스틴 호텔 더블린'

웨스트모어랜드 스트리트의 웨스틴 호텔 더블린의 전경

더블린을 여행하는 사람이라면 기네스 맥주의 생산 과정을 체험할 수 있는 '기네스 스토어하우스(Guinness Storehouse)'나 1592년 설립된 아일랜드 최고의 명문 대학인 '더블린 트리니티대학(Trinity College Dublin)'을 둘러보는 것도 좋다.

특히 더블린 트리니티대학은 역사가 매우 오래된 곳으로 유명하지만, 『행복한 왕자(The Happy Prince and Other Tales)』(1888년), 『도리언 그레이의 초상(The Picture of Dorian Gray)』(1889), 기괴하기로 유명한 『살로메(Salomé)』(1896) 등을 저술한 아일랜드 대표 시인이자 소설가인 오스카 와일드(Oscar Wilde, 1854~1900)와 『고도를 기다리며(Waiting for Godo)』(1969)로 세기의 찬사를 받는 사뮈엘 베케트(Samuel Beckett, 1906~1989)를 배출한 모교로 더 유명하다.

이러한 명소들을 구경하며 웨스트모어랜드 스트리트(Westmoreland Street)를 지나다 보면 매우 고풍스러운 건물도 볼 수 있을 것이다. '웨스틴 호텔 더블린(Westin Hotel Dublin)'이다.

이 호텔은 메리어트 본보이 '웨스틴(Westin)' 브랜드의 프리미엄 호텔로서 실내 디자인뿐 아니라 다이닝과 애프터눈 티의 서비스가 독특하다. 특히 대연회장인 '뱅킹 홀(The Banking Hall)'은 그 실내 디자인이 화려하고도 장엄한 걸작품으로서 더블린시의 아이콘으로서 그 자체가 관광 명소이다.

이 호텔의 스테이크하우스인 '모어랜드 그릴(Morelands Grill)'에서는 아일랜드 산지의 신선하고도 품질이 훌륭한 육류들을 엄선한 뒤 아일랜드의 전통 구이 요리를 현대풍으로 재현하여 고객들에게 서비스하고 있다. '민트 바(Mint Bar)'도 믹솔로지스트가 창조한 픽처레스크한 칵테일로 유명하다. 특히 라이브 재즈 음악이 감미롭게 흐르는 가운데 앞에 놓인 시그너처 칵테일은 칵테일 애호가뿐 아니라 일반인마저 시각과 미각을 당길 정도로 걸작품이다.

특히 '아트리움 라운지(Atrium Lounge)'는 티 애호가들이나 칵테일 마니아들이 즐겨 찾는 곳이다. 독특하고도 우아한 실내 분위기 속에서 럭셔리한 휴식의 시간을 보낼 수 있도록 새롭게 창조된 「애프터눈 티」의 메뉴는 가족 모임을 위한 완벽한 선물이 될 것이다.

애프터눈 티 타임은 월요일~일요일까지 정오 12시~오후 5시 30분이며, 특히 금요일 저녁에서 일요일 오후에는 피아니스트의 라이브 음악이 흐르는 가운데 샴페인과 함께 음미해 보길 바란다. 저녁의 「풀 베버리지 서비스(Full Beverage Service)」는 칵테일 애호가에게는 일종의 '다이아몬드 서비스'가 될 것이다.

애프터눈 티 서비스 타임 ★
· 레스토랑 : 아트리움 라운지
· 메뉴 : 영국 전통 애프터눈 티
· 시간 : 월요일~일요일
  12:00pm~5:30pm

Tea Garden

더블린의 동양 찻집, '티 가든'

더블린의 동양 찻집 티 가든의 실내 모습

아일랜드의 수도인 더블린에는 티 애호가라면 반드시 찾아볼 만한 티숍이 있다. 정말 이 정도까지 동양적인 분위기가 물씬 풍기는 공간이 아일랜드에 있을지 그 누구도 방문하지 않고서는 결코 상상이 가지 않을 것이다. 너무도 고아(古雅)한 동양적인 분위기로 인하여 늦은 오후 해가 질 녘에 방문하여 티를 즐기면 마음의 분위기를 차분히 가라앉힐 수 있는 티숍인 '티 가든(Tea Garden)'이다.

푹신푹신한 바닥에 촛불을 밝힌 테이블, 싸릿대의 벽, 아치형의 대문과도 같은 중세풍의 창문 등 아름답고 고요한 분위기로 마음의 휴식을 잠시 얻을 수 있는 최적의 장소라 할 만하다.

이곳은 전문 티숍답게 티의 종류도 매우 다양하게 비치되어 있고, 신선한 잎차는 항상 준비되어 있어 이곳을 처음 찾는 티 애호가들에게는 '이런 곳에서 잎차를 만날 줄이야' 하는 강렬한 인상을 심어 준다.

이같이 티 가든에서는 티의 종류도 많이 구비하고 있지만, 다양한 종류의 티 도구들까지도 함께 판매하고 있어 무척이나 편리하다. 아일랜드에서 찾아보는 동양보다 더 동양적인 티숍에 티 애호가들도 놀라지 않을 수 없을 것이다.

홍차 역사의 크라운을 차지하는 스코틀랜드

스코틀랜드는 세계 홍차 역사에서도 '영예로운 크라운'을 차지하는 국가이다. 티가 스코틀랜드에 전파된 것은 '네덜란드 동인도회사(VOC, Vereenigde Oostindische Compagnie)'가 티를 유럽에 처음 수입한 17세기 초로 거슬러 올라간다. 당시 잉글랜드, 아일랜드, 스코틀랜드의 공동 국왕인 제임스 2세(James II, 1633~ 1701)의 왕비인 메리 오브 모데나(Mary of Modena, 1658~1718)가 요크 공작부인(Duchess of York)이었던 시절에 티를 상류층에 처음 도입하였다.

그 뒤 스코틀랜드에서는 오늘날 전 세계에서 가장 유명한 블렌딩 홍차인 '브렉퍼스트 티(breakfast tea)'가 최초로 탄생하였다. 일화에 따르면, 스코틀랜드 티 상인이 에든버러(Edinburgh)에서 여러 산지의 찻잎을 블렌딩하여 '브렉퍼스트 티'를 처음 발명하였는데, 당시 스코틀랜드 지역에서 풍경이 훌륭한 곳을 여행하면서 사생화를 그리고 그 지역의 문화에 깊은 관심을 보였던 빅토리아 여왕(Queen Victoria, 1819~1901)이 그 블렌딩 홍차를 잉글랜드에 도입해 대중화한 결과, 오늘날의 '잉글리시 브렉퍼스트 티(English Breakfast Tea)'로 널리 알려졌다고 한다.

스코틀랜드는 세계 홍차 역사상 길이 빛나는 두 거성이 탄생한 곳이다. '실론 티의 대부'라는 '제임스 테일러(James Taylor, 1835~1892)'와 세계에서도 가장 유명한 홍차 브랜드의 창시자이자, 스리랑카 다원의 개척자인 '토머스 립톤 경(Sir Thomas Lipton, 1848~1931)'이다. 립톤 경은 「립톤(Lipton)」 브랜드를 창시한 뒤 1871년 자신의 고향인 글래스고(Glasgow)에서 최초로 티 상점을 열었다. 이와 같은 역사적인 배경으로 스코틀랜드에는 세계적인 '브렉퍼스트 티'의 브랜드들이 많고, 오늘날 우유와 함께 밀크 티로 즐겨 마시는 '스코티시 브렉퍼스트 티(Scottish Breakfast Tea)'는 이곳 사람들의 생활문화로 자리를 잡은 것이다.

Mar Hall Golf & Spa Resort

'골프'와 '애프터눈 티'를 동시에, 마 홀 골프 앤 스파 리조트' 호텔

중세 성을 연상시키는 마 홀 골프 앤 스파 리조트의 전경

스코틀랜드 제일의 도시 글래스고 국제공항에서 단 10분 거리에 숲이 우거진 전원 속에서 골프, 애프터눈 티, 다이닝을 즐기는 기쁨과 안락함을 누릴 수 있는 휴양지가 있다.

럭셔리 5성급 리조트 호텔, 아니 그랜드맨션으로 부를 수 있는 '마 홀 골프 앤 스파 리조트(Mar Hall Golf & Spa Resort)'이다.

마 백작(Earl of Mar) 가문의 영지였던 '얼 오브 마 이스테이트(Earl of Mar Estate)'에서 웅장함을 자랑하는 이 건물은 런던 대영박물관의 건축가 로버트 스머크 경(Sir. Robert Smirke, 1781~1867)이 설계하여 1828년 완공된 것으로 역사가 깊다. 특히 18홀의 챔피언십 골프 코스는 오늘

날의 골퍼들에게도 큰 매력과 휴양의 장소로 유명하다.

바 앤 그릴 레스토랑인 'No. 19'에서는 스코틀랜드 남부를 가로지르며 '클라이드만(Clyde Bay)'으로 흐르는 길이 170km의 클라이드강(River Clyde)의 푸른 둑을 야외에서 바라보면서 스페셜티 커피, 스코틀랜드 정통 칵테일과 함께 야외 다이닝을 즐길 수 있다.

크리스탈 레스토랑(Cristal Restaurant)에서는 오후 6시~10시까지 디너를 주력으로 하며, 수많은 수상 경력의 수석 셰프가 전 세계의 요리들로부터 영감을 받아 새롭게 창조한 광범위하고도 다양한 메뉴들을 선보인다. 특히 이곳의 「알라카르트」 메뉴는 죽었던 미뢰들도 다시 살릴 정도의 별미들이다. 물론 애프터눈 티도 서비스된다.

'그랜드 홀(The Grand Hall)'은 스코틀랜드에서도 애프터눈 티의 명소이다. 입안에 군침이 돌게 만드는 별미의 페이스트리와 수제 케이크, 그리고 고형크림을 얹은 정통 스콘, 그리고 딸기잼과 함께 즐기는 영국 정통 애프터눈 티이다. 전 세계의 티 전문 공급체로부터 광범위한 종류로 수입된 독특한 티 블렌드의 메뉴를 티 애호가들이 본다면 아마 감탄하지 않을 수 없을 것이다. 여기에 모엣 샴페인(Moet Champagne)을 곁들인다면 더할 나위가 없을 것이다.

애프터눈 티를 선보이는 크리스털 레스토랑

Inverlochy Castle Hotel

빅토리아 여왕이 일기에서 극찬한, '인버로치캐슬 호텔'

호숫가에 전원적인 분위기를 풍기는 인버로치캐슬 호텔의 전경

하일랜즈 지역은 산세가 험하지 않고 자연의 경관도 매우 훌륭하여 스코틀랜드 내에서도 대표적인 휴양지이다. 그런 만큼 이곳에는 마치 그림의 한 폭처럼 보이는 휴양의 명소들이 곳곳에 숨어 있다. 포트윌리엄 지역의 '인버로치캐슬 호텔(Inverlochy Castle Hotel)'도 그중 한 곳이다.

포트윌리엄 지역은 스코틀랜드 최고봉인 네비스산(Mt. Nevis), 글렌피넌 유적지(Glenfinnan monument), 글렌코(Glencoe)의 산골짜기와 인접한 곳으로 자연경관도 유명하고 풍요로운 역사도 살아 숨을 쉬는 곳이다.

이곳의 19세기 스코틀랜드 성채, 인버로치캐슬 호텔은 영국 왕가가 별장으로 사용하였던 역사가 있다. 1873년 빅토리아 여왕이 머물면서 취미인 그림을 그렸고, 그녀는 일기에 이곳의 풍광에 대하여 "생전에 이보다 더 아름답고 낭만적인 장소를 본 적이 없다!"는 기록을 남기기도 했다.

현재 이 호텔은 세계적인 독립 호텔 연합의 브랜드인 '스몰 럭셔리 호텔스 오브 더 월드(SLH)'의 회원사이자 5성급 럭셔리 호텔로서 스코틀랜드에서도 최고 휴양지로 손꼽힌다.

레스토랑 등급에서 최상에 속하는 'AA 3로제트(Rosettes)'의 레스토랑인 '미셸 루 주니어 앳 인버로치 캐슬(Michel Roux Jr at Inverlochy Castle)'은 노르웨이 국왕이 선물한 정교한 가구들과 함께 실내 디자인이 매우 화려하고, 프랑스에 영향을 받은 현대적인 영국 요리들을 선보인다. 〈미쉐린 가이드〉 2성급의 셰프인 미셸 루 주니어(Michel Roux Jr.)의 손길에서 빚어지는 다양한 메뉴들을 경험해 보길 바란다. 참고로 디너 타임에는 격조 있게 정장 차림이 필요하다.

반면 캐주얼 차림으로 자유롭게 가벼운 식사를 즐길 수 있는 공간으로는 '라운지 밀(Lounge Meal)'이 있다. 이곳에서는 파스타, 셰프의 샐러드, 몰트 스카치 위스키인 '발베니(Balvenie)'에 절인 훈제 연어, 스코티시 비프 버거 등을 선보이는데, 12시부터 예약해야 한다.

이 호텔은 19세기 빅토리아 여왕이 별장으로 머물던 공간인 만큼 영국 정통 애프터눈 티의 명소로도 유명하다. 레스토랑 '미셸 루 주니어 앳 인버로치 캐슬'에서는 정통 방식의 「풀 애프터눈 티(Full Afternoon Tea)」와 「핑크 애프터눈 티(Pink Afternoon Tea)」의 메뉴를 선보인다.

두 메뉴에서는 기본적으로 '르네펠트 티(Ronnefeldt Teas)'와 '카피아 커피(Caffia Coffee)'의 다양한 종류에서 고객들이 취향에 맞게 골라 즐길 수 있다. 특히 프랑스의 스파클링 샴페인인 '알베르 루 브뤼 로제 샹파뉴(Albert Roux's Brut Rosé Champagne)'를 곁들이는 「핑크 애프터눈 티」 메뉴는 티 애호가들에게 새로운 미식의 경험을 선사할 것이다. 미식가, 여행가, 티 애호가라면 빅토리아 여왕이 극찬하였던 이 명승지를 들러보길 바란다.

풀 애프터눈 티의 모습

애프터눈 티 서비스 타임

· 레스토랑 : 미셸루주니어 앳 인버로치 캐슬
· 메뉴 : 풀 애프터눈 티, 핑크 애프터눈 티
· 시간 : 매일 12:00pm~4:00pm

The Torridon

영국 왕가, 귀족들의 휴양지였던, '토리던 호텔'

하일랜즈 애츠네이신 지역의 토리돈 호텔 전경

지질 시대에 형성된 천혜의 아름다운 자연 유산인 하일랜즈의 웨스터 로스(Wester Ross) 애츠네이신(Achnasheen) 계곡에 해발고도 약 900m 로 솟은 '적색 사암(red sandstone)'의 작은 산도 자연의 걸작품이다. 이 를 뒷배경으로 빅토리아 시대의 건물이 보이는데, '토리돈 호텔(The Torridon)'이다.

'벤 댐프 하우스(Ben Damph House)'로 불리는 이 건물은 잉글랜드 러 블레이스(Lovelace) 지역의 초대 백작인 윌리엄 킹-노엘(William King-Noel, 1805~1893)이 아일랜드로부터 모든 건축재를 강으로 운송해 1860년부터 사냥 숙소로 짓기 시작하여 1887년에 비로소 완공되었다. 건물의 시계탑을 중심으로 동화에서나 나올 법한 아기자기한 모습의 이 호텔은 빅토리아 여왕이 좋아하였던 산책 코스로서 휴양을 위해 머문 뒤 잉글랜드 귀족들의 스코틀랜드 휴양지로 사용된 역사와 전통이 있다. 재밌는 에피소드로는 건립자인 윌리엄 킹-노엘은 백작이었지만 동시

'1987' 레스토랑의 「토리던 애프터눈 티」의 서비스

에 과학자였고, 또한 그의 아내 에이다 바이런(Hon. Augusta Ada Byron, 1815~1852)도 영국의 수학자이자 '세계 최초의 컴퓨터 프로그래머'였다는 사실이다. 그런데 에이다는 영국 낭만파 시인 바이런(George Gordon Byron, 1788~1824)의 딸이었다는 점도 흥미롭다.

이 건물은 1960년에 호텔로 첫 문을 연 뒤 오늘날에는 스코틀랜드에서도 'AA의 5레드스타'의 최고 호텔이고, 레스토랑 '1887'은 'AA의 3로제트'로 최고의 호스피탈리티 서비스를 자랑한다.

사방의 유리창으로 하일랜즈의 자연 유산을 감상할 수 있는 시거너처 레스토랑, '1887'에서는 토리돈 호텔이 현지에서 운영하는 농장인 '키친 가든(Kitchen Garden)'의 식재료들을 사용하여 모든 요리들을 서비스한다. 제철 재료를 사용함에 따라 계절마다 메뉴가 달라지며, 브렉퍼스트에서부터 런치, 애프터눈 티, 디너까지 수석 셰프의 열정과 예술성을 온전히 느낄 수 있다.

특히 산지에서 유유히 흐르는 강을 바라보면서 「토리던 애프터눈 티(The Toridon Afternoon Tea)」의 메뉴를 즐긴다면 그 맛이 더욱더 깊어질 것이다. 우아한 샌드위치, 수제 케이크, 잼류, 비스킷과 함께 '스코티시 고형크림(Scottish clotted cream)'의 스콘들, 그리고 '카멜리아스 티 하우

스(Camellia's Tea House)' 브
랜드의 프리미엄 티와 토리돈
시그너처 블렌딩 티 등은 티
애호가들의 눈길과 입맛을 끌
기에 충분하다. 여기에 애프
터눈 티의 스페셜인 '모엣 앤
샹동(Moet & Chandon)'의

토리던 베인 바

샴페인을 한 잔 곁들인다면 티 애호가에게는 아마 낙원이 펼쳐질 것이다.
또한 레스토랑인 '보 앤 무크 브라스리(Bo & Muc Brasserie)'에서는 비교
적 간편한 요리들을 즐길 수 있다. 이곳에서도 농장에서 직접 기른 가금
류와 육류, 그리고 각종 채소들을 사용해 식품 안전에 각별한 노력을 기
울이고 있다.

'위스키 바(The Whisky Bar)'에서는 365종류의 싱글 몰트 스카치 위스키
와 120종류의 진이 광범위하게 마련되어 있다. 어쩌면 이곳을 찾은 애주
가들에게는 '위스키 백화점'으로 보일 것이다.

19세기에 식료품 저장소였던 이 바에서는 고객들에게 '위스키 테이스팅
서비스'를 제공한다. 또한 지역에서 산출된 허브들을 블렌딩한 뒤 깨끗한
물로 양조한 특산주인 '악튜러스 진(Arcturus Gin)'도 시음해 볼 수 있다.

또 하나의 '베인 바(Beinn
Bar)'에서는 스코틀랜드
의 전통적인 호스피탈러
티를 경험하면서 스카치
위스키와 맥주, 스코티시
브렉퍼스트 티(Scottish
Breakfast Tea), 칵테일을
편안한 분위기 속에서 즐
길 수 있다.

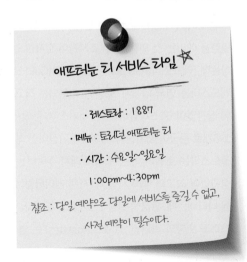

애프터눈 티 서비스 타임 ☆
─────────────
· 레스토랑 : 1887
· 메뉴 : 토리던 애프터눈 티
· 시간 : 수요일~일요일
  1:00pm~4:30pm
참조 : 당일 예약으로 당일에 서비스를 즐길 수 없고,
      사전 예약이 필수이다.

영국의 자동차협회이자,
호텔, 호스피탈러티 서비스 평가 기관,

'The AA'

영국(UK)에는 호텔, 레스토랑, 숙박업소 등 호스피탈러티와 관련하여 권위를 자랑하는 평가 기관이 있다. 엉뚱한 느낌이 들지만, 1905년 설립된 영국의 '자동차협회(The AA, The Automobile Association)'이다.

AA에서는 1912년부터 약 110년 동안 객관적인 기준에 따라 별점을 매기는 시스템으로 호텔들을 평가해 왔다. 2006년 서비스의 보편적인 품질 기준을 개발한 뒤 그 시스템을 더욱더 발전시켜 2017년부터는 'AA 호텔 앤 호스피탈러티 서비스' 시스템을 통해 여행객들을 위하여 영국 전역의 호텔, 숙박시설, 레스토랑 등 호스피탈러티 업체에 대한 품질 평가를 공개하고 있다. 여기서 전역이란 아일랜드, 스코틀랜드, 웨일스, 잉글랜드를 아우른다.

호텔 및 숙박소에 대해서는 자체 평가 기준에 따라 '블랙스타(black star)' 1~5개로 평가하며, 여행객들이 동일 별점 내에서도 서비스 품질의 우위를 알 수 있도록 'AA 메리트 스코어(AA Merit Score)'를 통해 '메리트(Merit) %'의 형식으로 표기하고 있다.

별점을 매기는 것 외에도 AA 조사관이 철저한 검증을 통해 우수한 곳에는 상을 수여하는데, '레드스타(Red Star)', '골드스타(Gold Star)', '로제트(Rosettes)' 등이 있다.

레드스타는 영국 내에서 '호텔'에 수여되는 최고의 상이다. 호텔의 규모와 운영 형태에 상관없이 '호스피탈러티'와 '서비스' 부문에서 최고의 수준을 나타내며, 레드스타 1~5개 등급이 매겨진다. 사실 2개 이상이면 최고 수준으로 보면 된다.

골드스타는 호텔이 아닌 '숙박소'에서 수여되는 최고의 상이다. 규모와 운영 형태에 상관없이 최고의 '숙박시설'과 '자체 케이터링(self catering)'의 품질이 최고 수준임을 나타내는데, 황금색 별점 1~5개로 구분된다.

장미꽃 모양의 리본인 '로제트(Rosettes)'는 영국 내 레스토랑에서 '요리(culinary)'

가 최고인 곳에 수여되는 상이다. 호텔 또는 레스토랑 분야의 AA 소속 조사관이 수차례에 걸쳐 방문해 철저하게 검증하고, '푸드 테이스팅(food tasting)' 등을 통해 '요리'의 수준이 최고인 레스토랑에 부여된다.

장미꽃 리본인 로제트의 1~5개로 요리 수준이 매겨지는데, 1개를 받기도 매우 어려워 사실상 '상'으로 인정된다. 영국 내에서 1개 이상의 로제트를 받은 곳은 전체 레스토랑 수의 10%에 불과하다. 그밖에도 AA에서는 '브렉퍼스트 앤 다이닝 어워드' 등도 운영하고 있다.

토리던 호텔의 '1887' 레스토랑, 'AA 3로제트' 등급이다.

Gleneagles

'하일랜즈의 라이비에라', '글렌이글스 호텔'

글렌 이글스 호텔의 전경

스코틀랜드 중부 내륙 퍼스샤이어(Perthshire) 지역의 오치터라드(Auchterarder)는 조그만 시골 마을로 자연경관이 훌륭하고 고즈넉한 분위기로 인해 휴양지로서 명성이 높다. 이곳에는 유명 컨트리 하우스 호텔도 있는데, '글렌이글스(Gleneagles)' 호텔이 대표적이다.

골프장을 갖춘 컨트리 하우스인 이 호텔은 1924년에 스코틀랜드 내륙 전원 지대에 첫 문을 열 당시에 '하일랜즈의 라이비에라', '세계 8대 불가사의'로 언론에 대서특필되었다. 당시 잭 니콜라우스(Jack Nicklaus)가 이른바 '군주의 코스(Monarch's Course)'를 디자인, 골프 대회를 개최하였는데, 이것이 오늘날 'PGA 센트너리 코스(The PGA Centenary Course)'로 발전하였다.

따라서 이 호텔은 골프 휴양지로 유명할 뿐만 아니라 '2005년 G8 정상회의'를 개최할 정도로 각종 시설과 다이닝 서비스도 최고 수준이다. 세계적인 독립 호텔 연합 브랜드인 '리딩 호텔스 오브 디 월드(LHW)'의 회원사 내에서도 최고 수준인 'AA 5레드스타' 등급의 럭셔리 호텔이다.

프랑코-스코티시(Franco-Scottish)의 파인 다이닝 레스토랑인 '스트라선(The Strathearn)'에서는 전통적인 '게리동 서비스(gueridon service)'와

스트라선 레스토랑의 실내 모습

'플랑베(flambe)'의 온기 속에서 음악이 흐르는 가운데 스코틀랜드 최고 품질의 산출물로 창조한 요리들을 선보인다.

'G8 정상회의' 당시 이곳을 방문한 엘리자베스 2세 여왕이 디너를 주문하는 영예를 얻은 유럽 최고 대열의 파인 다이닝 레스토랑 '앤드류 페어리(Andrew Fairlie)'에서는 스코틀랜드 유일의 〈미쉐린 가이드〉 2성급에 걸맞게 미식 수준의 프랑스풍 요리들을 경험할 수 있다.

캐주얼 다이닝 레스토랑인 '버넘 브라스리(The Birnam Brasserie)'는 이탈리아 투스카니아 또는 프랑스 보르도 지방의 간이 식당으로서 지중해 정통 요리들을 온 가족이 편안한 분위기 속에서 즐길 수 있는 패밀리 레스토랑이다.

골프장의 '킹스(King's)', '퀸즈(Queen's)' 코스가 바라보이는 레스토랑 '도미(The Dormy)'에서는 인도 탄두리 요리들과 이탈리아의 피자, 각종 구이 요리들을 가족 단위로도 즐길 수 있다. 그리고 사람들과 함께 티나 커피를 마시면서 대화를 나누고 각종 수제 케이크들과 페이스트리를 즐길 수 있는 '가든 카페(The Garden Cafe)'도 매우 훌륭하다.

그런데 이 호텔은 바가 세 곳이나 있어 칵테일이나 위스키 애호가들에게는 지상의 낙원이다. '아메리칸 바(The American Bar)'는 1920년대 칵테일 라운지에서 믹솔로지스트들이 창조한 시거너처 칵테일이나 빈티지 샴페인과 함께 캐비어, 카나페 등을 함께 선보인다. 그리고 우아한 실내 장식의 '센트리 바(Century Bar)'는 샴페인이나 몰트 위스키를 마실 수

글렌데번 룸의 애프터눈 티

있는 완벽한 장소이다. 또한 '오치터라드 70'의 바는 수제 맥주와 진이 훌륭하여 이곳을 찾은 수많은 여행객뿐 아니라 지역 주민들에게도 인기가 높다.

티 애호가들이 서운하지 않을 애프터눈 티로 유명한 곳도 있을까? '글렌데번 룸(Glendevon Room)' 레스토랑이 있다. 2005년 'G8 정상회담'이 열린 장소였던 이 레스토랑은 애프터눈 티가 화려하고 럭셔리하기로 유명하다.

영국의 동화『피터 래빗(Peter Rabbit)』의 작가인 베아트릭스 포터(Beatrix Potter)의 스토리를 담은 「베아트릭스 포터의 애프터눈 티(Beatrix Potter themed afternoon tea)」에서는 제철의 프렌치 페이스트리와 아름다운 케이크, 버터리 스콘, 핑거 샌드위치 등이 3단 스탠드에 진열된 모습이 가히 예술적인 수준이다.

한편 호텔 홈페이지에서는 당시 조지 부시, 토니 블레어, 자크 시라크 등의 G8 정상들이 애프터눈 티를 경험하기 위해 이 레스토랑에 모인 것은 아니라고 짧게 소개한다. 그러나 티 애호가들에게 이곳은 모임을 열기에 충분한 명소이다.

애프터눈 티 서비스 타임 ☆

• 레스토랑 : 글렌데번 룸
• 메뉴 : 베아트릭스 포터의 애프터눈 티
• 시간 : 금요일~일요일
  12:30pm~15:30pm

참조 : 메뉴판에는 동화작가 베아트릭스 포터의 대표적인 캐릭터인 '피터 래빗'이 수채화 속에 등장해 사람들에게 친근감을 더해 준다.

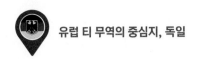

티의 소비보다 수출이 많은 나라

독일은 17세기 유럽으로 티를 최초로 전파한 네덜란드와 인접해 티의 전파도 비교적 빨랐다. 독일에서도 커피와 함께 티는 가격이 너무 비싸 왕가나 귀족 중심의 상류층에서 소비되기 시작하였지만, 18세기에 커피 하우스가 유럽 전역을 휩쓸면서 일반인들도 커피와 티를 마시기 시작해 19세기부터는 일반인들에게도 본격적으로 대중화되었다. 그 뒤 20세기 제2차 세계대전에는 티의 소비가 많았던 이스트프리시아 사람들에게 휴대용 식량으로 티를 보급하기도 했는데, 소위 '테카르텐(Teekarten)'이라고 불렀다.

독일은 전통적으로 '티'보다 '커피'의 소비가 많은 나라이다. 그리고 티에서는 '싱글 이스테이트 티'보다 '블렌딩 티'를, '오리지널 티'보다는 '허브 블렌딩 티', '과일 티'를, '녹차'보다는 '홍차'를, '티백'보다는 '잎차'를 더 즐겨 마시는 오랜 관습이 있다. 특히 허브 블렌딩 티에는 캐모마일, 펜넬, 로즈힙, 페퍼민트 등이 주로 많이 들어간다.

이같이 독일은 전통적으로 티를 블렌딩해 많이 마셨던 관습이 있어 오늘날 티의 연간 총소비량이 세계 20위권이다. 또한 이스트프리시아 지역의 티 소비는 독일 연간 티 총소비량의 20%를 차지한다. 주요 항구 도시인 함부르크는 예전에도 유럽 티 무역의 중심지였지만, 오늘날에도 '프리미엄 (허브)블렌딩 티'의 세계적인 수출 항구이다. 이러한 배경으로 독일은 티의 자국 내 소비보다 블렌딩해 프리미엄 티로 수출하는 양이 더 많은 나라로 유명하다.

한편, 독일은 이스트프리시아 지역을 중심으로 진하고 강한 풍미로 마시는 네덜란드 티 문화의 영향을 많이 받았지만, 영국 상류층의 브리티시 티 문화도 18세기 유럽의 왕가에 대유행했던 만큼 애프터눈 티의 명소로 유명한 곳들도 많다. 여기서는 독일의 유구한 티 역사를 배경으로 주요 도시에서 프리미엄 티나 애프터눈 티를 즐길 수 있는 명소들을 소개한다.

Regent Berlin

잔다르멘마르크트 광장의 티 명소, '레겐트 베를린' 호텔

레겐트 베를린 호텔 내 레스토랑에서 본 외부 전경

독일의 베를린에서도 '잔다르멘마르크트 광장(Gendarmenmarkt Square)'은 18세기 독일의 대표적인 극작가이자 철학자인 프리드리히 폰 실러(Friedrich von Schiller, 1759~1805)의 동상이 서 있는 가운데 주위로는 유명 콘서트 홀인 '콘체르트하우스(Konzerthaus)', 대성당인 '독일 돔(German cathedral)'과 '프랑스 돔(French cathedral)' 등이 있어 세계적인 관광 명소이다. 따라서 이곳에는 다이닝, 스파, 웰니스 등 최고의 호스피탈러티를 서비스하는 유명 호텔들도 즐비하다. 콘체르트하우스 바로 옆의 호텔 '레겐트 베를린(Regent Berlin)'도 그중 한 곳이다.

레겐트 베를린은 영국의 다국적 호스피탈러티 업체인 '인터컨티넨탈 호텔 그룹(IHG, InterContinental Hotels Group plc)'의 '리전트(Regent)' 브랜드로 5성급 럭셔리 호텔인 만큼 화려한 실내 분위기는 물론이고, 파노라마틱한 전망과 럭셔리 다이닝, 그리고 애프터눈 티가 호텔의 하이라이트이다.

티 앤 로비 라운지 애프터눈 티 서비스

레스토랑 '샤를로트 & 프리츠(Charlotte & Fritz)'는 19세기 베를린 살롱의 실내 분위기 속에서 최고의 키친 팀이 고품질의 식재료를 엄선하여 미식 수준의 별미들을 연출한다. 잔다르멘마르크트 광장이 바라보이는 가운데에서 제철 메뉴를 통해서 독일 전통의 다양한 맛을 살린 요리를 비롯해 국제적인 요리들을 브렉퍼스트에서 디너까지 모두 경험할 수 있다.

특히 레스토랑 한복판의 '뵈브 클리코(Veuve Clicquot)' 테이블에서는 소믈리에가 고른 '뵈브 클리코' 브랜드 샴페인과 페어링을 이루는 4코스의 요리 메뉴들이 결코 기억에서 사라지지 않을 미각적 경험을 제공한다. 미식가들에게는 이 호텔에서도 최고의 식사 자리인 셈이다.

참고로 말하면, '뵈브 클리코'는 프랑스의 유명 샴페인 브랜드로서 샴페인 가공 과정에서 품질 개선에 획기적인 방법으로 손꼽히는 '푸피트르(Pupitre)'를 개발한 '뵈브 클리코 퐁사르당(Veuve Clicquot Ponsardin, 1777~1866)' 여사의 이름에 유래된 것이다.

이 호텔의 '티 앤 로비 라운지(Tea & Lobby Lounge)'에서는 영국 정통 애프터눈 티의 진수를 보여 준다. 다양한 고전적인 티와 희귀한 블렌딩 티를 메뉴에서 골라 핑거 샌드위치, 미니 타르트, 페이스트리, 고형크림과 딸기잼을 얹은 갓 구운 스콘으로 애프터눈 티를 제대로 즐길 수 있다.

애프터눈 티는 「레겐트 애프터눈 티(Regent Afternoon Tea)」, 「로열 애프터눈 티(Royal Afternoon Tea)」, 「크림 티(Cream Tea)」, 「세이버리스 앤 티(Savouries & Tea)」의 메뉴 중에서 취향에 맞는 것으로 골라 즐길 수 있으며, 티 메뉴에서는 '로네펠트(Ronnefeldt)', '포트넘 앤 메이슨(Fortnum & Maison)' 브랜드의 프리미엄 티 가운데서 선택할 수 있다. 티

티 앤 로비 라운지에서 선보이는 애프터눈 티 서비스

애호가들에게는 '눈앞에 현란한 축제'가 펼쳐지는 순간이다. 단, 화요일 ~일요일 오후 2시부터 6시까지의 시간대와 예약은 기본이다.

이 호텔에는 또한 애프터눈 티뿐만 아니라 저녁에 와인과 칵테일을 즐길 수 있는 분위기 최상의 '레겐트 바(Regent Ba)'도 있다. 우아한 실내 공간 속에서 비공식적인 사교적 모임이나 공식적인 행사 모두 가질 수 있는 곳으로서 프리미엄 메뉴판을 통하여 위스키, 최고급 와인을 비롯해 바텐더의 창조적인 시거너처 칵테일도 즐길 수 있다. 만약 애프터눈 티를 탁 트인 '티 앤 로비 라운지'가 아니라 약간은 밀폐된 장소에서 조용히 즐기고 싶은 사람에게는 이곳을 권해 본다.

그밖에도 여름철에는 '서머 라운지(Summer Lounge)'도 운영한다. 호텔 외부의 야외 테이블에 앉아 오렌지색 파라솔 아래에서 태양과 푸른 하늘 아래에서 바람이 부는 가운데 라벤더 꽃향기를 맡으며 파스타, 샐러드, 샴페인, 칵테일을 가볍게 즐길 수 있다. 답답한 마음을 떨쳐 낼 수 있는 완벽한 장소이다.

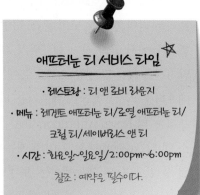

애프터눈 티 서비스 타임

- 레스토랑 : 티 앤 로비 라운지
- 메뉴 : 레겐트 애프터눈 티/로열 애프터눈 티/크림 티/세이버리스 앤 티
- 시간 : 화요일~일요일/2:00pm~6:00pm

참조 : 예약은 필수이다.

약 250년 역사, 세계 최대 규모의
'인터컨티넨탈 호텔 그룹'

IHG HOTELS & RESORTS

영국에 본사를 둔 세계적인 호스피탈러티 업체인 '인터컨티넨탈 호텔 그룹(IHG, InterContinental Hotels Group plc)'은 전 세계에 걸쳐 18개의

IHG의 레겐트 베를린 호텔의 레스토랑 내 뵈브 클리코 테이블

호텔 브랜드를 운영하는 거대 호텔 체인 그룹이다.

호텔 그룹의 역사는 1777년 윌리엄 배스(William Bass)가 영국의 버턴 온 트렌트(Burton-on-Trent) 지역에서 양조장을 설립한 것이 시초이다. 1946년 판아메리칸 항공사(Pan American Airways)의 창립자인 후안 트리페(Juan Trippe)가 럭셔리 호스피탈러티에 주목하여 '인터컨티넨탈(InterContinental)' 브랜드를 창립한 뒤 1949년 첫 인터컨티넨탈 호텔이 브라질의 벨렘(Belem)에 설립되었다.

그런데 1952년에 문을 연 '홀리데이 인(Holiday Inn)'이 1957년 당시 세계에서 가장 큰 호텔 브랜드로 유명해지면서 전 세계적으로 크게 성장하였다. 음료 업체인 '배스 그룹'이 1998년 '인터콘티넨탈 호텔 앤 리조트(nterContinental Hotels & Resorts)'를 인수한 뒤 2001년 '식스 컨티넨츠(Six Continents plc)'로 사명을 변경하고, 2003년도에 음료 부문의 그룹과 독립하여 오늘날의 호스피탈러티를 전문으로 하는 '인터콘티넨탈 호텔 그룹(IHG, InterContinental Hotels Group plc)'이 탄생하였다.

현재 전 세계 100여 개국 이상에서 6028개의 호텔을 운영하고, 룸의 수는 88만 4820개, 종사자 수는 약 32만 명이나 되는 세계 최대 규모의 호텔 체인 그룹으로서 위상을 자랑한다.

Breidenbacher Hof

뒤셀도르프 호텔 업계의 전설, '브레이덴바흐 호프 호텔'

쾨니히살레 거리의 브레이덴바흐 호프 호텔의 전경

독일의 라인강이 흐르는 서부 노르트라인-베스트팔렌주(Nordrhein-Westfalen)의 주도인 뒤셀도르프(Düsseldorf)로 여행을 떠나면 호텔, 부티크, 레스토랑, 카페 등이 밀집한 중심 번화가인 쾨니히살레(Königsallee)의 거리를 지나게 된다. 그 거리에는 뒤셀도르프에서도 랜드마크인 그랜드호텔 '브레이덴바흐 호프(Breidenbacher Hof)'가 있다.

이 호텔은 사업가 빌헬름 브레이덴바흐(Wilhelm Breidenbacher)가 1812년 첫 문을 연 뒤로 약 210년의 역사를 이어 오고 있다. 건물은 독일의 위대한 건축가 아돌프 안톤 폰 바게데스(Adolph Anton von Vagedes, 1777~1842)가 처음부터 웅장한 성채 스타일로 설계하여 그랜드호텔로 출발하였다. 19세기 말에는 유명 화가, 조각가, 작가, 사상가 등이 이곳에 모여 왕성한 활동을 보였던 역사적인 명소이기도 하다.

그런데 제2차 세계대전 당시에 폭격으로 건물이 완파된 뒤 재건하여 1950년에 다시 문을 연 역사가 있으며, 정확히 200년도를 맞은 2008년에는 그랜드호텔로서 다시 문을 열었다.

지금은 '스몰 럭셔리 호텔
스 오브 더 월드(SLH)'의
회원사로서 이 도시의 럭
셔리 호텔 중에서도 '호스
피탈러티의 예술'이 살아
숨을 쉬는 최고의 곳으로
통한다. 그러한 만큼 이곳

파리 정통 브라스리인 더치 레스토랑 앤 바

을 찾은 여행객들에게 '그랜드호텔의 무한 경험'을 선사하기 위해 최고
의 시설과 다이닝 서비스들을 갖추고 있다.

'더치 레스토랑 앤 바(Duchy Restaurant & Bar)'에서는 뒤셀도르프에서
'파리 미식' 모험을 즐길 수 있는 몇 안 되는 곳으로서 '파리 정통 브라스
리'를 지향하는 레스토랑이다. 레스토랑의 이름에 공작이라는 뜻의 '더
치(Duchy)'가 붙은 것은 1805년 프랑스 황제 나폴레옹 1세(Napoléon I,
1769~1821)가 뒤셀도르프를 점령한 뒤 '베르크 대공국(Grand Duchy of
Berg)'의 수도로 삼은 데서 유래한 것이다. 마침 이때는 이 호텔이 건립되
던 시기였다.

이 레스토랑에서는 우아한 디자인의 긴 소파에 앉아 곳곳에 예술 작품들
이 내걸린 가운데 수석 셰프 필리프 페르베르(Philipp Ferber)가 지속가
능성이 있게 지역의 특산물로써 창조한 브라스리 스타일의 다양한 요리
들을 즐길 수 있다. 레몬그라스가 든 랍스터 수프라든지 '캐비어 카르보
나라(caviar carbonara)', '방어 카르파치오(amberjack carpaccio)'는 특
히 '일미(一味)'이다.

또한 이름에서도 알 수 있듯이 이 레스토랑은 저녁에는 바(Bar)로 운영되
며, 일식 전문 셰프인 나오 야마오카(Nao Yamaoka)가 칵테일, 샴페인 등
과 함께 해산물과 사시미 등 날것의 별미들을 선보이는데, 일식과 프랑스
요리의 만남이 미식가들에게 독특한 경험을 선사해 줄지도 모른다.

이 호텔에는 티소믈리에나 티 애호가들에게 대환영을 받을 만한 '대망
(待望)'의 장소가 있다. 쾨니히살레 거리에서도 만남의 장소로서 영국 정

로비 라운지에서 선보이는 애프터눈 티

통 애프터눈 티의 명소인 '로비 라운지(the Lobby Lounge)'이다. 정교하게 구워진 스콘과 케이크들, 그리고 다양한 종류의 페이스트리를 맛보는 가운데 '로네펠트 티 블렌드(Ronnefeldt tea blends)'의 광범위한 메뉴에서 각자 취향에 맞게 티를 선택해 애프터눈 티를 즐길 수 있어 티 애호가들에게는 더할 나위 없이 행복한 공간이다. 특히 샴페인과 이 호텔의 명물로 '중독성이 마약 수준'이라는 '치즈 케이크'를 곁들이는 것도 결코 잊어선 안 된다는 것이 호텔 측의 설명이다.

그러나 중독성 성향의 치즈 케이크에서 만족한 뒤 갈망이 사라진다면 진정한 티 애호가는 아닐 것이다. 티 애호가라면 애프터눈 티에서도 오직 '티(Tea)'에 미각의 초점을 더 맞춰 보아야 할 것이다.

이곳 애프터눈 티에 등장하는 모든 티들이 실은 산지에서 찻잎의 품질을 감별하는 '퍼스트플러시 홍차 감정사(First Flush Black Tea Connoisseur)'이자, 여성 '티 마스터(Tea Master)'인 마르티나 라데르마허(Martina Radermacher)가 이 호텔에 종사하면서 엄선해 낸 최고의 티들이기 때문이다. 티의 산지도 아닌 독일의 중소 도시 뒤셀도르프에서 '티 마스터'의 손길을 만나는 일은 누구도 생각하기 어려운 경험일 것이다. 애프터눈 티를 즐긴 뒤 티 마스터를 위하여 경의를 표해 보자!

그리고 저녁에는 '바 앤 스모킹 라운지(Bar & Smoking Lounge)'에서 바텐더들이 팀웍을 이루어 창조한 칵테일과 스낵들을 즐길 수 있을 뿐 아니라 124종류의 시거도 원하는 대로 선택해 맛볼 수 있다. 칵테일 애호가라면 근사한 분위기 속에서 그들의 시거너처 칵테일을 감상해 보는 것도 좋다.

Althoff Grandhotel Schloss Bensberg

쾰른 교외 '왕자의 사냥 숙소'였던,
'알트호프 그란트호텔 슐로스 벤스베르크'

독일의 노르트라인-베스트
팔렌주의 도시 쾰른(Köln)
은 고대 로마 시대에서는
군사 주둔지였던 만큼 그
역사가 2000년 이상으로
올라간다. 그 오랜 역사로
쾰른에는 로마, 프랑크 시
대의 유적들이 많고, 특히
고딕 양식의 대표적인 건물
인 '쾰른 대성당'을 비롯하
여 유럽 내에서 가장 오래된
대학인 '쾰른 대학교' 등 많
은 명소들이 있다.

알트호프 그란트호텔 슐로스 벤스베르크의 전경

그런 쾰른을 여행한 뒤 조금만 벗어나면 전원적이고도 목가적인 풍경 속
에서 오랫동안 역사를 조용히 간직한 고성(古城)들도 둘러볼 수 있다. 독
일에는 그러한 고성들이 오늘날 관광 명소로서 럭셔리 호텔들로 변모한
경우가 많다. 쾰른 교외의 루르강(Ruhr) 북부 베르기슈란트(Bergisches
Land) 지역의 옛 고성 '알트호프 그란트호텔 슐로스 벤스베르크(Althoff
Grandhotel Schloss Bensberg)'도 그중 한 곳이다.

이 호텔은 오래전 독일의 왕자나 귀족들을 위한 '사냥 숙소'였지만, 그 규
모가 너무도 웅장하여 성을 이루고 있다. 지금은 '리딩 호텔스 오브 디 월
드(LHW)'의 회원사로 5성급의 럭셔리 그랜드호텔로서 최고의 시설과 다
이닝 서비스를 자랑한다.

레스토랑 '방돔(Vendôme)'에서는 〈미쉐린 가이드〉 2성, 〈고미요(Gault Millau)〉 '19.5/20'를 자랑하는 유명 셰프인 요하임 비슬러(Joachim Wissler)가 세계적인 미식 요리들로 고객들에게 미각과 기억에 남을 만한 경험을 선사한다. '요하임 비슬러' 메뉴로는 「5코스 메뉴」와 「8코스 메뉴」가 있다.

「5코스 메뉴」로는 설탕에 졸인 푸아그라(Foie gras) 토피, 메밀 튀김, 카레 마요네즈, 오렌지 캄파리 마카롱, 로스트 와규 비프, 송아지 피카타(piccata), 당근 케이크 등 진귀한 요리들을 선보인다. 「8코스 메뉴」는 「5코스 메뉴」보다 더욱더 풍성한 구성이다.

특히 〈미쉐린 가이드〉 2성의 방돔 레스토랑 내에서도 특별실인 우아한 분위기의 '세파레 방돔(Separée Vendôme)'에서는 요하임 비슬러가 최고 수준의 요리들을 선보인다. 쾰른을 방문한 미식가라면 이곳에서 미식 요리의 진미를 경험해 보길 바란다.

또한 레스토랑 '트라토리아 에노테카(Trattoria Enoteca)'에서는 이탈리아의 지중해식 정통 요리를 선보이는데, 이탈리아의 가정식 파스타와 해산물 요리 등의 별미로 이탈리아 정통 토속 요리를 맛볼 수 있다. 여기에 이탈리아 브랜드 와인 '쿠치나 크레아티바(Cucina Creativa)'를 곁들여 음미한다면 환상의 세계가 펼쳐질 것이다.

캐슬 레스토랑인 '얀 벨럼(Jan Wellem)'은 고풍스러운 회랑식 복도에서 뷔페 브렉퍼스트와 전통적인 '캐슬 디너(castle dinner)'(성 요리)를 선보인다. 특히 브렉퍼스트는 이 성의 호스피탈러티 여행에서 하루의 첫 시작을 알리는 상징적인 의미도 있어 최고 수준의 뷔페로 선보인다.

호텔의 중심부인 '로비 바(Lobby Bar)'에서는 최상의 애프터눈 티가 티 애호가들을 기다리고 있다. 애프터눈 티 메뉴는 「티타임(Tea Time)」과 「로열 티타임(Royal Tea Time)」이 있으며, 오후 2시~오후 5시 사이에 피아노 음률이 차분히 흐르는 가운데에서 서비스를 즐길 수 있다.

이곳의 애프터눈 티는 독특한 레시피로 눈길을 끈다. 레물라드 소스의 로스트 비프, 파프리카 마요네즈를 뿌린 숙성 체다 치즈가 필링

캐슬 디너를 선보이는 얀 벨럼 레스토랑

(filling)인 샌드위치와 크림치즈와 훈제 연어, 그리고 '호밀흑빵(pumpernickel)'에 휘프트 크림을 얹힌 스콘이나 '캐러멜 퍼지(caramel fudge)' 등 전통적인 티 페이스트리들과 함께 등장하고, 커피, 핫 초콜릿, 특별 티 메뉴에서 음료를 골라 맛볼 수 있다. 더 특별한 경험을 원하는 티 애호가들은 「로열 티타임」 메뉴에서 최고급 와인을 취향에 맞게 선택하여 즐기면 된다. 이 로비 바는 애프터눈 티를 즐긴 뒤에도 디너에 앞서 사람들과 담소를 나누며 '아페리티프(Apéritif)'(식전주)를 즐길 수 있는 완벽한 장소이다.

디너를 경험한 뒤에는 스페인의 위대한 초현실주의 화가 살바도르 달리(Salvador Dalí, 1904~1989)를 기리기 위하여 이름을 붙인 '살바도르 달리 바(Salvador Dalí Bar)'를 들러 보는 것이 마지막 순서일 것이다. 달리가 왕성한 활동을 보였던 1950년대의 세련된 분위기 속에서 새로운 패션의 푸드를 즐길 수 있다. 새롭게 창조한 칵테일과 호텔의 키친 팀에서 갓 조리한 신선한 별미와 이 고장의 특산 스낵들을 즐길 수 있다.

현대의 바쁜 일상에 지친 여행가라면 쾰른에서도 가깝지만, 주도인 뒤셀도르프와도 멀지 않은 도시 베리기슈글라트바흐(Bergisch Gladbach)로 떠나 전설적인 옛 성에서 최상의 호스피탈리티 서비스를 통해 몸과 마음을 재충전해 보자.

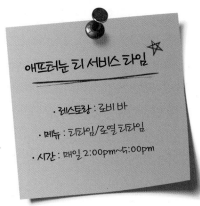

애프터눈 티 서비스 타임

· 레스토랑 : 로비 바
· 메뉴 : 티타임 / 로열 티타임
· 시간 : 매일 2:00pm~5:00pm

Schlosshotel Kronberg Frankfurt

프리드리히 3세 황후의 컨트리 하우스였던,
'슐로스호텔 크론베르크 프랑크푸르트' 호텔

슐로스호텔 크론베르크 프랑크푸르트 호텔의 전경

독일 중서부 헤세주(Hesse)에는 수많은 역사적인 건축물과 박물관, 그리고 독일의 대문호 요한 볼프강 폰 괴테(Johann Wolfgang von Goethe, 1749~1832)의 탄생지, 활동지로 유명하여 지방 관광의 거점인 곳이 있다. '프랑크푸르트 암마인(Frankfurt am Main)'(흔히 프랑크푸르트)이다. 이곳은 또한 독일 최대의 증권거래소를 비롯하여 '유럽경제공동체(EC)'의 '유럽중앙은행(European Central Bank)'이 있어 유럽의 경제, 금융의 중심지라고 할 수 있다. 따라서 프랑크푸르트는 문화 관광을 위해 찾는 여행객뿐 아니라 비즈니스를 목적으로 찾는 기업인들도 많고, 여행이나 비즈니스의 용무를 마치고 휴양을 즐길 만한 공간도 많다. 프랑크푸르트에서 교외로 15분 거리에 있는 중소도시 크론베르크(Kronberg)의 캐슬형 5성급 럭셔리 호텔 '슐로스호텔 크론베르크 프랑크푸르트(Schlosshotel Kronberg Frankfurt)'도 그중 한 곳이다.

이 호텔의 건물은 19세기 프러시아 황제 프리드리히 3세(Frederick III, 1831~1888)의 황후인 빅토리아 프린세스 로열(Victoria, Princess Royal, 1840~1901)이 남편인 황제가 죽자 베를린에서 크론베르크 지역으로 이주하여 1893년 완공한 컨트리 하우스가 시초이다. 참고로 빅토리아 프린세스 로열 황후는 대영제국 빅토리아 여왕(Queen Victoria, 1819~1901)의 맏이이자 장녀로서 같은 해에 서거하였다.

이 옛 성채의 호텔은 처음 본 사람에게는 아마도 유럽의 과거로 시간 여행을 온 듯한 느낌을 줄 것이다. 15세기~17세기 영국 튜더 왕조([Tudor Dynasty) 시대의 고딕과 이탈리아의 르네상스, 그리고 독일의 전통 양식을 융합한 건축이기 때문이다.

당시 황후가 이곳에 컨트리 하우스를 짓게 된 동기는 절친한 벗이었던 갈리에라 공작부인(Duchess of Galliera)이 죽으면서 자신에게 남긴 유산의 사용에 대하여 어찌할 바를 몰라 어머니인 빅토리아 여왕에 문의한 결과, '자신의 여생을 편안하게 보낼 자유로운 컨트리 하우스를 지어 달라'는 주문 때문이었다고 전해진다. 그만큼 이 호텔은 건축 양식이라든지, 내부 시설이 건립 초기부터 여왕과 황후를 위한 곳으로 장식되어 화려하고도 사치스럽다.

그 뒤 제2차 세계대전의 상흔을 입은 뒤 복원을 통해 지금은 골프장을 갖춘 5성급 럭셔리 비즈니스 호텔로서 프랑크푸르트 인근에서도 최고의 호스피탈러티를 자랑한다. 따라서 각종 휴양 시설과 함께 다이닝, 애프터눈 티의 서비스도 세계 정상급이다.

이 건물의 건립자인 빅토리아 황후의 이름을 딴 캐슬 레스토랑 '빅토리아(Victoria)'에서는 「로열 브렉퍼스트(Royal Breakfast)」의 메뉴로 하루의 일과를 시작할 수 있다. 갓 구운 빵과 신선한 에그 요리, 종류도 다양한 샴페인과 함께 최고의 브렉퍼스트를 즐길 수 있다. 디너에서는 수석 셰프

가든에서 즐기는 피크닉 라임

가 이 고장의 제철 최고의 산물로 미식 수준의 요리들을 선보인다. 호텔에서 '로열 브렉퍼스트'라 칭하는 만큼, 여행객들은 어쩌면 아침 식사에서 '황후 대접'을 받는 느낌이 들 것이다.

그리고 '레드 살롱(Red Salong)' 내의 조그만 다이닝 룸인 '엔리코 다시아(Enrico d'Assia)' 레스토랑에서는 런치와 디너를 주력으로 독일과 이탈리아의 정통 미식 요리를 선보인다. 레스토랑 이름은 당시 '헤세주의 하인리히 왕자(Heinrich Prince of Hesse)'에서 유래되었다. 하인리히 왕자는 어머니의 고국인 이탈리아에서 '엔리코 다시아(Enrico d'Assia)'라는 이름으로 알려진 유명 예술가였다.

또한 바 겸 벽난로 홀 겸 테라스인 '프리드리히스(Frederick's)'은 이 호텔에서도 특별한 공간으로서 낮에는 티, 커피와 함께 조그만 별미들을 '하이 티'로 즐길 수 있고, 저녁에는 정통 칵테일을 경험할 수 있다.

특히 이곳의 하이라이트는 역시 '영국 정통 애프터눈 티'이다. 부드러운 피아노 음률이 흐르는 가운데 광범위한 프리미엄 티 메뉴와 함께 스콘, 샌드위치, 타르트 등을 즐길 수 있다. 특히 앤티크 3단 스탠드에 올려진 샌드위치와 달콤한 별미들, 티, 그리고 '프린츠 폰 헤센 양조장(Prinz von Hessen winery)'의 스파클링 와인의 향미는 일품이다.

애프터눈 티는 9월에서 3월까지 토요일, 일요일 각각 오후 2시~오후 4시까지 정해져 있다. 물론 조그만 별미와 함께 즐기는 하이 티는 월요일에서 금요일까지 오전 10시 30분부터 바나 벽난로 홀, 야외 테라스에서 당과자나 샌드위치, 티 등과 언제든지 즐길 수 있다.

이스터 애프터눈 티

그 옛날 독일의 빅토리아 프린세스 로열 황후가 큰딸로서 어머니인 빅토리아 여왕을 위하여 이 호텔의 건물을 지은 역사적인 사실을 상기한다면 애프터눈 티와 하이 티를 즐기는 동안 모녀지간의 사랑과 애틋한 효성을 시대를 뛰어넘어 느낄 수도 있다.

저녁의 '아메리칸 바(American Bar)'에서는 정통 칵테일뿐만 아니라 새롭게 창조한 칵테일들도 선보이며, 약 50종류에 달하는 최고급 위스키의 진열은 압권이다. 조용하고 아늑한 자리에 앉아 스피릿츠나 각종 시거너처 칵테일들을 선택해 즐기기에 이곳만 한 곳도 또 없을 것이다. 특히 여름철에는 야외의 테라스 라운지에서 칵테일을 마시며 사람들과 어울리기에 좋다.

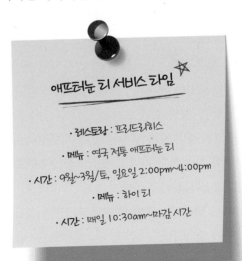

애프터눈 티 서비스 타임 ☆

· 레스토랑 : 프리드리히스
· 메뉴 : 영국 정통 애프터눈 티
· 시간 : 9월~3월/토, 일요일 2:00pm~4:00pm
· 메뉴 : 하이 티
· 시간 : 매일 10:30am~마감 시간

Falkenstein Grand

카이저 빌헬름 2세의 성이었던, '팔켄슈타인 그란트' 호텔

팔켄슈타인 그란트 호텔의 전경

독일 헤센주의 남부 타우누스(Taunus) 산지의 쾨니크슈타인(Königstein) 지역에는 또 하나의 오래된 성채인 호텔이 있다. 호텔 '팔켄슈타인 그란 트(Falkenstein Grand)'이다.

이 성은 독일 제국의 마지막 황제이자 프러시아의 카이저(왕)인 빌헬름 2 세(Wilhelm Ⅱ, 1859~1941)가 1909년에 휴양소로 지은 것이다. 참고로 말하면, 빌헬름 2세는 앞서 소개한 대영제국 빅토리아 여왕의 큰딸이자 독일 황제 프리드리히 3세의 황후인 빅토리아 프린세스 로열 공주의 아 들이다.

이 성은 타우누스 남서부의 경사지에 건립되어 프랑크푸르트가 훤히 내 려다보이는 천혜의 자연환경으로 경관이 훌륭하여 팔켄슈타인 그란트 호텔을 '힐링 호텔'로서 정착시켰다. 이 호텔은 외딴 산속에 있는 성이지 만 112개의 룸과 부속된 장기 거주용 아파트, 펜트하우스, 레스토랑, 바, 스파 시설까지 완벽히 갖춰 5성급에서도 최고급 부티크 그랜드호텔의 위용을 자랑하고 있다.

이 호텔은 "건강이 최고의 자산이다(The first wealth is health)"는 대표 슬로건을 내건 만큼, 레스토랑 '란트구트 팔켄슈타인(Landgut Falkenstein)'에서는 최고의 건강 요리를 서비스한다. 따라서 모든 요리

는 '헬시 테이스트 기
술'을 통해 준비된다.
쉽게 말하면 자녀에게
음식을 주기 전에 어머
니가 간을 보듯 '어머
니의 손맛 기술'을 거쳐
나가는 식이다.

이 레스토랑에서는 이
고장의 특산 요리를 선
보이지만, 현대 요리 트

스카이라인 테라스에서의 브렉퍼스트

렌드의 창조적인 해석을 통해 지역 요리의 지평선을 넘어선 수준이다. 미
식가라면 그냥 지나칠 수 없는 곳이다. 물론 최고급 프리미엄 티를 즐기
는 티타임도 있다.

또한 이곳은 '힐링 호텔'인 만큼, 허브의 효력을 각종 음료에 창조적으로
믹솔로지해 선보이는 바도 유명하다. '라파엘의 바(Raphael's Bar)'이다.
이 바에서는 허브의 치유력을 최고의 기술과 혼이 담긴 배합을 통하여 목
테일, 칵테일, 허브티, 사이다, 심지어 물까지 다양한 음료들을 선보인다.
레스토랑과의 공통점은 허브의 치유력을 페어링을 통하여 최대한 살린
다는 점이다.

특히 고도의 주의력을 동원하여 비알코올성 수제 소다, 즉 목테일은 매
우 유명하다. 물론 알코올은 취향에 따라 선택하면 된다. 티 블렌딩 전문
가나 믹솔로지스트, 티 애호가들이라면 이곳에서 허브의 향미도 즐기고
건강도 치유해 보길 바란다. 물론 원한다면 와인이나 샴페인도 함께 즐겨
보자!

한편 야외에서 탁 트인 시야와 함께 사람들과 대화를 나누면서 각종 요리
와 음료를 즐기고 싶은 사람이라면 '스카이라인 테라스(Skyline Terrace)'
가 좋은 장소일 것이다. 프랑크푸르트의 시가지를 한눈에 내려다보면서
전원의 맑은 공기를 마시며 보내는 시간은 '힐링의 순간'이 되리라 본다.

München Palace

독일 미식 레스토랑 그룹의 럭셔리 호텔, '뮌헨 팰리스 호텔'

독일 남부 바이에른주의 주도인 뮌헨은 수도 베를린, 항구 도시 함부르크 다음으로 인구가 많은 도시이다. 도나우강(Donau R.)의 지류인 이자르강(Isar)의 유역인 이곳은 그 옛날 '바바리아(Bavaria)'로 불렸던 곳으로 19세기~20세기 초까지 바이에른공국의 중심지였다.

뮌헨 팰리스 호텔 정문

오늘날 뮌헨은 독일의 경제, 과학기술, 문화의 중심지로서 세계적인 다국적 기업들이 밀집된 곳이자, 세계인들에게는 9월 말~10월 초 열리는 독일의 국민 맥주 축제이자, 세계 3대 축제인 '옥토버페스트(Octoberfest)'로 더 유명한 고장이다.

뮌헨은 그러한 관광지인 만큼 세계적인 호스피탈러티 업체들이 많이 진출해 있다. 13세기부터 뮌헨의 자치구였던 '보겐하우젠(Bogenhausen)' 5성급 럭셔리 호텔 '뮌헨 팰리스(München Palace)'도 그중 한 곳이다.

이 호텔은 독일의 레스토랑 경영인 롤란트 쿠플러(Roland Kuffler)가 창시하여 현재 40여 개의 레스토랑을 소유한 미식 레스토랑 그룹인 '쿠플레 그룹(Kuffler Group)'이 2002년부터 소유 및 운영하고 있다. 세계적인 호스피탈러티 연합체인 '프리퍼드 호텔 앤 리조트 'L.V.X' 브랜드의 5성급 럭셔리 호텔로서 뮌헨에서도 정상급이다. 각종 시설과 레스토랑도 초일류이며, 「애프터눈 티」 메뉴도 어느 곳에서든지 즐길 수 있다.

레스토랑 앤 바인 '팰리스 컨저버터리(Palace Conservatory)'에서는 실내와 정원의 테라스에서 우아하고도 편안한 분위기 속에서 브렉퍼스트에서부터 디너까지 일품의 요리들을 즐길 수 있다.

특히 오후 2시~오후 5시 30분에 영국 정통 애프터눈 티를 서비스하는데, 고형크림을 얹은 수제 스콘과 잼, 핑거 샌드위치, 타르트, 그리고 조그만 별미들을 프리미엄 「TWG 티 컬렉션」, 「프로세코 와인(Prosecco wine)」의 메뉴 중 택일하여 즐길 수 있다.

또한 저녁에는 바로서 정통 칵테일, 창조적인 칵테일, 위스키, 샴페인, 와인 등을 자유롭게 시음할 수 있다. 와인 리스트는 와인 애호가들도 놀랄 정도로서 여행객들은 직접 방문하여 경험해 보길 바란다.

'팰리스 레스토랑(Palace Restaurant)'에서는 독일 미식 레스토랑 그룹인 '쿠플레(Kuffler)'가 최고 품질의 산물로 만든 독일 정통 요리들을 디너로 경험할 수 있는 곳이다. 뮌헨을 처음 방문하는 여행객에게는 강력하게 권하는 명소이다.

'팰리스 바(Palace Bar)'는 이 고장 뮌헨에서도 가장 아름다운 바로 평가를 받는다. 와인, 스피릿츠, 클래식 칵테일 등과 함께 최고급 요리들을 즐길 수 있어 국제적인 호텔 고객들에게도 인기가 높다. 더욱이 애프터눈 티도 서비스하고 있어 티 애호가들의 발길도 잦다. 메뉴는 '팰리스 컨저버터리' 레스토랑과 동일하다. 세계적인 맥주 축제 '옥토버페스트' 기간에 뮌헨을 방문하였다면 잠시 이곳에 들러 '애프터눈 티'를 즐기는 여유도 부려 보길 바란다.

팰리스 컨저버터리 레스토랑의 「애프터눈 티」 서비스

애프터눈 티 서비스 타임

• 레스토랑 : 팰리스 컨저버터리
• 메뉴 : 영국 정통 애프터눈 티
• 시간 : 매일 2:00pm~5:30pm

115

독일의 바이에른 미식 레스토랑 그룹,
'쿠플레 그룹'

독일의 뮌헨에 본사를 두
고 호텔, 케이터링(음식 조
달), 미식 사업 등을 진행하
는 호스피탈러티 업체 '쿠플
레 그룹(Kuffler Group)'. 창
업자 롤란트 쿠플러(Roland
Kuffler, 1937~2021)가
1950년대 말 대학 도시 하이

쿠플레 그룹 뮌헨 팰리스 호텔 레스토랑의 실내

델베르크에서 외국 유학생들을 상대로 언어 교육을 진행하던 중 그들이 식사를 할 만
한 마땅한 장소가 없다는 딱한 사실을 알고 동업자 에리히 카우프(Erich Kaub)와 함
께 학생들을 대상으로 레스토랑 '탕겐트(Tangente)'를 연 것이 시초이다.

그 뒤 1970년대에 뮌헨으로 본사를 옮긴 뒤 다른 대학 도시들을 중심으로 카페, 바, 레
스토랑, 케이터링 사업을 확장하고, 미식(gastronomy) 레스토랑 사업에도 본격적으
로 뛰어들었다. 2002년에는 '호텔 뮌헨 팰리스'를 매입하여 호텔 사업도 진행 중이다.
오늘날에는 뮌헨, 프랑크푸르트, 비스바덴(Wiesbaden), 라인가우(Rheingau) 등에
서 바이에른 정통 요리의 미식들을 선보이는 레스토랑을 40개 이상이나 운영하고
있다. 또한 운영 중인 케이터링 업체인 '쿠플러 콘그레스 카테링(Kuffler Congress
Catering)'은 최대 1만 2000명에게 음식을 한꺼번에 조달할 수 있다고 한다.

한편 쿠플레 그룹은 기업의 탄생 동기와 부합하게 각종 단체의 수많은 자선 사업을 후
원하는 것으로도 유명하며, 특히 독일 낭만주의 교향곡 작곡가 리하르트 슈트라우스
(Richard Strauss, 1864~1949)를 기념하는 '리하르트 슈트라우스 페스티벌(Richard
Strauss Festival)'의 대표적인 후원 업체이기도 하다.

Vier Jahreszeiten Kempinski München

뮌헨 막스밀리안슈트라스 거리의 랜드마크,
'피어 야레스차이텐 켐핀스키 뮌헨' 호텔

피어 야레스차이텐 켐핀스키 뮌헨 호텔의 전경

독일의 뮌헨에는 아주 오래된 역사의 거리가 있다. 4대 '로열가(royal avenues)'의 하나로 '막스밀리안슈트라스(Maximilianstrasse)' 거리이다. 바이에른공국의 왕인 막스밀리안 2세(Maximilian II, 1811~1864)가 1850년에 건립을 시작한 이 거리에는 독일에서도 가장 큰 도시 왕궁이자 현재는 박물관인 '레지덴츠(the Residenz)', 국립극장 등 신고딕(Neo Gothic), 영국 말기의 고딕 양식인 '수직식(Perpendicular style)'의 각종 역사적인 건축 양식 건물들이 있어 여행객들에게는 볼거리가 많다.

그런 만큼 세계적인 호텔 그룹들도 들어서 있는데, 1897년 설립되어 약 125년의 역사로 유럽에서 가장 오래된 호스피탈러티 업체인 '켐핀스키 호텔스(Kempinski Hotels)'의 5성급 럭셔리 호텔, '피어 야레스차이텐 켐핀스키 뮌헨(Vier Jahreszeiten Kempinski München)'도 그중 한 곳이다.

뮌헨에서도 가장 번화가에 위치하여 고전과 현대의 절묘한 조화를 이루어 위태를 뽐내는 이 호텔은 각종 시설과 다이닝 앤 바, 스파 등이 매우 화려하여 세계 정상급이다. 이 호텔은 특히 다이닝에서 하루를 시작하는 '브렉퍼스트'를 그날에서도 가장 중요한 식사로 여기고 최고의 서비스를 선보인다.

레스토랑 '슈바르츠라이터 타게스바르(Schwarzreiter Tagesbar)'는 뮌헨 전통의 '님펜베르크(Nymphenburg)' 건축 양식이나 19세기 독일 예술 사조인 '비더마이어(Biedermeier)'의 양식으로 실내가 꾸며져 매우 고급스러우면서도 편안한 분위기이다. 브렉퍼스트에서부터 미드나이트까지 바이에른 지역 고유의 요리들을 경험할 수 있다. 물론 사람들과 만나 창가 또는 테라스에서 막스밀리안슈트라스 거리를 바라보며 스페셜티 커피, 티 등과 함께 간단하게 요기도 해결할 수 있다.

슈바르츠라이터 레스토랑(Schwarzreiter Restaurant)에서는 〈미쉐린 가이드〉 1성의 셰프인 하네스 레크치겔(Hannes Reckziegel)이 전통적인 식재료로 새롭게 창조한 바이에른 요리들을 선보여 새로운 미식의 세계가 펼쳐지는 공간이다. 미식가들에게는 필수 방문 코스일 것이다.

이 호텔에는 '유럽에서 가장 아름다운 로비'로 평가를 받는 '야레스차이텐 로비(Jahreszeiten Lobby)'가 있다. 조화로운 색상, 편안한 팔걸이의자, 사계절을 상징하는 장식들로 뮌헨 최고의 거실로도 평가를 받는 이 로비는 전 세계의 사람들이 약속을 잡고 특선 요리들을 즐기는 곳이다. 전통적인 쿠키류인 '프티가토(petits gâteaux)', 슈 페이스트리의 일종인 '에클레르(éclairs)'와 더불어 현대풍으로 재창조한 타르트, 화려하고도 아름다운 모양의 케이크류 등을 만나 볼 수 있다.

특히 페이스트리 셰프인 이언 베이커(Ian Baker)가 열정을 쏟은 영국 정통 애프터눈 티 서비스에서는 30종류의 엄선된 티 메뉴와 함께 영국 전통의 핑거

슈바르츠라이터 레스토랑의 실내

야레스차이 로비에서 선보이는 애프터눈 티

샌드위치, 고형크림과 딸기잼을 얹은 수제 스콘 등을 경험할 수 있다. 시간대는 화요일~토요일 오후 3시~오후 6시로 티 애호가들은 기억해 두길 바란다. 전형적인 아메리칸 바인 '야레스차이텐 바(Jahreszeiten Bar)'는 칵테일을 '마티니'에 초점을 맞춘 것이 특징이다. 계절마다 혼합물을 달리하는 다양한 칵테일도 즐길 수 있다. 게다가 송로버섯, 랍스터, 캐비어를 넣은 '로열 클럽 샌드위치(Royal Club Sandwich)'는 비록 샌드위치이지만 미식가들에게도 최고의 별미이다. 이외에도 고기를 즐기는 사람들에게는 시거너처 디시로 꽃 등심살 요리인 '앙트르코트 슈트린트베르크(Entrecôte Strindberg)'가 메뉴로 기다리고 있다.

이곳을 처음 찾은 여행객들이라면 라이브 음악이 분위기를 사로잡는 가운데 편안한 차림으로 이곳 바에서 다양한 별미들과 함께 창조적인 칵테일들을 즐겨 보길 바란다.

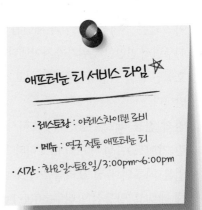

애프터눈 티 서비스 타임 ☆

· 레스토랑 : 야레스차이텐 로비
· 메뉴 : 영국 전통 애프터눈 티
· 시간 : 화요일~토요일 / 3:00pm~6:00pm

Mandarin Oriental, Munich

뮌헨 노이투름슈트라스 거리의 '만다린 오리엔탈 뮌헨 호텔'

만다린 오리엔탈 뮌헨 호텔의 전경

뮌헨의 번화가 막스밀리안슈트라스 거리의 지척으로 매우 한적한 곳인 노이투름슈트라스(Neuturmstrasse) 거리에는 도심의 번화가를 구경한 뒤 잠시 여장을 풀면서 쉬어갈 만한 장소가 있다. 세계적인 호스피탈러리 업체인 만다린오리엔탈호텔그룹(MOHG, Mandarin Oriental Hotel Group)의 5성급 럭셔리 브랜드 호텔인 '만다린오리엔탈 뮌헨(Mandarin Oriental, Munich)'이다.

이 호텔은 현대적인 느낌과 세련된 옛 우아함이 하얀색의 건물에서 조화를 이루면서 편안한 분위기를 자아낸다. 물론 뮌헨에서도 세계 정상급 브랜드의 호텔인 만큼 여행객들에게는 최고 시설과 다이닝 서비스가 기억 속에 남을 만하다.

일식 전문 레스토랑인 '마쓰히사 뮌헨(Matsuhisa Munich)'은 〈미쉐린 가이드〉 1성 셰프인 마쓰히타 노부유키(松久信幸)가 새로운 스타일로 일본·페루의 퓨전 요리들을 선보이는 곳이다. 일본 정통의 초밥을 비롯해 페루식 '알등심 안티쿠초(Rib Eye Anticucho)', 남미 고추인 '할라페뇨(jalapeño)'를 곁들인 은대구와 황다랑어 회와 같은 시거너처 디시들은 미식가들의 입맛을 다시게 할 것이다. 또한 이곳은 오전 6시 30분~오전 10시 30분까지 'MOHG' 그룹 차원에서 제공하는 브렉퍼스트를 완벽한 서비스로 경험할 수 있다. 로비 옆의 '라운지(The Lounge)'는 이 호텔을 방문하는 사람들에게 이상적인 만남의 장소이다. 피아노 연주가 흐르는 가운데 다양한 커피와 케이크들을 선택해 즐기면서 오후 3시~오후 6시에는 이곳만의 영국 정통 애프터눈 티를 경험할 수 있기 때문이다.

라운지의 「애프터눈 티」 서비스

옥상의 마장 루프 가든

최고급 티 브랜드인 '징(Jing)' 티와 함께 복숭아잼과 고형크림을 얹은 건포도 스콘, 파인애플·코코넛의 초콜릿, 당근 케이크를 비롯해 레몬 타르트와 같은 별미들과 함께 즐기는 애프터눈 티. 티 애호가라면 직접 경험해 보길 바란다. 한편, 옥상 테라스에 위치한 아시아 요리 전문 레스토랑인 '마장(마작) 루프 가든(Mahjong Roof Garden)'에서는 뮌헨 성당의 돔을 비롯하여 최고의 스카이라인을 감상하면서 아시아와 남미의 퓨전 요리들을 즐길 수 있다. 여름철에만 개장하는 이곳에서는 특히 샴페인 바, 풀 바와 라운지에서는 칵테일이나 와인을 즐기면서 뮌헨 도심 속에서도 피서도 즐길 수 있다. 이곳을 찾은 여행객들이라면 '도심 속 피서지'를 직접 경험해 보길 바란다.

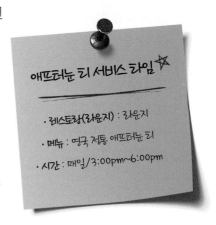

애프터눈 티 서비스 타임 ☆

— 레스토랑(라운지) : 라운지
— 메뉴 : 영국 정통 애프터눈 티
— 시간 : 매일 / 3:00pm~6:00pm

아시아의 럭셔리 호스피탈러티 선두 업체,

'만다린 오리엔탈 호텔 그룹'

오늘날 수많은 럭셔리 호텔 그룹의 대부분은 오랜 전통과 역사를 자랑하는 서양의 호스피탈러티 업체이다. 그러나 아시아에서 탄생한 세계적인 럭셔리 호텔 그룹도 있다. 1963년 홍콩에서 처음 문을 연 호스피탈러티 업체인 '만

오페라하우스와 광장

다린 그룹(Mandarin Group)'이다. 이 만다린 그룹이 1974년 '세계 호텔계의 전설'로 통하였던 방콕의 '오리엔탈(The Oriental)' 호텔을 인수하면서 지금의 '만다린 오리엔탈 호텔 그룹(MOHG, Mandarin Oriental Hotel Group)'이 탄생하였다.

보통 수준의 럭셔리를 넘어 최고의 서비스를 제공하는 것으로 유명한 이 호텔 그룹은 1987년 샌프란시스코에서 사업을 시작으로 북미 대륙을 거쳐 1990년대에는 런던에 진출하였다. 그리고 2000년대 이르러서는 전 세계로 호텔 사업을 확장하는 과정에서 초일류 호텔 그룹인 '라파엘 그룹(Rafael Group)'의 호텔들을 인수하여 당시 3대륙에 20개의 호텔들을 보유하게 되었다. 또한 마이애미에서 리조트 사업을 시작하고, 스파 사업에도 진출하여 지금은 세계적인 여행 권위지 <포보스 트래블 가이드>에서 '5성급'의 스파로 인정을 받은 것이 무려 13곳이나 된다.

만다린 오리엔탈 호텔 그룹은 전 세계 24개국에 36개의 럭셔리 호텔과 리조트 등을 보유하고 있어 아시아를 넘어 전 세계에서도 최고 럭셔리의 호스피탈러티 업체로 명성을 떨치고 있다.

Eaton Place Hamburg

함부르크 속의 '브리티시 섬',
카페 & 티룸, '이턴 플레이스 함부르크'

카페 & 티룸 이턴 플레이스 함부르크의 정문

'햄버그(hamburger)'의 어원이 된 독일 최대의 항구 도시이자, 수도 베를린에 이어 독일 제2대 도시인 함부르크(Hamburg). 독일 북서부에서 엘베강(Elbe) 과 알스터강(Alster) 사이에 위치하여 예로부터 무역이 번창한 곳이다. 지금도 유럽에서 물동량이 세 번째로 많고, 프리미엄 티 무역에서는 유럽 최대의 수 출 항구이다.

그런 함부르크의 '오텐센(Ottensen)' 지역에 '브리티시섬(British Isle)'을 표방 하면서 애프터눈 티를 전문으로 서비스하는 세계적인 카페 앤 티룸(Cafe & Tearoom)이 있다. '이턴 플레이스 함부르크(Eaton Place Hamburg)'이다.

이 카페 앤 티룸에서는 모든 재료를 영국에서도 조달하고, 심지어 애프터눈 티, 다이닝 등 각종 서비스도 일체 영국 정통 방식으로 제공하여 마치 런던에 온 듯한 느낌을 준다. 특히 카페 앤 티룸인 만큼 애프터눈 티, 크림 티, 하이 티, 스콘, 고형크림, 각종 티들을 모두 만끽할 수 있어 티 애호가들에게는 지상 낙 원이다.

이곳에서는 매주 화요일~일요일의 정오 12시부터~오후 6시에 18세기 대영 제국 시대풍으로 우아하면서도 아름다운 찻잔 세트들로 「로열 애프터눈 티

(Royal Afternoon Tea)」의 메뉴로 2시간 동안 '애프터눈 티 세리머니(Afternoon Tea Ceremony)'를 경험할 수 있다. 3단 스탠드에 놓인 브리티시 스타일의 스콘, 고형크림, 잼, 핑거 샌드위치, 프티 푸르(petit four)를 본다면 그 화려함을 잊을 수 없을 것이다. 또한 매주 화요일에 한정하여 저녁 6시부터 영국 정통 방식의 '하이 티'를 서비스한다. 티 메뉴와 함께 영국

「로열 애프터눈 티」의 서비스

의 전형적이면서도 일상적인 요리들을 선보인다. 그밖에도 함께 운영 중인 티 스토어에서는 각종 애프터눈 티의 찻잔 세트와 티 액세서리, 그리고 자체 출시한 브랜드의 다양한 티 상품들을 판매하고 있다.

티 애호가로서 독일에 여행을 갔다가 영국 런던으로 갈 시간적인 여유가 없다면 함부르크에 들러 영국 정통 애프터눈 티, 하이 티, 크림 티 등을 제대로 즐겨 보길 바란다. 함부르크 속의 '작은 영국'인 이턴 플레이스 함부르크는 최고의 애프터눈 티 전문점으로서 티 애호가들에게는 버킷리스트 No. 1이 될 것이 분명하다.

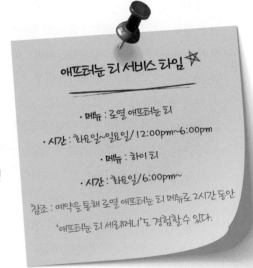

애프터눈 티 서비스 타임 ☆

・메뉴 : 로열 애프터눈 티
・시간 : 화요일~일요일/ 12:00pm~6:00pm
・메뉴 : 하이 티
・시간 : 화요일/6:00pm~
참조 : 예약을 통해 로열 애프터눈 티 메뉴로 2시간 동안
'애프터눈 티 세레머니'도 경험할 수 있다.

'하이 티'와 '애프터눈 티'의 차이는?

'하이 티(high tea)'와 '애프터눈 티(afternoon tea)'의 차이점은 무엇일까? 사람들은 '오후의 티(an afternoon tea)'를 보통 '하이 티'라 많이 말하기도 한다. 그러나 엄밀히 말하면 '애프터눈 티(The Afternoon Tea)'는 최고급 커피(Coffee)나 티(Tea)와 함께 프랑스식 작은 쿠키나 케이크류인 '프티 푸르(petit four)'와 고형크림과 잼을 얹은 '스콘류', '핑거 샌드위치'가 반드시 등장하는 우아한 '티타임(Tea Time)'를 뜻한다. 만약 여기에 거품이 적게 나는 '크레망(cremant)' 등의 스파클링 와인이 곁들여지는 티타임이라면, 이를 이른바 '로열 애프터눈 티(Royal Afternoon Tea)'라고 통상 부른다. 역사적으로는 왕족이나 귀족의 상류층에서 즐기던 우아한 문화였다.

반면 '하이 티(High Tea)'는 오후 5시부터 중산층의 사람들이 널리 즐기던 대중적인 티타임의 문화였다. 여기에는 티(홍차)와 함께 페이스트리, 디저트인 '트라이플(triffles)', 캔디류인 '토피(toffy)', 따뜻한 스콘류 등 영국의 대중적인 요리들이 등장하는 것이다.

이같이 '하이 티'와 '애프터눈 티'는 그것을 즐기는 계층이 처음부터 달랐고, 3단 스탠드에 함께 나오는 별미들도 다르다. 그러나 오늘날에는 두 티타임 모두 '브리티시 티타임'으로 세계인들로부터 많은 사랑을 받고 있다.

하이 티 서비스

'살롱 드 테'의 나라

프랑스에서도 영국, 독일과 마찬가지로 네덜란드를 통해 17세기경에 티가 약용으로 처음 유입되었다. 태양왕 루이 14세(Louis XIV, 1638~1715)가 그러한 티를 정기적으로 마시면서 왕실과 귀족층을 중심으로 확산되었던 것이다. 특히 프랑스는 19세기에 유럽의 여느 커피 하우스와는 약간 다른 형태의 '살롱 드 테(Salon de thé)'가 탄생한 곳이기도 하다.

이 살롱 드 테는 오늘날로 따지면 '티룸(tea room)', '티 하우스(tea house)'의 원형으로서 '티 전문점'과 '베이커리'를 융합한 개념의 장소이다. 당시 프랑스 여성들을 중심으로 크게 유행하여 한때 프랑스에서는 '살롱 드 테(티 하우스)'가 유럽에서도 가장 많았던 곳이다.

이러한 역사적인 배경으로 프랑스는 오늘날에도 티의 연간 총소비량이 세계 20위권이다. 또한 페이스트리, 케이크, 마카롱 등의 음식들을 일찍부터 티와 함께 즐겼던 습관으로 지금은 유럽에서도 티와 푸드의 페어링 문화가 가장 발달해 있는 등 프랑스에서는 '브리티시 스타일 티(British style tea)'와 다소 차이를 보이는 '프렌치 스타일 티(French style tea)' 문화가 독특하게 형성되어 있다.

따라서 프랑스에서는 최고급 싱글 티, 플레이버드 티, 허브티와 함께 다양한 별미나 최고급 요리인 '오트 퀴진(haute cuisine)'들을 즐길 수 있는 호텔이나 레스토랑, 살롱 드테, 카페 등의 명소들이 많다. 여기에서는 그런 프랑스 파리에서도 한 번쯤은 꼭 들러 볼 만한 티 명소들을 소개한다.

Le Meurice

'왕들의 호텔'로 불린, '르 뫼리스 호텔'

파리 내에서도 유행이 앞서는
번화가로 각종 상가가 밀집한
'리볼리가(Rue de Rivoli)'는 여
행객이라면 한 번쯤은 들를
것이다. 1806년에 조성된 이
번화가는 1811년 아치형의
통로가 '튈르리 정원(Tuileries
Garden)'을 바라보는 방향으
로 나면서 이곳을 찾은 여행
객들에게는 19세기의 느낌
을 안겨 준다. 한마디로 리볼

리블리가의 르뫼리스 호텔 전경

리가는 그 자체로 예술성을 느낄 수 있는 공간이다. 여기에도 여행객들이 여
장을 풀고 애프터눈 티나 최고급 시설과 다이닝을 즐길 수 있는 명소가 있다.
'르 뫼리스(Le Meurice)' 호텔도 그중 한 곳이다.

이 호텔은 영국의 호텔리어였던 샤를-오귀스탱 뫼리스(Charles-Augustin
Meurice)가 파리로 건너와 1835년 리볼리가에 처음 호텔 문을 연 뒤로 수많
은 왕족이 거쳐 가면서 당시에는 '호텔 데 루아(Hotel des Rois)'(왕의 호텔)이
라 불렸을 정도였다. 1855년 대영제국의 빅토리아 여왕이 프랑스의 공식 일
정을 소화하기 위해 묵었던 곳이며, 1889년 파리에서 최초로 전화기가 설치
된 호텔이었다.

그밖에 스페인의 천재 화가 살바도르 달리, 프랑스 자연주의 소설가 에밀 졸
라(Émile Zola, 1840~1902), 화가 파블로프 피카소(Pablo Picasso, 1881~1973),
미국의 화가 앤디 워홀(Andy Warhol, 1928~1987) 등이 거쳐 가는 등 약 190
년이 지난 지금도 5성급 럭셔리 호텔로서 그 명성을 자랑하고 있다.

이 호텔은 '브루나이 인베스트먼트 에이전시(BIA, Brunei Investment Agency)'

르 뫼리스 호텔 옥상의 테라스 전경

가 소유한 호스피탈러티 업체인 '도체스터 호텔 컬렉션(Dorchester Hotel Collection)'이 1997년부터 운영하고 있으며, 또한 총 9개의 5성급 럭셔리 호텔들 가운데 하나이다. 따라서 각종 휴양 시설과 다이닝 서비스도 세계 최고 수준인데, 레스토랑의 셰프들은 〈미쉐린 가이드〉 성급이거나 〈월드 베스트 레스토랑 페이스트리 셰프(World's Best Restaurant Pastry Chef)〉 타이틀의 소유자들이다.

'레스토랑 르 뫼리스 알랭 뒤카스(Restaurant le Meurice Alain Ducasse)'는 '베르사유 궁전(Versailles Palace)' 내 '살롱 드 라 페(Salon de la Paix)'(평화의 실)를 모방해 웅장한 느낌을 자아낸다. 더욱이 실내 시설을 좀 더 확장하고 현대적인 요소들을 융합시킨 분위기 속에서 〈미쉐린 가이드〉 2성의 셰프가 요리에 대한 자신의 철학을 보여 주는 곳이다.

그의 철학은 모든 식재료가 지닌 자연 본연의 맛을 최대한 살리는 가운데 프랑스 전통 예술 요리에 대한 재해석을 통해 독창적인 기술을 발휘하여 그 누구도 흉내 낼 수 없는 향미를 선사하는 것이다. 특히 「셰프의 테이블(Chef's Table)」은 미식가라면 반드시 경험해 보길 권장한다.

'레스토랑 르 달리(Restaurant Le Dali)'는 프랑스의 저명 건축가 필립 스탁(Philippe Starck)이 살바도르 달리의 화풍을 최대한 반영하여 실내를 디자인한 곳으로 강렬한 채색으로 매혹적인 분위기를 자아낸다. 물론 다이닝은 브렉퍼스트에서 디너까지 선보이며, 거의 모든 식재료들이 이 고장의 최상급

산물로서 그야말로 프랑스다운 요리를 선보인다. 특히 애프터눈 티는 수석 셰프가 영국 정통 애프터눈 티에 대하여 재해석을 통해 그 어디에서도 찾아볼 수 없는 매우 독창적인 예술로 선보여 티 애호가들의 안목을 키워 줄 것이다. 그밖에 브렉퍼스트와 브런치도 일미를 자랑한다.

르 뫼리스 알랭 뒤카스 레스토랑 내부

이곳의 '바 228'은 파리 내에도 사람들이 가장 많이 찾는 곳이다. 유명 건축가이자 디자이너인 필립 스탁이 실내를 새롭게 디자인하여 우아하면서도 고풍스러운 분위기를 자아내고 라이브 재즈 음악이 흐르는 가운데 샴페인, 코냑, 칵테일, 맥주 등 다양한 주류들을 즐기면서 사람들과 대화를 나눌 수 있는 공간이다.

르 달리 레스토랑의 애프터눈 티 서비스

바 228의 실내 모습

특히 믹솔로지의 기술이 하나같이 전문가인 바텐더들이 선보이는 창조적인 칵테일들은 파리 내에서도 명물이다. 그 화려하고도 독보적인 모습이 칵테일 마니아들에게 감동을 주리라는 것은 의심할 여지가 없다.

Hôtel Daniel

'티룸'으로 유명한 부티크 호텔, '호텔 다니엘'

파리는 여행객들이 센강(Seine R.)의 둑을 따라서 이곳저곳 누비면서 구경할 명소들이 많다. 세계에서도 가장 부촌 중 하나로 알려진 '샹젤리제(Champs-Elysées)'가 대표적이다. 이곳은 센강을 따라 콩코드 광장(Place de la Concorde)을 지나 개선문(Triumphal Arch)이 있는 샤를 드골 광장(Charles de Gaulle Square)으로 이어지는 파리의 대표적인 거리이다.

그 샹젤리제와 포부르그 생토노레가(Rue du Faubourg Saint-

티룸으로 유명한 호텔 다니엘의 전경

Honoré) 사이의 조용한 길목을 걷다 보면 세련되면서도 아기자기한 건물들을 많이 볼 수 있어 사진을 찍고 싶은 마음이 절로 들지도 모른다. 그런데 파리를 처음 방문한 사람이라면 그러한 건물 중에도 애프터눈 티로 유명한 4성급 럭셔리 호텔이 있을지 쉽게 상상하지 못할 것이다. 전문 티룸을 갖춘 '호텔 다니엘(Hôtel Daniel)'이다.

호텔이 비록 규모는 작지만, 실내는 대형 호텔 그룹 브랜드 못지않게 호화판 그 자체이다. 파리 내에서도 최고의 부촌 거리에서 4성급다운 면모를 보여 주기에도 충분하다. 이 호텔이 다른 호텔과 다른 점이 있다면 실내 인테리어에서 동양적인 기풍이 물씬 풍긴다는 점이다. 한마디로 파리 최고의 번화가에서 동양을 찾은 느낌이다.

이곳에는 중국, 일본, 인도, 실론의 유명 다원이 산지인 싱글 티와 종류도 풍

「티타임 커밋 브레이크」 서비스   고급스러운 분위기의 티룸 내부

성한 블렌딩 티 등을 수제 케이크와 페이스트리, 고형크림을 얹힌 스콘과 딸기잼 등으로 애프터눈 티를 즐길 수 있는 전문 '티룸(Tea Room)'이 있다. 이 티룸은 매주 수요일~일요일 3시~5시에 인도, 중국, 일본 등 다양한 산지의 티들과 페이스트리로 애프터눈 티인 「티타임 거밋 브레이크(Tea Time Gourmet Break)」 메뉴를 서비스하는 곳으로 유명하다. 티 애호가들이라면 전문 티룸의 그 명성을 확인해 보길 바란다.

특히 바에서는 오전 10시부터 밤늦게까지 즐길 수 있는데, 실내 장식이 부티크 호텔인 만큼 아주 아담하면서도 화려하다. 칵테일, 샴페인, 수제 타파스, 기타 별미들을 즐기면서 편안한 시간을 가질 수 있는 공간이다.

브런치는 일요일 오전 11시에서 오후 2시 30분까지 서비스된다. 파리에서 동양의 티와 함께 전문 티룸의 서비스를 즐기면서 여독을 풀고 싶다면 이곳에 들러 보는 것도 좋다.

애프터눈 티 서비스 타임 ☆
─────────────
· 레스토랑(라운지) : 티룸/라운지
· 메뉴 : 티 타임 거밋 브레이크
· 시간 : 수요일~일요일
3:00pm~5:00pm/2:00pm~7:00pm

Hôtel Plaza Athénée

파리에서 '패션의 거리'를 탄생시킨, '호텔 플라자 아테네'

몽테뉴 거리 호텔 플라자 아테네의 전경

프랑스 샹젤리제 인근에는 전 세계 여행객들이 몰리는 '패션의 거리'
가 있다. 완공 역사가 16세기로 거슬러 올라가는 '몽테뉴 거리(Avenue
Montaigne)'이다. 이 몽테뉴 거리는 프랑스 철학자 '미셸 드 몽테뉴
(Michel de Montaigne, 1533~1592)'의 이름에서 유래되었다.

몽테뉴 거리가 '철학의 거리'가 아니라 세계적인 '패션의 거리'가 된
것은 프랑스 유명 패션디자이너 크리스티앙 디오르(Christian Dior,
1905~1957)의 활약 때문인데, 그 패션쇼의 무대였던 호텔은 어쩌면 패
션계 종사자에게는 버킷리스트일지도 모른다. 프랑스 발레 전문 극장인
'샹젤리제 극장(Théâtre des Champs-Élysées)' 옆의 '호텔 플라자 아테네
(Hôtel Plaza Athénée)'이다.

'붉은 드레스를 입은 여인'의 디자인이 상징인 이 호텔은 호텔리어인 쥘
카디야(Jules Cadillat)가 1911년에 건립을 시작해 1913년에 완공, 첫 문
을 연 곳으로 110여 년의 역사를 자랑한다. 당대의 건축가 샤를 르페브르
(Charles Lefebvre, 1867~1924)가 파리식 '오스망(Haussmann)' 스타일
로 설계하여 외관이 매우 독특하고, 레스토랑은 호텔 앤 레스토랑 건축

업계의 거장인 푸르
콩스탕 르프랑(Pour
Constant Lefranc,
1885~1972)이 설계
한 것으로 유명하다.
더욱이 세기의 패션
디자이너 크리스티
앙 디오르가 1946
년 몽테뉴 거리에 첫

레스토랑 장 앙베르 오 플라자 아테네의 화려한 실내 모습

부티크를 열고 이 호텔의 단골손님으로서 호텔 플라자 아테네에서 그의
패션쇼를 계속 개최해 몽테뉴 거리를 파리에서도 유명한 '패션의 거리
(Avenue of Fashion)'로 바꾼 것이다.

그 뒤 수많은 영화 스타들이 거쳐 가는 등 지금까지도 그 유명세를 자랑
하고 있다. 현재는 도체스터 컬렉션 호텔 그룹이 2001년부터 운영하여
다이닝 앤 바의 서비스도 세계 정상급이다.

〈미쉐린 가이드〉 성급의 레스토랑 '장 엥베르 오 플라자 아테네(Jean
Imbert au Plaza Athénée)'에서는 런치와 디너로 미식의 세계에서 스펙터
클한 모험과 잊을 수 없는 경험을 선사한다. 이 호텔의 들어서는 순간 중
앙에 놓인 이탈리아 브레시아(Brescia) 지역산 대리석의 거대한 '로열 테이
블(Royal Table)'을 중심으로 위로는 보석처럼 화려하게 빛나는 샹들리에,
더 위로는 황금빛 천장의 실내 디자인이 고객을 맞이하는 가운데 프랑스
전통 요리의 기원을 찾아가는 과거로의 시간 여행이 펼쳐진다.

〈미쉐린 가이드〉 성급 셰프인 장 앙베르(Jean Imbert)가 약 250여 년이나
된 고대 레시피를 발굴하여 옛 프랑스 요리를 세기와 트렌드를 뛰어넘어
서 재현해 선보이는데, 더욱이 현대 요리의 깊이는 살려 놓았다. 여기에 페
어링을 중요시하는 전통에 따라 소믈리에가 큐레이팅한 리스트의 와인을
곁들인다. 미식가가 그냥 지나친다면 아마 경험의 큰 손실이 될 것이다.

런치, 디너 주력의 레스토랑 앤 바인 '르 를레 플라자(Le Relais Plaza)'는

라 갈르리 레스토랑의 애프터눈 티 서비스

1930년대에 유행하였던 아르데코 양식의 다이닝 룸이 마지막으로 남아 있는 레스토랑 중 한 곳으로 파리에서도 명소이다.

또한 파리 패션의 중심가인 몽테뉴 거리 길가의 야외 레스토랑인 '라 테라스 몽테뉴(La Terrasse Montaigne)'는 호텔의 가장자리를 따라 운영되며, 쇼핑 후 잠시 쉬거나 칵테일을 즐기기에는 최적의 장소이다.

물론 티 애호가들이 선호할 만한 영국 정통 애프터눈 티의 명소도 있다. 호텔 중심부의 모자이크 바닥에 우아한 가구들로 장식된 '라 갈르리(La Galerie)' 레스토랑이다. 이곳에서는 하피스트의 감미로운 음률이 흐르는 가운데 브렉퍼스트에서 디너까지 편안한 마음으로 즐길 수 있으며, 「애프터눈 티(Afternoon Tea)」의 메뉴는 '세계 페이스트리 챔피언(World Pastry Champion)'(2007)을 획득한 셰프인 안젤로 뮈자(Angelo Musa)가 별미를 제공하여 파리에서도 이름이 나 있다. 특히 애프터눈 티에서 티 메뉴와 와인 및 샴페인 메뉴는 리스트가 방대하여 티 애호가들의 입가에는 미소가 생길 것이다.

그밖에 사방이 초록으로 뒤덮인 도심 속 정원인 '라 쿠르 자르댕(La Cour Jardin)' 레스토랑에서도 맛의 향연을 즐겨 보길 바란다.

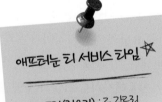

애프터눈 티 서비스 타임 ☆

· 레스토랑(라운지) : 르 갈르리
· 메뉴 : 영국 전통 애프터눈 티
· 시간 : 매일 2:00pm~7:00pm

Shangri-La, Paris

'롤랑 나폴레옹 왕자의 저택', '샹그릴라 호텔 파리'

이에나 거리 샹그릴라 호텔 파리의 입구

파리 중심가 샹젤리제와 몽테뉴 거리에서 거닐다가 '프라다(Prada)', '디오르(Dior)', '샤넬(Channel)' 등의 부티크들을 쇼핑한 뒤 '이에나 거리(avenue d'Iéna)'에 이르면 역사적인 저택을 만날 수 있다. 프랑스 제1제국을 세운 나폴레옹 1세 왕가의 마지막 왕자인 롤랑 나폴레옹 보나파르트(Roland Napoléon Bonaparte, 1858~1924)가 1896년에 건립, 거주했던 곳이다. 그런데 지금은 파리 일반 여행객들도 이곳 '왕자의 저택'에서 여장을 풀면서 쉬어갈 수 있다. 5성급 럭셔리 호텔, '샹그릴라 호텔 파리(Shangri-La, Paris)'로 탈바꿈하였기 때문이다.

샹그릴라 호텔 파리는 '왕자의 저택'인 만큼 매우 화려하다. 또한 룸의 전망도 에펠탑과 센강, 루브르 박물관, 몽마르트르(Montmartre)가 한눈에 들어올 정도로 훌륭하다. 현재 홍콩에 본사를 둔 샹그릴라 호텔 그룹의 브랜드로 〈포브스 트래블 가이드〉의 5성급, 〈월드 럭셔리 호텔 어워

라 보히니아 레스토랑의 프렌치 애프터눈 티 서비스

드(World Luxury Hotel Awards)〉(2021) 등 파리에서도 톱 10위의 호텔이다. 그런 만큼 실내 디자인은 물론이고 휴양 시설과 레스토랑 앤 바의 수준도 최정상이다.

'라 보히니아 레스토랑(La Bauhinia Restaurant)'의 이름은 샹그릴라 호텔 그룹의 본사가 있는 홍콩을 상징하는 국화가 '보히니아(Bauhinia)'인 점, 또한 이곳의 본래 주인인 롤랑 보나파르트 나폴레옹 왕자가 '식물 애호가'였다는 점을 고려해 붙인 것이다.

이 레스토랑에서는 프랑스 저명 건축가 모리스 그라(Maurice Gras)가 설계한 독특한 유리 돔의 천장과 거대 샹들리에 아래에서 유명 셰프들이 프랑스와 동남아시아의 정통 요리를 융합해 독특한 요리들을 선보인다. 브렉퍼스트에서 런치, 브런치, 티타임이 주력인 이곳은 티 애호가들에게는 브런치와 애프터눈 티의 명소가 될 것이다.

특히 페이스트 전문 셰프가 선보이는 독창적인 프렌치 애프터눈 티의 메뉴인 「르 티타임 막상스 바르보(Le Tea Time De Maxence Barbot)」의 별미들은 티 애호가들에게 프렌치 티타임의 또 다른 세계를 보여 줄 것이다. 참고로 부활절 기간에는 스페셜로 「이스터 브런치」도 선보인다.

그리고 2012년 프랑스 최초로 〈미쉐린 가이드〉 성급에 오른 중국 정통 레스토랑인 '샹 팰리스(Shang Palace)'에서는 북경 전통 요리인 '페킹덕(Peking Duck)', 딤섬(Dimsum), 해산물 등 광동성 전통 요리의 기예를 선보인다. 특히 시거너처 디시로서 세 가지의 서로 다른 타입으로 선보이

르 바 보태니스트의 실내 모습

는 페킹덕은 각기 다른 독특한 '일미(一味)'를 자랑한다. 2인 다이닝 룸인 '탕 앤 칭밍(Tang and Qing Ming)'에서는 〈미쉐린 가이드〉 성급 셰프의 손맛을 직접 느껴 보길 바란다.

한편 칵테일이나 샴페인 애호가들을 위한 장소도 있다. '르 바 보태니스트(Le Bar Botaniste)'에서는 바텐더들이 독창적인 칵테일들을 광범위하게 서비스할 뿐 아니라, 특히 18세기 나폴레옹 1세 황제 시대에 유행하였던 역사적인 기술도 선보인다.

예를 들면, 프랑스 기병들이 사용했던 사브르(Saber) 칼로 샴페인 병의 뚜껑을 따는 기술인 '사브라즈(Sabrage)'를 고객들에게 재현해 샴페인 맛에 흥미로움을 더해 준다. 펜싱 경기의 칼로 샴페인 병뚜껑을 따는 곳을 찾아가 보자. 파리 여행에 흥미로움을 더해 줄 것이다.

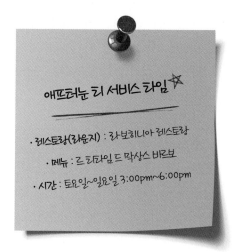

애프터눈 티 서비스 타임 ☆

• 레스토랑(라운지) : 라 보헤니아 레스토랑
• 메뉴 : 르 타타임드 막상스 비르보
• 시간 : 토요일~일요일 3:00pm~6:00pm

Le Bristol Paris

'프렌치 엘레강스'의 아이콘, '르 브리스톨 파리' 호텔

생토노레 거리 르 브리스톨 호텔의 전경

파리의 번화가인 포부르그 생토노레 거리에는 파리에서 가장 큰 호텔로서 '팰리스(Palace)' 등급으로 인증을 받은 '르 브리스톨 파리(Le Bristol Paris)'가 있다. 1925년 호텔의 첫 문을 연 뒤로 190개의 룸과 약 400평의 앞뜰을 자랑하는 이 호텔은 유럽 호스피탈리티의 전설적인 전통으로 유명한 '매스터피스 호텔'의 그룹인 '외트커 컬렉션(Oetker Collection)'의 5성급 럭셔리 브랜드이다. 파리 번화가에서도 '아르 드 비브르(art de vivre)'(삶의 예술)와 '프렌치 엘레강스(French elegance)'의 아이콘으로 자리를 잡고 있다.

오늘날 르 브리스톨 파리 호텔은 유럽에서도 다이닝의 전통이 가장 훌륭한 곳으로 〈미쉐린 가이드〉 성급 레스토랑이 두 곳이나 된다.

먼저 〈미쉐린 가이드〉 4성의 전설적인 스타 셰프인 에릭 프레숑(Eric Frechon)의 레스토랑 '에피큐어(Epicure)'에서는 프랑스의 '절대 미식'을 선보인다. 브렉퍼스트와 디너에서 프랑스 정통 요리의 진수를 즐길 수 있

으며, 여름에는 야외 테라
스에서도 식도락을 만끽할
수 있다.

또한 이 호텔에는 〈미쉐
린 가이드〉에서 지난 10년
간 성급을 줄곧 유지한 전
설적인 레스토랑도 있다.
'114 포부르그(Faubourg)'
이다. 〈미쉐린 가이드〉 4

카페 안토니아의 애프터눈 티 서비스

성 셰프인 에릭 프레숑이 〈미쉐린 가이드〉에 10년 연속 성급 타이틀의 기
록을 기념해 특별히 선보이는 메뉴 「스타 10년」은 미식 세계에서는 아마
성지 순례의 요리가 아닐까 싶다.

그런데 이 호텔에는 미식가들의 성지라는 〈미쉐린 가이드〉 성급 레스토
랑뿐만 아니라 티 애호가들에게도 성지 순례의 장소가 있다. 파리에서도
완벽한 만남의 장소로서 또는 애프터눈 티타임으로 유명한 레스토랑 '카
페 안토니아(Café Antonia)'이다.

이곳에서는 애프터눈 티를 영국 정통 방식인 「클래식(Classic)」의 메뉴와

진정한 프렌치 스타일의 「르 브리
스톨(Le Bristol)」의 메뉴 두 형태로
서비스하고 있다. 각자의 취향에
따라 선택해 즐겨 보길 바란다.

한편 '르 바 뒤 브리스톨(Le Bar du
Bristol)'에서는 우아한 모습의 시
거너처 칵테일들이 훌륭한데, 특히
비 오는 날에 DJ에게 선곡을 신청
한 뒤 칵테일이나 와인을 마시기에
는 안성맞춤인 장소이다.

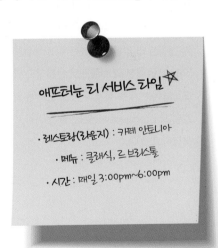

애프터눈 티 서비스 타임 ☆

• 레스토랑(라운지) : 카페 안토니아
• 메뉴 : 클래식, 르 브리스톨
• 시간 : 매일 3:00pm~6:00pm

유럽 호스피탈러티의 진정한 전통을 계승하는,
'외트커 컬렉션'

OETKER COLLECTION
Masterpiece Hotels

'외트커 컬렉션(Oetker Collection)' 은 독일 호텔 그룹인 '외트커 호텔 매니지먼트 그룹(Oetker Hotel Management GmbH)'의 브랜드이다. 다국적 식품 기업 '닥터 외트커(Dr. Oetker)' 가 모기업으로서 이 호텔 그룹을 운영하고 있다. 참고로 닥터 외트커는 독일 식품과학자로서 RTD 베이킹파우드를 발명한 아우구스트 외트커(August Oetker, 1862~1918) 박사가 창립한 회사이다.

외트커 호텔 그룹의 역사는 1872년 바덴바덴에 첫 문을 연 '브레너 파크 호텔 앤 스파(Brenners Park-Hotel & Spa)'로 거슬러 올라간다. 아우구스트 외트커의 손자인 루돌프 외트커(Rudolf August Oetker, 1916~2007)가 1941년 그 호텔을 인수한 뒤 본격적으로 유럽의 전설적인 호스피탈러티 업체로 성장시켰다.

1961년 프랑스 지중해 앙티브 지방의 '호텔 뒤 카프 에덩 로크(Hotel du Cap Eden Roc)', 1978년 '르 브리스톨 파리(Le Bristol Paris)' 호텔을 구입하면서 브랜드 '외트커 컬렉션'의 기반을 형성한 뒤 호텔들을 다수 구입하고 사업을 확장하여 2008년부터 '외트커 컬렉션'의 브랜드로 운영하고 있다.

오늘날에는 세계 각지의 중요 도시에 외트커 컬렉션 브랜드로서 11개의 '매스터피스 호텔(Masterpiece Hotels)'을 운영하고 있고, 또한 150개의 빌라와 부동산들도 함께 운영하고 있다.

Four Seasons Hotel George V

파리 '골든 트라이앵글'의 랜드마크, '포시즌스 호텔 조르주 V'

조르주 V 거리 포시즌스 호텔 조르주 V 정문

파리에서도 가장 많이 사람들이 붐비는 곳은 몽테뉴 거리, 샹젤리제 거리, '조르즈(George) V' 거리를 세 변으로 하는 '골든 트라이앵글' 지역이다. 그중 한 곳인 샹젤리제 거리에서 서단으로 이어지는 조르즈 V 거리를 따라가다 보면 알마 광장(Place de l'Alma)에 이른다.

그 도중에는 1859년에 완공되어 파리에서 가장 오래된 영어권 교회이자, 유럽 성공회의 집회 교회인 '파리의 미국 성당(American Cathedral in Paris)'의 첨탑을 볼 수 있다. 또한 1928년 아르데코 양식으로 지어져 건물 자체가 이 거리의 랜드마크인 곳이 있다. 바로 '포시즌스 호텔 조르주 V(Four Seasons Hotel George V)'이다.

포시즌스 호텔 그룹의 5성급 럭셔리 브랜드인 이 호텔은 파리에서도 아르데코 양식의 주요 상징이며, 〈미쉐린 가이드〉 3성급 1개, 1성급 2개의 레스토랑이 있어 프랑스에서도 최고의 다이닝을 자랑하고 애프터눈 티의 명소이기도 하다. 그 밖에도 풀장, 스파 등도 최고의 시설이다.

호텔의 시거너처 레스토랑인 '르 생크(Le Cinq)'는 〈미쉐린 가이드〉 3성

<메쉐린 가이드> 3성 레스토랑 르쌩크의 실내 모습

의 크리스티앙 르 스케(Christian Le Squer) 셰프가 프랑스의 현대적이고
도 우아한 모습의 누벨르 퀴진들을 디너로만 선보이는데, 여기에 다수의
수상 경력을 지닌 수석 소믈리에인 에릭 보마르(Eric Beaumard)가 그에
걸맞은 '와인 페어링'을 서비스하여 파리에서도 다이닝 부문에서 가장
명망이 높은 곳이기도 하다. 프랑스에서 미식의 세계로 여행을 떠나고 싶
은 사람이라면 이곳의 다이닝 룸을 추천해 본다.

레스토랑 '르 조르주(Le George)'는 <미쉐린 가이드> 1성 셰프인 시몽 자
노니(Simone Zanoni)가 선보이는 현대의 지중해식 요리들을 통하여 미
식 세계의 미래를 경험할 수 있는 곳이다. 런치와 디너를 주력으로 하는
이곳에서 사람들과 만나 즐거운 요리 여행을 떠나 보길 바란다.

또 하나의 <미쉐린 가이드> 1성급 레스토랑인 '로랑주리(L'Orangerie)'에
서는 화려한 테이블 세팅에서 새로운 요리의 세계를 경험할 수 있다. 특
히 야채와 생선류를 기반으로 하는 요리들은 일품이다. 다이닝의 미래에
한 분기점이 될 그 요리들을 디너에서 만나 보길 바란다.

이 호텔의 한복판에 있는 다이닝 라운지인 '라 갈르리(La Galerie)'에서는
19세기의 예술 작품을 감상하면서 브렉퍼스트에서부터 미드나이트까
지 다양한 요리들을 선보인다. 특히 <미쉐린 가이드> 1성의 셰프인 알랭
토동(Alan Taudon)이 현대적인 요소들을 가미하여 창조한 프랑스 요리

나 미카엘 바르토세티(Michael Bartocetti) 페이스트리 셰프가 장인의 손길로 창조한 스위트와 감미로운 티들을 즐길 수 있다.

특히 이곳은 애

애프터눈 티의 명소인 라 갈르리 레스토랑 실내 모습

프터눈 티의 명소로 전 세계 산지의 유명 티들을 메뉴로 선보인다. 우아한 가구들과 바닥의 '플랑드르 태피스트리(Flandre tapestry)'로 장식된 공간에서 피아노의 잔잔한 음률을 느끼면서 두 셰프의 정성이 담긴 메뉴인 「시거너처 티타임(Siganature Tea Time)」을 즐겨 보길 바란다.

정통 애프터눈 티 메뉴인 「콩플레(Complete)」와 거기에 로즈 샹파뉴(Rose Champagne)나 브뤼 샹파뉴(Brut Champagne)와 같은 샴페인을 곁들이는 메뉴인 「알 라 프랑세(À La Français)」의 두 메뉴는 티 애호가라면 결코 놓칠 수 없는 경험이 될 것이다.

'르 바(Le Bar)'에서는 해가 질 무렵에 마시는 술인 '선다우너(sundowner)'나 식후주, 테킬라, 스피릿츠, 그리고 믹솔로지스트들이 새롭게 창조한 칵테일 등을 즐길 수 있다. 이곳을 찾은 고객들은 아마도 메뉴를 손에 든 순간 그 많은 종류의 가짓수에 술을 마시기도 전에 눈이 어지러울 것이다. 오롯이 칵테일 애호가들을 위한 공간이다.

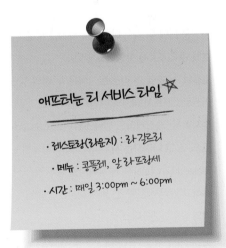

애프터눈 티 서비스 타임 ☆

• 레스토랑(라운지) : 라 갈르리
• 메뉴 : 콩플레, 알 라 프랑세
• 시간 : 매일 3:00pm ~ 6:00pm

캐나다를 넘어 세계로 도약한 신화적인 럭셔리 호텔 그룹,

'포시즌스 호텔 앤 리조트'

캐나다 토론토에 본사를 럭셔리 호텔 앤 리조트 업계의 세계 선두 주자 '포시즌스 호텔 앤 리조트(Four Seasons Hotels and Resorts)'. 1961년 모텔 건축가였던 창립자 이사도라 샤프(Isadore Sharp, 1931~)가 투자를 받아 토론토에서 '포시즌스 모터 호텔(Four Seasons Motor Hotel)'을 건립하고 첫 문을 열면서 세계 럭셔리 호텔 앤 리조트 업계의 신화는 시작되었다.

1970년대 영국 런던에서 호텔의 첫 문을 열고 당시 영국 호텔계의 왕좌에 있던 '리츠 칼턴(Ritz-Carlton)' 호텔에 포문을 열었다. 결론은 차별을 통한 서비스로 영국 내 시장을 점유하는 데 성공하였다. 이러한 치열한 경쟁의 시대에 오늘날 포시즌스 호텔 앤 리조트의 주요 상징적인 서비스들이 대부분 개발되었고, 이 서비스들은 향후 설립되는 브랜드 호텔들로 확대 적용되었다.

1980년대 미국 시장으로 본격적으로 진출하여 호텔 앤 리조트 사업을 확장하였고, 특히 1990년대부터 리조트 사업에 집중하여 북미 호스피탈러티 업계의 선두로 떠올라 세계적인 유명세를 타면서 유럽, 아시아 등의 세계로 사업의 무대를 넓혀 나갔다.

또한 포시즌스 호텔 앤 리조트는 2000년대에 들어서 브랜드의 경쟁력을 강화하는 차원에서 서비스의 품질을 획기적으로 높여 세계적인 럭셔리 브랜드를 추구함과 동시에 '혁신', '창조'의 두 기치 아래에서 사업을 확장해 오늘날에는 전 세계에 100여 개의 럭셔리 호텔 앤 리조트를 운영하고 있다.

오늘날 이 호텔 앤 리조트 그룹은 두 명의 억만장자가 대부분 지분을 소유하고 있다. 마이크로소프트사(MS)의 창립자 빌 게이츠(William Henry Gates III, 1955~)가 운영하는 투자회사 '캐스케이드 인베스트먼트(Cascade Investment)'가 지분을 대부분 소유하고 있고, 그 나머지는 사우디아라비아왕국의 왕자로서 억만장자인 알 왈리드 빈 탈랄(Al-Waleed bin Talal)이 투자회사를 통해 소유하고 있다. 억만장자의 두 거인이 지분을 소유하고 있어서일까? 전 세계 포시즌스 호텔 앤 리조트들은 각 지역의 어디로 가나 '럭셔리의 상징', '랜드마크'로 통한다.

Hôtel de Crillon, A Rosewood Hotel

루이 15세의 집무실 궁전이었던 '호텔 드 크리용, 로즈우드 호텔'

튈르리 정원 인근의 호텔 드 크리용 로즈우드 호텔의 웅장한 모습

파리 콩코드 광장에서 북쪽으로 가다가 튈르리 정원 인근에 다다르면 마치 고풍스러운 모습이 왕궁과도 같은 느낌을 주는 건축물을 맞닥뜨린다. 바로 '호텔 드 크리용 로즈우드 호텔(Hôtel de Crillon, A Rosewood Hotel)'이다. 실제로도 1758년 건립되어 18세기 국왕 루이 15세(Louis XV, 1715~1774)가 집무실로 사용한 궁전이다.

루이 15세는 퐁파두르 부인을 애인으로 삼고, 또한 그녀가 국정을 거의 섭정하다시피 하여 무능한 군주라는 평가도 있지만, '사치'와 '예술'을 사랑하는 퐁파두르 부인과 함께 18세기 프랑스 문화 예술의 발달에 큰 영향을 주었다. 또 한편으로는 그 사치와 낭비로 재정이 바닥나 '프랑스 대혁명'이 일어나는 단초를 제공한 것도 물론 그들이었다.

이와 같은 '사치(Luxury)'의 대명사 퐁파두르 부인의 연인, 루이 15세 국왕의 왕궁이었던 이유에서일까? 호텔 드 크리용 로즈우드 호텔은 파리에서도 진정한 럭셔리의 상징이다. 현재는 2017년부터 사우디아라비아 왕가의 소유이며, 전 세계에서 가장 아름다운 그랜드 럭셔리 호텔들의 연합체 브랜드인 '라르티지앵(Lartisien)'의 회원사로서 5성급 호텔의 위용을 자랑하고 있다. 물론 왕궁이었던 만큼 실내 장식이나 웰니스 시설 수준도

아늑한 분위기를 자아내는 호텔 로비

세계 정상급이고, 다이닝도 미식 수준이다.

호텔 중앙부의 미식 레스토랑인 '레크랭(L'Ecrin)'은 우아하면서도 세련된 분위기 속에서 프랑스의 예술적인 요리들을 선보이는데, 〈미쉐린 가이드〉 1성급인 만큼 매우 독특하면서도 감각적인 미각을 체험할 수 있다. 수석 셰프인 보리 캄파넬라(Boris Campanella)의 요리 작업에 앞서 수석 소믈리에인 자비에 튀자(Xavier Thuizat)가 와인을 선택적으로 지원하여 다양한 코스의 요리들을 선보이는 곳으로 기존의 레스토랑에서 볼 수 없는 파격적인 메뉴가 큰 특징이다.

이곳에 들른 여행객이라면 와인과 페어링을 이루는 맞춤형 요리들을 경험해 보길 바란다. 특히 특별 다이닝 룸인 '라 카브(La Cave)'에서는 셰프와 소믈리에가 콜라보로 창조한 요리들을 선보이는데, 미식가라면 우아한 분위기 속에서 프랑스 요리와 와인의 향연을 그냥 지나칠 수는 없을 것이다.

이와는 분위기가 완전히 다른 레스토랑 '브라스리 오몽(Brasserie d'Aumont)'에서는 프랑스 브라스리(간이 식당) 전통 요리의 진수를 선보인다. 여행객들은 자유분방한 분위기 속에서 와인과 함께 다양한 종류의 페이스트리, 그릴 등과 함께 실용적인 브라스리 요리의 세계로 여행을 떠날 수 있다.

물론 티 애호가들이 섭섭하지 않게 티와 함께 식사를 가족 단위로 즐길 수 있는 공간도 있다. 티 라운지 '자르댕 이베르(Jardin d'Hiver)'이다. 이 곳에서는 수석 페이스트리 셰프가 선보이는 다양한

티 라운지인 자르댕 이베르의 실내 모습

별미들을 선보이는데, 특히 금요일~일요일의 오후 2시 30분에서 오후 6시의 티타임 메뉴인 「로드스 구테(Lord's Goûter)」(귀족의 간식)를 통해서는 '하이 티'도 즐길 수 있다. 프리미엄 티를 감미로운 카나페와 페이스트리 등 별미들과 즐기면서 여러 다양한 종류의 최고급 샴페인을 자신의 취향에 맞게 선택해 음미해 바란다.

바인 '레 앙바사되르(Les Ambassadeurs)'는 테라스에 앉아 파리에서도 가장 아름답다는 콩코드 광장을 내려다보면서 믹솔로지스트들이 창조한 시거너처 칵테일들을 테이스팅할 수 있는 특별한 공간이다. 물론 실내의 분위기도 매우 럭셔리하여 파리에서도 매우 유명한 바이다.

이곳의 칵테일들은 프랑스의 길거리 예술과 믹솔로지스트의 창조성이 융합되어 예술적인 수준을 자랑한다. 칵테일 마니아라면 이곳의 메뉴판을 펼치는 순간 곧바로 그 이유를 알 것이다. 더욱이 그러한 칵테일들은 재미있는 디자인의 병에 담아 판매하고 있어 여행객들이 테이크아웃해 일반 가정에서도 즐길 수 있다.

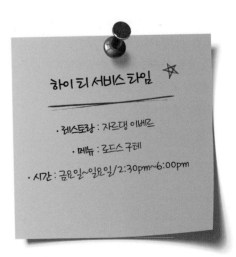

하이 티 서비스 타임 ☆

· 레스토랑 : 자르댕 이베르
· 메뉴 : 로드스 구테
· 시간 : 금요일~일요일 / 2:30pm~6:00pm

그랜드 럭셔리 호텔의 세계적인 브랜드,
'라르티지앵 컬렉션'

'라르티지앵 컬렉션(Lartisien Collection)'은 프랑스 파리에 본사를 둔 세계적인 여행사 및 호스피탈러티 업체인 '라르티지앵(Lartisien)'이 그랜드 럭셔리 호텔들로만 구성한 브랜드이다.

라르티지앵은 2007년 이반(Ivan), 루슬랑 라르티지앵(Rouslan Lartisien)의 형제가 여행, 라이프스타일 관련 업체인 '그랜드 럭셔리 그룹(Grand Luxury Group)'을 처음 설립한 것이 시초이다. 2008년 럭셔리 호텔들만 소개하는 웹사이트를 개설하여 150 곳의 호텔을 엄선해 등록하였다.

그 뒤 15년간 사업을 확장하는 가운데 지금의 '라르티지앵'으로 회사명을 바꾼 뒤 여행, 이벤트 대행, 라이프스타일, 크루즈, 호텔, 클럽 등 각종 호스피탈러티 분야에서 큰 성공을 거두면서 오늘날에는 8개국에 지사를 두고 전 세계에 걸쳐 럭셔리 여행을 원하는 여행객들에게 각종 서비스를 제공하고 있다.

특히 전 세계에서도 가장 아름다운 '그랜드 럭셔리 호텔'들만 회원제로 운영하는 브랜드인 '라르티지앵 컬렉션'에는 현재 약 450개의 5성급 럭셔리 호텔들이 등록되어 있다. 물론 여행에서부터 숙박 예약까지 모든 과정을 진행하고, 특히 호텔 예약률은 '세계 2위'에 올랐을 정도로 신뢰도가 높다. 럭셔리 여행, 호스피탈러티 분야에서 진실로 프랑스를 대표하는 업체이다.

세계 제일의 여행, 미식 평가지

〈미쉐린 가이드〉

프랑스의 기업가 에두아르(Édouard, 1859~1940), 앙드레 미쉐린(André Jules Michelin, 1853~1931)의 형제가 1888년 자동차 타이어 업체 '미쉐린 타이어(Michelin Tyre Company)'를 설립한 뒤 자동차를 타고 여행하는 사람들을 위한 여행 안내서인 『미쉐린 가이드(Michelin Guide)』(1900)를 처음으로 출판하였다.

초창기에는 지도, 호텔, 숙박소, 레스토랑, 주유소 등 각종 유익한 정보를 수록하였다. 영문판은 1909년에 프랑스 여행을 위하여 출간한 것이 시초이다.

그 뒤 파인 다이닝 분야의 내용이 중심이 되면서 레스토랑을 소개하는 비중도 점차 높아지자 평가 시스템이 마련되었다. 1926년 '별점(★)' 1개로 매겼던 것이 1931년에 0~3개의 별점이 매겨졌고, 1936년에는 별점을 매기는 엄격한 판정 기준도 공개되었다. 이때부터는 미쉐린 측의 조사관이 익명으로 불시에 방문해 요리를 시음하고 각종 서비스들을 본격적으로 평가하기 시작하였다고 한다.

흔히 별점이 하나인 1성은 양호한 레스토랑을, 2성은 다시 방문할 만한 가치가 있는 탁월한 수준의 요리를 선보이는 레스토랑, 3성은 특별 여행을 즐길 만한 최고의 미식 요리를 선보이는 레스토랑으로 알려져 있다. 물론 이러한 평가 레스토랑은 매년 갱신되고 있다.

오늘날에도 <미쉐린 가이드>는 전 세계의 레스토랑과 호텔들을 평가하고 있으며, 그 중 성급 레스토랑의 셰프는 요리계에서는 명장으로 인정된다. 더욱이 3성의 레스토랑의 셰프는 '요리계의 거장', 또는 '세계 최고의 요리사'로 통한다. 그밖에도 향후 1성급 이상이 될 수 있는 레스토랑에 대하여 '라이징 스타(Rising Stars)' 상도 수여한다.

Maison Angelina

약 120년 역사와 전통의 티 살롱 레스토랑, '메종 안젤리나'

리볼리가 메종 안젤리나의 살롱 드테 레스토랑 모습

파리의 리볼리가에는 세계적인 명성의 루브르 박물관 외에도 수많은 명
소가 있다. 그중에는 레스토랑 경영자나 베이커 또는 티 애호가들에게도
버킷리스트가 될 만한 곳이 있다. 약 120년의 역사와 전통을 지금도 계승
하고 있는 페이스트리 전문점이자, 티 살롱인 레스토랑 '메종 안젤리나
(Maison Angelina)'이다.

메종 안젤리나는 1903년 오스트리아 출신의 당과점 업자인 안톤 룸펠마
이어(Anton Rumpelmayer)가 남프랑스에서 제과점을 연 뒤 큰 성공을
거두자 수도 파리에 첫 진출을 위하여 그의 아들인 레네(René)와 함께 리
볼리가에 티 살롱을 연 것이 시초이다.

룸펠마이어가 '당과점'이 아니라 '살롱 드 테(티 살롱)'를 개업한 것은 당
시 파리에서는 작가, 화가, 예술가, 건축가, 심지어 정치인들마저도 주로
티 살롱에서 모여 활발한 움직임을 보인 시대였기 때문이다. 이때 룸펠
마이어는 티 살롱의 이름을 자신이 매우 소중하게 여겼던 며느리의 이름
인 '안젤리나(Angelina)'를 따서 붙였다. 그리고 티 살롱의 건물은 당시

안젤리나 티 살롱의 실내 모습

드나들었던 사람 중의 한 사람인 네덜란드계 출신의 건축가 에두아르 장 니에르만(Édouard-Jean Niermans, 1859~1928)이 설계하였다.

메종 안젤리나가 당시 문을 열자마자 파리 귀족들에게는 '만남의 장소'로 정해지고 미식 레스토랑으로서 소문이 나면서 이곳에는 소설가 마르셀 푸르스트(Marcel Proust, 1871~1922), 코코 샤넬 등과 같은 유명 '쿠튀리에(couturier)'(고급 여성 의상 디자이너)들이 출입하여 일약 파리의 명소로 떠올랐다.

또한 오늘날까지도 약 120년 동안 비밀로 지켜온 전통 레시피로 몽블랑(Mont Blanc), 핫 초콜릿 등을 생산하여 세계적인 페이스트리 전문점으로 성장하였다. 물론 티 살롱도 파리에서 전통을 계승해 오고 있다.

지금도 티 살롱의 본점인 '안젤리나 리볼리(Angelina Rivoli)'에서는 브렉퍼스트에서 디너까지 약 120년의 역사와 전통을 자랑하는 프랑스 미식 페이스트리를 즐길 수 있다. 특히 티타임 메뉴에서는 자체 브랜드인 싱글 티, 블렌딩 티와 함께 미니 페이스트리, 마카롱, 티 쿠키인 마들렌(madeleine), 초콜릿 쇼(chocolat chaud)와 함께 선보인다. 아마 티 애호가, 베이커, 레스토러테어가 이곳에서 한데 만난다면 20세기 초 이곳을 방문하였던 귀족이나 당대의 거인들처럼 각자의 이야기들로 티타임이 꽃을 피우지 않을까?

현재 메종 안젤리나는 아랍에미리트 두바이 몰, 프랑스 베르사유 궁전, 베이징, 일본 등의 곳곳에서 '안젤리나 티 살롱'의 이름으로 지점들을 운영하고 있다.

Mariage Frères

세계 최고급 티와 티푸드로 유명한 티 살롱, '마리아주 프레르'

프랑스의 세계적인 티 브랜드인 '마리아주 프레르(Mariage Frères)'는 앙리(Henri), 에두아르 마리아주(Edouard Mariage)의 형제가 1854년에 설립하였다. 그 뒤 마리아주 프레르는 프랑스를 넘어 전 세계에서 유명한 최고급 티 브랜드 업체로 성장

마리아주 프레르 마레점 티 살롱

하여 오늘날에는 세계 곳곳에 프랜차이즈 전문점을 두고 있다.

수도 파리에는 마리아주 프레르가 직영하는 티숍들이 곳곳에 있으며, 특히 레스토랑이나 티 살롱도 함께 운영하여 세계 최상급 티와 함께 다양한 티 푸드들을 즐길 수 있다.

마리아주 프레르는 직영 티숍들을 파리에서는 마레(Marais), 죄안(Rive Gauche), 에투알(Etoile) 교차로, 마들렌(Madeleine) 광장 지구, 몽토르게이(Montorgueil) 거리, 에펠탑(Eiffel Tower) 지구에서 운영하고 있다. 티숍의 대부분이 레스토랑과 티 살롱을 겸하여 운영하고 있어 파리에 들러 프랑스 최고급 브랜드인 마리아주 프레르의 티와 함께 티 푸드를 즐겨 보는 것도 여행의 묘미를 더해 줄 것이다.

마리아주 프레르는 '최상급만 엄선하고 정확한 블렌딩으로'라는 '골든 룰'을 철칙으로 삼아 '싱글 티'뿐만 아니라 '블렌딩 티'로도 전 세계의 티 애호가들로부터 수많은 사랑을 받고 있을 뿐만 아니라 세계에서도 쟁쟁한 티 업체 중에서도 티 상품 종류의 수가 가장 많은 것으로도 유명하다.

마리아주 프레르 마를렌점 실내

또한 레스토랑이나 티 살
롱에서는 티의 향미를 최
상으로 선보이기 위하여
티소믈리에 등의 전문가
들이 활동하고 있다. 특히
셰프들은 미식가들을 위
하여 매일 같이 '퀴진 오
테(Cuisine au The)'(티 푸
드)를 디저트와 주요리들
을 위하여 준비하는데, 그

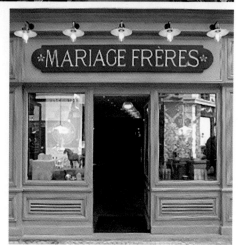

마리아주 프레르 몽토르게이 거리점의 정문

수준이 '테이블 위의 예술(Art de la Table)'이라고 불릴 정도이다. 식도락
의 나라 프랑스에서 티와 미식 요리를 완벽히 즐길 수 있는 명소이다.
현재 마리아주 프레르는 프랑스 파리 외에도 런던, 베를린, 도쿄 등을 주
요 거점으로 수많은 프랜차이즈점을 운영하고 있다.

Laduree

'살롱 드 테'와 '마카롱'의 탄생지, '라뒤레'

루이알가 라 뒤레의 티 살롱 입구

프랑스 파리식의 티 살롱, 즉 '살롱 드 테(salon de the)'는 라뒤레 (Laduree) 일가의 역사와 깊은 관련이 있다. 살롱 드 테(이하 티 살롱)는 1862년 루이 라뒤레(Louis Ernest Laduree)가 파리 루아알가(Rue Royale) 에서 오늘날 '라뒤레(Laduree)'의 전신인 제과점을 열면서 탄생하였다.

당시 루아알가는 수도 파리 내에서도 중요한 사업지로서 초호화 물품들 이 거래되었던 최고의 부촌이었는데, 고급스럽고 우아한 빵집들도 성행 하였다. 이때 라뒤레의 아내였던 잔 수샤르(Jeanne Souchard)가 카페와 빵집을 통합시키는 아이디어를 발상하면서 파리에서 '티 살롱'이 처음으 로 탄생한 것이다. 이 티 살롱은 당시 여성들이 자유롭게 사람들을 만날 수 있는 장소로서 큰 인기를 끌면서 프랑스 전역으로 확산하였다.

그런데 라뒤레는 오늘날 큰 인기를 끌고 있는 '마카롱(macaron)'의 탄생지이기도 하다. 라뒤레 마카롱은 1862년 피에르 데퐁탠(Pierre Desfontaines)이 창안한 것으로서 과자 사이에 우아한 가나슈(초콜릿과

루이알가 라 뒤레의 티 살롱 내부 모습

크림을 섞은 소스)를 필링으로 채우는 조리법으로 탄생한 쿠키이다.
이같이 '티 살롱', '마카롱'의 최초의 산실이었던 라뒤레의 티 살롱과 레
스토랑에서는 본래부터 프랑스 수도의 부촌에서 상류층을 대상으로 탄

생한 역사적인 배경이 있
는 만큼 최고급 티와 디저
트들을 즐길 수 있다.

라뒤레 티살롱의 애프터눈 티

현재 파리에서는 루아알가
와 보나파르트가에 지점을
운영하고 있고, 그 밖의 해
외에서는 런던, 싱가포르,
뉴욕, 브뤼셀, 룩셈부르크
등에서 프랜차이즈점을 운
영하고 있다.

파리 여행객들은 티 살롱,
마카롱 탄생지로 여행을
떠나 보길 권해 본다.

라뒤레 티살롱에 티와 마카롱이 진열된 모습

Dame Cakes
홈메이드 티 푸드와 티 살롱의 명소, '담 케이크'

프랑스 북서부 도시 루앙
(Rouen)의 생로맹(Sant-
Roman) 거리의 티 살롱, '담
케이크(Dame Cakes)'. 이 건
물은 1901년 금속세공업자
인 페르디낭 마루(Ferdinand
Marrou)가 작업소로 처음 설
립하였다. 1917년 인쇄업자
루셀(Roussel) 일가가 인수하
여 운영하고 있으며, 2002년
부터는 티 살롱, 담케이크로
운영되고 있다.

정문을 들어서는 순간부터 프

담케이크 정문

랑스풍의 호화로움과 우아함을 단번에 느낄 수 있다. 이 티 살롱에서는
케이크, 빵, 과일 주스, 아이스티, 파이, 크럼블을 비롯하여 다양한 티 푸
드를 모두 홈메이드로 선보이고 있으며, 프랑스풍 티 살롱답게 장식과 공
간이 잘 꾸며져 있어 운치와 전망이 좋기로 유명하다.

담 케이크 내의 티숍에서는 티와 관련된 각종 다기를 구입할 수 있다. 티
살롱에서는 최고급 티 브랜드인 '마리아주 프레르'를 중심으로 티타임
메뉴를 제공하고 있으며, 브렉퍼스트, 런치의 식사가 모두 가능하다.

티 살롱의 1층은 오전 10시부터 저녁 7시까지, 2층은 12시부터 오후 6
시까지 운영한다. 특히 2층에서는 '노트르담 대성당(Cathédrale Notre-
Dame)'을 한눈에 볼 수 있어 경관이 훌륭하다. 그리고 야외 가든에서는
전원적인 분위기 속에서 티타임을 즐길 수 있다. 프랑스 북서부의 도시
루앙으로 간다면 꼭 들러 보길 권해 본다.

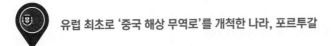
영국에 '티 음료'의 문화를 안겨 준 포르투갈

포르투갈은 대서양에 면해 15세기부터 스페인과 함께 '대항해 시대'를 연 나라이다. '항해 왕자'인 엔히크(Henrique, 1394~1460)를 시작으로 주앙 2세(João II, 1455~1495)의 시대에 바스쿠 다가마(Vasco da Gama, 1460~1524)의 희망봉 발견과 더불어 인도 항로의 개척으로 대항해 시대가 열린 것이다. 16세기에는 북미, 남미, 오세아니아, 중국, 일본 등 아시아로의 항로를 발견하여 식민지 개척을 통해 포르투갈 사상 첫 세계 제국을 건설하였다.

16세기 유럽 국가로서는 최초로 중국 무역 항로를 개척한 뒤 17세기 무역이 절정에 달할 무렵, 포르투갈은 그런 티를 영국으로 전파, 향후 상상치도 못할 거대 티 문화인 '영국식 홍차 문화'를 탄생시켰다.

브라간사 공작 가문의 첫 포르투갈 국왕인 주앙 4세(João IV de Portugal, 1604~1656)의 딸인 카타리나 드 브라간사(Catarina de Bragança)는 어린 시절부터 티를 매일 같이 마실 정도로 좋아하였는데, 1661년 영국의 찰스 2세(Charles II, 1630~1685)와 정략적인 결혼을 통해 혼수 지참금으로 티를 상자에 담아 영국에 가져간 것이다.

카타리나가 영국에 도착한 당시 실제로 티가 약초로 소비되고 있었는데, 젊은 왕비인 카타리나가 매일 습관처럼 티를 음료로 마시자 영국 왕가와 귀부인들 사이로 '티 음료 문화'가 전파되어 훗날 그 유명한 오후 5시에 티를 마시는 '영국식 홍차 문화'가 탄생하는 계기가 된 것이다.

현재 포르투갈에는 주요 관광지인 수도 리스본을 비롯하여 알가르베, 마데이라 등으로 진출한 세계적인 호스피탈러티 업체의 호텔이나 레스토랑, 그리고 각 지역의 카페나 티 하우스에는 애프터눈 티나 하이 티의 명소들이 많다.

Valverde Lisboa

유럽 최고 럭셔리 쇼핑가, '리베르다지 거리'의
'바우베르지 리스보아' 호텔

리베르다지 거리의 바우베르지 리스보아 호텔 전경

포르투갈의 수도이자 최대 항구도시인 리스보아(Lisboa)(영어로 리스본)
를 여행하는 사람이라면 아마도 유럽에서도 가장 비싼 쇼핑가이자 상류
층의 지역인 '리베르다지 거리(Avenida da Liberdade)'(자유의 거리)를 구
경할지도 모른다.

18세기에 포르투갈 귀족들을 위해 건립된 공원 주위로 1879년에 건립
된 이 대로는 유럽 최고의 부촌을 상징하는 명소이기도 하다. 그 주위로
는 프라다, 루이뷔통, 크리스티앙 디오르, 샤넬, 베르사체, 구찌 등 이름
만 들어도 아는 부티크들이 밀집해 있으며, 제1차 세계대전의 전쟁 기념
비와 포르투갈을 빛낸 예술인들의 흉상들이 줄지어 있는 등 여행객들에
게는 쇼핑과 함께 볼거리도 많은 명소이다. 유럽 최고의 쇼핑가를 둘러본
뒤 잠시 여장을 풀고 다이닝과 애프터눈 티도 즐길 수 있는 곳이 있다. 호
텔 '바우베르지 리스보아(Valverde Lisboa)'이다.

흔히 리스본 속의 '런던, 뉴욕의 타운하우스'라고도 언급되는 이 호텔은

2014년에 처음 문을 연 뒤로 〈월드 럭셔리 호텔 어워드〉 등 각종 부문의 상을 차지해 호텔계의 떠오르는 다크호스이다. 유럽 최고의 부유촌에서도 럭셔리 호텔로 통하

시치우 발베르지 레스토랑의 「5시의 티」 서비스

는 만큼 각종 휴양 시설과 다이닝 레스토랑의 서비스는 세계 정상급이다. 레스토랑 앤 바인 '시치우 발베르지(Sítio Valverde)'에서는 빈티지, 모던 한 가구들의 조화로운 비치와 13세기 조각 판화 등 다양한 장식들로 조성되어 세련되고도 독창적인 분위기의 실내에서 브렉퍼스트에서부터 런치, 영국 정통 애프터눈 티인 「5시의 티(Tea of Five)」, 디너까지 원하는 시간대에 즐길 수 있다.

특히 애프터눈 티의 시간대는 오후 5시에서 6시 30분까지이다. 여기에 와인 메뉴에서 포르투갈의 테이블 레드 와인인 비뉴 틴토(Vinho Tinto)를 취향대로 선택해 곁들인다면 애프터눈 티의 맛은 더욱더 깊어질 것이다.

또한 이 레스토랑은 바도 겸하고 있어 시그너처 칵테일을 비롯하여 다양한 창조적인 칵테일들을 메뉴를 통해 경험할 수 있다. 레스토랑에서 영국 정통 애프터눈 티를 비롯하여 모든 다이닝을 해결할 수 있는 5성급의 럭셔리 타운하우스 호텔을 직접 경험해 보길 바란다.

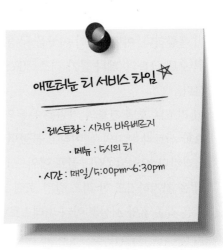

애프터눈 티 서비스 타임 ☆
· 레스토랑 : 시치우 바우베르지
· 메뉴 : 5시의 티
· 시간 : 매일/5:00pm~6:30pm

Penha Longa Resort

'아름다운 에덴', 신트라 산지의 '페냐 롱가 리조트' 호텔

신트라 산지의 페냐 롱가 리조트 호텔의 전경

수도 리스본으로부터 북서쪽으로 약 20km로 이동하면 녹음이 울창하고 무어 양식의 옛 고성, 영화로운 역사를 간직한 왕궁 등 다양한 건축 양식들이 산지에 옹기종기 모인 곳이 있다. 포르투갈 리스보아주의 세계적인 관광 도시 '신트라(Sintra)'이다.

이 신트라는 영국의 낭만파 시인 조지 고든 바이런(George Gordon Byron, 1788~1824)이 '아름다운 에덴'이라고 찬사를 날릴 정도로 풍광이 훌륭하다. 여행객들이 이곳을 구경한 뒤 여장을 풀고 싶다면 리츠 칼턴 호텔 그룹의 '페냐 롱가 리조트(Penha Longa Resort)' 호텔을 추천해 본다.

이 리조트 호텔 건물의 기원은 은둔의 수도사와 리스본 왕가로부터 '고요한 신트라 산지의 집'이라고 불렸던 14세기의 수도원으로까지 거슬러 올라간다. 오늘날 〈월드 골프 어워드〉(2017)에서 '포르투갈 골프 호텔 대상'을 차지하기도 한 리츠 칼턴 호텔 그룹의 프리미엄급 브랜드인 이 호텔은 각종 휴양 시설뿐 아니라 레스토랑도 〈미쉐린 가이드〉 1성의 '랩 바이 세르히 아롤라(LAB by Sergi Arola)'(이하 랩 레스토랑)을 비롯해 6개

<미쉐린 가이드> 1성인 랩 레스토랑

나 운영하여 다이닝 서비스도 초일류이다.

포르투갈에서 아시아 정통 레스토랑으로서 유일하게 <미쉐린 가이드> 1성인 '미도리(Midori)'는 일식 정통 레스토랑으로서 이 호텔의 자랑이다. 신트라 산지가 훤히 내려다보이는 쾌적한 공간에서 포르투갈 현지의 신선한 재료로 만든 예술적 수준의 일식 요리들을 선보인다. 따라서 리스본에서도 일식 미식 여행을 위해 이곳을 찾는 사람들이 많다. 매주 화요일에서 일요일까지 디너로만 즐길 수 있다.

이 호텔에는 또 하나의 <미쉐린 가이드> 1성의 레스토랑이 있다. '랩 레스토랑'이다. 이곳은 <미쉐린 가이드> 1성 셰프인 세르히 아롤라가 그의 창조적인 열정으로 쏟아 예술적인 걸작들을 선보인다. 레스토랑 이름이 'LAB'인 데서 알 수 있듯이 이곳은 미식 요리를 발명하는 연구소라 볼 수 있다. 「알라카르테」 메뉴 외에 3개의 다른 메뉴를 통해서 다양한 요리들을 선보이며, 전 세계 산지의 550종에 달하는 와인과 40종류에 달하는 티 메뉴와 함께 할 수 있다.

아울러 스페인 출신의 아롤라 셰프는 그의 이름으로 또 하나의 레스토랑 '아롤라(Arola)'를 운영하고 있는데, 지중해 스타일의 분위기 속에서 포르투갈 토속 요리들을 새롭게 창조하여 런치와 디너를 통해 선보인다. 세계 정상급 셰프의 창조적인 포르투갈 요리를 맛보고 싶다면 이곳을 권해 본다.

이탈리아 정통 요리를 여행할 수 있는 레스토랑도 있다. '페냐 롱가 메르카토(Penha Longa Mercatto)'이다. 이 레스토랑에서는 브렉퍼스트에서부터 미드나이트까지 이탈리아의 20여 지역에 달하는 다양한 요리들을 셰프가 장인 정신으로 새롭게 녹여 창조한 예술작들을 경험할 수 있다. 철저하게 이탈리아 요리의 미식 여행을 떠나고 싶은 사람에게 추천 명소이다.

또한 '아쿠아(Aqua)' 레스토랑에서는 여름철 시원한 풀장 옆에서 미식 여행을 떠날 수 있다. 오로지 런치만 서비스는 하는 곳으로 4계절의 제철 요리들을 선보인다.

한편 이 호텔의 'B 라운지(Lounge)'에서는 새로운 포르투갈식 요리들을 메뉴로 선보인다. 이곳의 하이라이트인 타파스(tapas)는 매우 유명한데, 바질 마요네즈를 뿌린 포르투갈 전통 튀김인 '페이시뉴 다 오르타(Peixinhos da Horta)'나 옥수수식빵과 스크램블드 에그가 든 '파이네이라(farinheira)', 알그라브 토마토 참치 샐러드를 비롯해 포루투갈 전통 디저트인 '푸징 아바지 프리스쿠(Pudim Abade Priscos)'가 올려진 테이블을 본다면 미식가들에게는 입가에 침이 절로 돌 것이다.

B 라운지에서는 티 애호가들이나 와인 애호가들이 좋아할 만한 메뉴도 있다. 특히 애프터눈 티 메뉴인 「신트라 트래디션스(Sintra Traditions)」와 와인 메뉴인 「와인 어클락(Wine O' Clock)」은 포르투갈에서도 명성이 높다. 여기에 B 라운지 바에서는 전 세계 각국의 150종류에 달하는 진을 진열해 놓고 있다. 포루투갈의 리스본 교외 지역의 이곳에서 진정한 미식 여행을 떠나 보길 바란다.

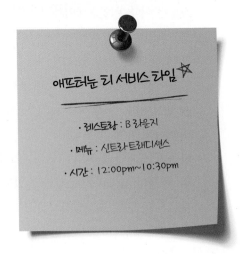

애프터눈 티 서비스 타임 ☆

· 레스토랑 : B 라운지
· 메뉴 : 신트라 트래디션스
· 시간 : 12:00pm~10:30pm

Four Seasons Hotel Ritz Lisbon

리스본 번화가 '로드리고 다 폰세카 거리'의 아이콘,
'포시즌스 호텔 리츠 리스본'

로드리고 다 폰세카 거리의 포시즌스 호텔 리츠 리스본의 전경

수도 리스본에서도 최고의 번화가인 '로드리고 다 폰세카 거리(Rua
Rodrigo Da Fonseca)'는 포르투갈 전통의 색이 물씬 풍기는 역사, 문화의
중심지이다. 따라서 여행객들이라면 리스본에서도 이곳에 들르지 않을
수 없다. 물론 최고의 부촌에 속하는 만큼 곳곳에 구경거리인 문화적인
요소들도 많다. 한낮의 구경을 마치고 휴식을 잠시 취할 곳을 찾는 여행
객들에게는 이 거리의 상징인 '포시즌스 호텔 리츠 리스본(Four Seasons
Hotel Ritz Lisbon)'이 좋은 휴식처가 될 것이다.

루이 16세 시대를 연상시키는 아르데코 양식의 실내 디자인과 이 고장
예술가들의 걸작들이 전시된 이 호텔은 5성급 럭셔리 호텔로서 각종 휴
양 시설은 물론이고 다이닝도 미식 수준으로서 여행객들에게 큰 즐거움
을 선사한다.

포르투갈 정통 레스토랑인 '쿠라(Cura)'는 〈미쉐린 가이드〉 1성 셰프와

풍경이 아름다운 바란다 레스토랑

요리 큐레이터의 콜라보로 요리에 의미와 깊이를 담아 예술 요리들을 선보인다. 디너 전문인 이 레스토랑의 「알라카르테」 메뉴를 비롯해 다양한 메뉴들은 훌륭하기로 유명하다.

브렉퍼스트와 디너를 주력으로 하는 '바란다 레스토랑(Varanda Restairant)'은 리스본 시민 공원인 '에두아르도 7세 공원(Eduardo VII Park)'이 한눈에 내려다보여 전망이 매우 훌륭하다. 공원 이름은 대영제국의 국왕 에드워드 7세(King Edward VII, 1841~1910)가 1903년 포르투갈을 방문한 것을 기리기 위하여 그의 이름을 붙였다.

바란다 레스토랑은 시거너처 디시와 리스본 고장의 토속 요리를 다양하게 선보이는 곳으로 유명하다. 리스본 토속 요리를 경험해 보려는 미식가들에게는 이곳이 필수 코스가 될 것이다. 이곳의 수석 셰프와 페이스트 셰프의 환상적인 앙상블로 연출되는 테이블 세팅은 다채로운 색상의 요리들로 풍성하여 이곳을 찾는 여행객들의 구미를 당길 것이 분명하다.

일식 전문 레스토랑인 '오 자포니스(O Japonês)'는 레스토랑의 이름이 '일본 사람'이라는 뜻에서도 짐작할 수 있듯이 일본에 온 듯한 실내 분위기 속에서 화요일~금요일에 런치와 디너로 경험할 수 있다. 이곳에서는 일본 전통의 요리와 현대적인 퓨전 요리들의 진수를 선보인다. 시거너처 디시로 스파이스 소스를 곁들인 슈림프 튀김은 '일미(一味)'이다. 특히 토

알마다 네그레이루 라운지의 「자카란다 애프터눈 티」 서비스

요일에는 스시와 사시미만 특별 서비스로 제공하여 일식을 좋아하는 사람이라면 이때 경험해 보는 것이 좋다.

'알마다 네그레이루 라운지(Almada Negreiros Lounge)'에서는 시그너처 디시로 「자카란다 애프터눈 티(Jacaranda Afternoon Tea)」를 선보인다. 자카란다가 '자단(紫檀)' 식물을 뜻하는 만큼, 각종 페이스트리와 쿠키, 스콘, 마카롱 등이 온갖 보라색 계열로 화려하여 보는 사람들이 눈이 어지러울 정도로 예술적 수준이다. 물론 티와 커피는 메뉴에서 다양하게 고를 수 있다. 오후 시간대인 4시~ 6시의 「자카란다 애프터눈 티」는 이곳을 찾은 티 애호가들이 지나치기에는 너무나도 아까운 테마일 것이다.

'리츠 바(Ritz Bar)'는 실내 및 실외에서 포르투갈 북부 도루(Douro) 지역에서 생산되는 디저트 와인 '포르트(Port)'를 비롯해 최고급 와인 리스트, 그리고 다양하게 창조된 칵테일을 선보여 사람들과 아침부터 밤늦게까지 시간을 보낼 수 있는 자유로운 공간이다. 예술적인 수준의 창조적인 칵테일을 즐기고 싶은 여행객들이 좋아할 만한 명소이다.

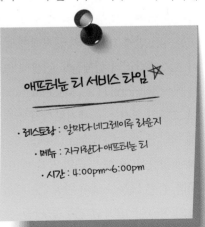

애프터눈 티 서비스 타임 ☆

· 레스토랑 : 알마다 네그레이루 라운지

· 메뉴 : 자카란다 애프터눈 티

· 시간 : 4:00pm~6:00pm

Belmond Hotel Madeira, Reid's Palace

대서양 끝단의 피한지 마데이라섬의
벨몬드 호텔 마데이라, '레이즈 팰리스' 호텔

포르투갈은 대서양 해안
의 여러 부속 섬들이 있는
데, 그중 화산섬 '마데이
라섬(Madeira Island)'은
고온다습한 기후로 세계
적인 '강화 와인(Fortified
Wine)'(일반 와인보다 알
코올 도수가 높다)의 산
지로서, 휴양지로서 명
성이 드높다. 이곳에서
산출된 와인 '마데이라

호텔 전경

(Madeira)'는 '포트 와인(Port Wine)', '셰리 와인(Sherry Wine)'과 함께
'세계 3대 강화 와인'으로서 그 맛이 훌륭하기로 유명하여 전 세계적으로
런치, 디너의 아페리티프 와인으로 애용된다.

특히 마데이라섬 동남부의 항구 도시인 푼샬(Funchal)은 대서양 최고의
피한지인 만큼 대서양의 끝자락에서 휴양을 즐기려는 여행객들을 위하
여 호스피탈러티 업체들도 진출해 있다. '벨몬드 호텔 마데이라, 레이즈
팰리스(Belmond Hotel Madeira, Reid's Palace)'가 대표적이다.

이 호텔의 역사는 19세기로까지 거슬러 올라간다. 스코틀랜드 유통사업
가 윌리엄 레이드(William Reid)가 이주하여 '마데이라' 강화 와인의 무
역에 성공한 뒤 해안 곶의 땅을 매입하여 호텔을 짓기 시작한 것이 시초
이다. 물론 그는 호텔이 완공되는 것을 보지 못하고 눈을 감았다.

그의 아들이 1891년 건물을 완공, 호텔의 첫 문을 연 뒤 수많은 세계적

인 인사들이 들렀다. 이 곳에서는 영국의 세계적인 극작가이자, '노벨문학상(1925)' 수상자인 조지 버나드 쇼(George Bernard Shaw, 1856~1950)가 휴식하면서 탱고 춤을 배워서 갔고, 영국의 총리 윈스턴 처칠은 자서전을 집필하

<미쉐린 가이드> 1성의 월리엄 레스토랑

면서 그림을 그리기도 하였다고 전해진다.

오늘날 레이즈 팰리스 호텔은 1996년 세계적인 호스피탈러티 업체인 '벨몬드사(Belmond Limited)'가 인수하여 5성급 럭셔리 호텔로서 운영되고 있다.

호텔 창립자 윌리엄 레이드의 이름을 붙인 시거너처 레스토랑인 '윌리엄 레스토랑(William Restaurant)'에서는 <미쉐린 가이드> 1성의 셰프인 루이 페스타나(Luís Pestana)가 마데이라 산지 최고의 제철 식재료를 사용하여 혁신적이고도 창조적인 지역 요리들을 선보인다. 특히 항구 도시 푼샬의 파노라마틱한 해안가를 보며 즐기는 미식 여행은 휴양 그 자체이다. 야외 테라스형의 '리스토란테 비야 시프리아니(Ristorante Villa Cipriani)'는 대서양 끝자락의 이탈리아 정통 레스토랑으로서 코발트블루의 하늘과 오렌지로 이지러지는 일몰을 생동감 있게 즐기는 가운데 전통 요리에 현대적인 요소를 가미하여 창조한 다채로운 미식들을 경험할 수 있다.

레스토랑 '풀 테라스(Pool Terrace)'에서는 대서양의 바닷바람과 함께 신선한 주스와 스파클링 와인을 마시면서 푸르고 드넓은 원근의 바다를 감상할 수 있다. 특히 뷔페식 디너에서 다양한 가짓수의 메뉴로 선보이는 요리들은 해양의 진미들이다.

또한 레스토랑 '애프터눈 티(AFTERNOON TEA)'에서는 이 호텔의 자랑

거리인 스페셜티 티 메뉴인 「차 다 타르지(Cha Da Tarde)」(늦은 오후의 티)와 영국 정통 애프터눈 티의 메뉴인 「애프터눈 티(Afternoon Tea)」를 전문적으로 선보인다. 「차 다 타르지」의 메뉴에서는 세계 각지의 티, 허브티, 디저트들을 즐길 수 있다. 그리고 「애프터

애프터눈 티 레스토랑에서의 티 세팅 모습

눈 티」 메뉴로 깜찍한 핑거 샌드위치, 갓 구운 신선한 스콘과 수제 페이스트리와 함께 등장하는 23종류의 티 초이스 메뉴, 그 리고 샴페인을 대서양의 코발트블루를 배경으로 테라스에서 누리는 기쁨은 쉽게 상상이 가지 않을 것이다.

한편 이 호텔의 매우 화려한 '가스트로 바(Gastro Bar)'에서는 전통 마데이라식 칵테일인 '파인 폰차(Fine Poncha)'와 같은 시거너처 칵테일을 비롯하여 예술적인 칵테일들을 선보인다. 또 하나로 '마데이라' 강화 와인의 양조에 사용되는 가장 부드럽고도 연한 풍미의 포도 품종인 '세르시알(Sercial)'로 만든 '바고(Bago)' 와인은 와인 애호가들에게는 테이스팅의 기쁨을 선사할 것이다. 와인 애호가라면 라이브 음악이 흐르는 가운데 미식 바에 앉아 대서양 끝단의 와인 풍미를 즐겨 보길 바란다.

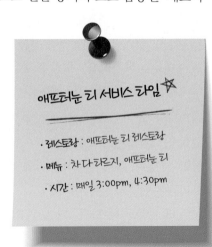

애프터눈 티 서비스 타임 ☆
─────────
• 레스토랑 : 애프터눈 티 레스토랑
• 메뉴 : 차 다 타르지, 애프터눈 티
• 시간 : 매일 3:00pm, 4:30pm

세계적인 여행, 레저 그룹,
'벨몬드'

벨몬드사(Belmond Limited)의 역사는 1976년 미국의 사업가 제임스 셔우드(James Sherwood)가 기네스(Guinness) 일가로부터 이탈리아 베네치아에 있는 '호텔 키프리아니(Hotel Cipriani)'을 매입하여 '오리엔트 익스프레스 호텔(Orient-Express Hotels Ltd)'로 첫 문을 연 것이 시초이다.

벨몬드 레이즈 팰리스 호텔의 레스토랑, 리스토란테 비야 시프리아니

이 호스피탈러티 업체는 그 뒤 유람선, 디럭스 호텔, 럭셔리 여행 철도, 사파리, 패키지 투어, 레스토랑 분야로 사업을 확장하여 지금은 세계 굴지의 여행 및 레저 기업으로 성장하였다.

2014년 지금의 '벨몬드사'로 회사명을 변경하고, 각종 여행 철도 사업에도 뛰어들었다. 2019년에는 프랑스 파리에 본사를 둔 다국적 기업 'LVMH 모엣 헤네시·루이뷔통 (LVMH Moët Hennessy·Louis Vuitton S.A.)'에 합병되어 현재 전 세계에 걸쳐 35개의 디럭스 호텔과 8개의 여행 철도, 7개의 레스토랑 브랜드, 그리고 세계 곳곳에서 유람선을 소유 및 운영하고 있다.

Ⅱ

북유럽

네덜란드
덴마크
벨기에

17세기 유럽 제일의 무역 국가

'낮은 땅'을 뜻하는 네덜란드는 16세기에 공화국이 들어선 뒤로 점차 안정화되면서 17세기에 세계 최대의 무역 국가로 발돋움한 눈부신 역사가 있다. 당시로서는 세계 최초의 주식회사인 '네덜

17세기 네덜란드 무역선 암스테르담호

란드 동인도회사(VOC, Vereenigde Oostindische Compagnie)'를 설립해 아프리카, 동남아시아, 오세아니아, 일본, 중국의 동양 무역을 진행하였다.

이 네덜란드 동인도회사가 1610년 일본 나가사키현(長崎縣)의 항구 도시 '히라도(平戶)'를 통해 중국의 티를 최초로 수입하였다. 유럽국으로서는 최초로 티(당시 녹차)를 수입해 유럽 상류층으로 전파한 것이다.

당시에는 티가 왕가나 귀족들을 중심으로 상류층에서 주로 소비되었는데, 특히 지금의 왕가인 '오라녀 나사우 왕가(The House of Orange-Nassau)'에서 티를 무척 좋아하였던 배경으로 오늘날 홍차 등급 분류에도 '오렌지 피코(Orange Pekoe)'로 그 자취가 남아 있다.

그러한 만큼 오늘날 네덜란드에서는 수도 암스테르담, 헤이그 등 주요 도시를 중심으로 티 명소들이 곳곳에 숨어 있다. 물론 커피숍에서도 매우 다양한 종류의 티들을 구경할 수 있다. 특히 '프루트 티'나 '허브 블렌딩 티'가 매우 광범위하게 소비되고 있다.

여기서는 네덜란드에서도 정치, 경제의 중심지 헤이그, 수도 암스테르담, 각 주의 주도 등을 중심으로 최고급 티인 '스페셜티 티(specialty tea)'나 '애프터눈 티'를 즐길 수 있는 명소들을 소개한다.

Waldorf Astoria Amsterdam

'헤렌흐라흐트 운하'의 대궁전, '월도프 아스토리아 암스테르담 호텔'

운하 옆의 월도프 아스토리아 암스테르담 호텔 전경

네덜란드는 내륙이 해수면보다 낮은 곳이 많아 운하와 풍차가 오래전부터 발달한 나라로서 유명하다. 이탈리아의 베네치아와 같이 수도 암스테르담도 마찬가지로 운하가 발달하여 시가지의 풍경이 아름답다.

또한 암스테르담에는 오랜 역사를 간직한 왕조의 궁전이나 '태양의 화가'로 불렸던 빈센트 반 고흐(Vincent van Gogh, 1853~1890)의 기념관인 '반 고흐 미술관(Van Gogh Museum)'과 같은 세계적인 관광 명소들도 집중되어 있다.

특히 암스테르담은 수도인 만큼 왕조의 궁전이었던 역사적인 건축물들이 곳곳에 있는데, 그중에는 럭셔리 브랜드의 호텔로 바뀐 곳도 있다. '헤렌흐라흐트 운하(Herengracht Canal)'의 호텔, '월도프 아스토리아 암스테르담(Waldorf Astoria Amsterdam)'도 그중 하나이다.

17세기~18세기의 역사적인 왕궁에 들어선 이 호텔은 5성급 럭셔리 호텔로서 유명 쇼핑가 렘브란트 광장(Rembrandt Square)을 지척에 두고, 세계적인 국립미술관인 '레이크스미술관(Rijksmuseum)'과도 비교적 가까운 거리에 있어 여행객들에게도 인기가 높다. 또한 건물의 겉모습이 굉장히 고풍스럽고 우아하며, 내부의 휴양 시설과 레스토랑도 세계 정상급이다.

호텔 라운지 '피콕 앨리(Peacock Alley)'는 암스테르담에서도 '만남의 장소'로 통한다. 이곳은 '골드 앤 블루' 색상의 실내 분위기에서 브렉퍼스트에서부터 디너, 그리고 미드나이트의 칵테일까지 아울러 즐길 수 있는 공간이다. 특히 이 호텔이 내세우는 매주

피콕 앨리 라운지의 애프터눈 티인 「더 뷰티 앤 더 비」

수요일~일요일에 오후 3시~오후 5시의 영국 정통 애프터눈 티의 메뉴인 「더 뷰티 앤 더 비(The Beauty and The BEE)」는 암스테르담에서도 내로라할 정도로 유명하다. 티나 커피와 함께 선보이는 우아한 샌드위치와 케이크류, 페이스트리, 스콘 등의 별미들은 계절마다 메뉴가 달라지고, 또한 정통 방식에 현대적인 요소들을 독특하게 가미하여 눈길을 사로잡는다. 이 특별하고도 역사적인 '영국 음식'을 즐기는 사람들에게는 이곳이 암스테르담에서도 버킷리스트일 것이다.

레스토랑 '스펙트럼(Spectrum)'에서는 〈미쉐린 가이드〉 2성 셰프인 시드니 슈터(Sidney Schutte)가 독특한 철학으로 개발한 미식 요리들을 선보인다. 레스토랑 매니저인 랄프 반 해템(Ralph van Hattem)과 함께 세계 정상급의 셰프가 앙상블을 이루어 '미식 호스피탈러티'를 디너를 통해 경험해 보길 바란다.

호텔의 중심부에 있는 '바울트 바(Vault Bar)'는 새롭게 창조된 칵테일, 최고급 와인, 스피릿츠, 그리고 현대풍으로 개량한 다양한 별미들을 선보여 암스테르담에서도 가장 유명한 바이다. 칵테일이나 와인의 애호가들이라면 암스테르담 최고의 바를 기억해 두길 바란다.

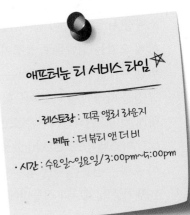

애프터눈 티 서비스 타임 ☆
• 레스토랑 : 피콕 앨리 라운지
• 메뉴 : 더 뷰티 앤 더 비
• 시간 : 수요일~일요일 / 3:00pm~5:00pm

InterContinental Amstel Amsterdam

암스텔 강변의 그랜드호텔, '인터컨티넨탈 암스텔 암스테르담'

인터콘티넨탈 암스텔 암스테르담 호텔 전경

수도 암스테르담에는 북부 홀란트(Holland) 지방의 대표적인 하천인 암스텔강(Amstel Ri.)이 한복판을 가로지르고 있다. 유유히 흐르는 강물과 함께 오가는 선박들로 풍경이 마치 수채화와도 같은 이 강변은 관광을 위한 사람들로 인파가 붐비는 곳이다.

그 강을 따라 배를 타고 이동하다 보면 거대한 궁전과도 같은 건물을 마주하게 된다. '인터콘티넨탈 호텔 앤 리조트 그룹'의 그랜드호텔 '인터컨티넨탈 암스텔 암스테르담(InterContinental Amstel Amsterdam)'이다.

이 호텔은 건물을 지탱하는 거대한 콜로네이드가 압권이며, 그 내부로는 19세기풍의 계단과 샹들리에, 그리고 우아한 바닥층으로 장엄한 분위기가 펼쳐지는 5성급의 럭셔리 그랜드호텔로서 선박에서 내려 건물을 보는 순간 여행객들은 그 웅장한 규모에 초입부터 압도된다. 사우나, 마사지, 풀 등 각종 헬스 시설부터 다이닝 서비스 등이 최고의 수준이고, 호텔의 '살롱 보트(Salong Boat)'를 통해 운하를 따라 도심을 여행할 수도 있다.

호텔의 브라스리 식당인 '암스텔 레스토랑(Amstel Restaurant)'은 실내에서 창가를 통해, 또는 야외 테라스에서 암스텔 강변의 운치를 즐기면서 가벼운 식사를 즐길 수 있는 공간이다. 여기에 지역 특산의 맥주와 와인까지 곁들인다면 암스테르담의 지역색도 물씬 느낄 수 있다.

마치 온실과 같은 분위기로 유리창으로 설계된 '암스텔 라운지(Amstel Rounge)'에서는 크리스털 샹들리에 아래에서 최고급 와인과 바리스타가 선보이는 커피를 마시면서 강변의 정경을 바라볼 수 있다. 또한 이곳은 '하이 티'의 명소로서 파티시에가 선보이는 각종 별미들과 티를 사람들과 만나 편안하게 즐길 수 있어 티 애호가들에게는 암스테르담의 명소일 것이다.

또한 정오 12시부터 새벽 1시까지 운영하는 '암스텔 바(Amstel Bar)'에서는 주위에 내걸린 예술 작품들을 감상하면서, 또는 테라스에서 강을 오가는 선박 등을 구경하면서 네덜란드 프리미엄 스피릿츠나 여기에 현대적인 요소를 가하여 재창조한 칵테일들도 즐길 수 있다. 암스테르담에서 한밤에 운치 넘치는 야경을 바라보면서 칵테일을 즐기고 싶은 여행객에게는 훌륭한 목적지가 될 것이다.

화려하고도 웅장한 호텔 로비

Hotel Des Indes

세계적 유명 인사들이 묵은 전설적인 '도시 궁전', '호텔 데 인데'

랑녀 보르허트 거리의 호텔 데 인데의 전경

네덜란드 서부 자위트홀란트주(Zuid-Holland)의 도시 헤이그(Hague)는 암스테르담, 로테르담(Rotterdam)에 이어 세 번째 규모의 도시이지만, 네덜란드 왕가의 왕궁을 비롯하여 역사적인 명소들이 많고, 또한 정부 기관이 소재해 정치, 무역, 경제의 중심지이다.

헤이그에서도 연대가 중세 시대로까지 거슬러 올라가는 구시가지 '랑녀 보르허트(Lange Voorhout)'의 거리는 옛 건축물이나 볼거리들이 많아 네 덜란드에서도 가장 유명한 관광지이다. 그중에는 19세기에 건축되어 세 기의 유명 인사들이 거쳐 간 전설적인 도시 궁전, '호텔 데 인데(Hotel Des Indes)'도 있다.

1858년 오라녀-나사우 왕가의 세 번째 국왕인 빌럼 3세(William III, 1817~1890)의 보좌관이자, '반 브뤼넨(Van Brienen)' 일가의 남작인 빌 럼 티에리(Willem Thierry, 1814~1863)가 이 거리에 '도시 궁전'을 건립 하였다. 그 뒤 매각된 도시 궁전은 1880년에 초일류 호텔로서 첫 문을 연 것이다. 이때 호텔 이름은 오라녀 왕가의 프레데릭(Frederic) 왕자가 당 시 네덜란드령 바타비아(Batavia)(현 자카르타)에 있던 호텔명을 붙였다 고 전해진다.

19세기에 이미 각 룸마다 욕실이 있었고, 냉온수가 자유롭게 공급되는 욕조 시설을 갖추어 당시의 왕족, 귀족, 정치인, 장군, 지도자, 노벨 수상자 등 세계적인 인사들을 접객하는 도시 궁전으로서 크게 이름을 날린 것이다.

네덜란드 왕가의 인사들은 물론이고, 제1차 세계대전 당시 네덜란드 댄서 출신으로 여성 비밀 스파이로서 독일군을 위해 활약한 사람으로 영국 첩보기관 'MI6'(영화 '007'의 첩보기관으로 유명)에 의해 밝혀진 '마타하리(Mata Hari, 1876~1917)'가 첫 모습을 드러낸 곳이다.

또한 제2차 세계대전 당시 미국 가수 겸 프랑스 레지스탕스 영웅 조세핀 베이커(Josephine Baker, 1906~1975), 미국 제34대 대통령 드와이트 아이젠하워([Dwight David Eisenhower, 1890~1969), 영국 총리 윈스턴 처칠, 장군 버나드 몽고메리(Bernard Law Montgomery, 1887~1976), 프랑스 샹송 가수 모리스 슈발리에(Maurice Chevalier, 1888~1972), 영국의 전설적인 록밴드 롤링스톤스(Rolling Stones)의 믹 재거(Mick Jagger, 1943~), 미국의 팝 황제 마이클 잭슨(Michael Jackson, 1958~2009) 등이 거쳐 갔다.

이 호텔은 프랑스의 세계적인 인테리어 디자이너이자 건축가인 자크 가르시아(Jacques Garcia, 1947~)가 전통적인 양식에 현대의 미적 요소를 가해 새롭게 태어나 2018년에 세계 최대 독립 호텔 연합 브랜드인 '리딩

레스토랑 데 인데에서 선보이는 애프터눈 티 서비스

호텔스 오드 디 월드(LHW)'의 회원사로서 5성급 럭셔리 호텔의 위용을 자랑하고 있다. 헬스 클럽, 스파 등의 웰니스 시설을 비롯해 레스토랑 앤 라운지의 다이닝 서비스도 네덜란드에서 내로라할 수준이다.

데 인 데 바에서 선보이는 칵테일

호텔의 로비를 가로질러 가면 또 다른 시대가 펼쳐진다. 그 옛날 도시 궁전을 방문한 손님들을 처음으로 반기는 장소, 즉 마차가 멈추고 손님이 하차하던 장소인 '데 인데 라운지(Des Indes Lounge)'이다.

반 브뤼넌 남작이 건립한 19세기 도시 궁전의 자취가 담긴 계단 위로 화려한 샹들리에가 내려앉아 손님들에게 따뜻한 환대의 뜻을 전하는 장소로서 이 호텔 내에서도 가장 상징적인 곳이다.

이 라운지에서는 브렉퍼스트, 하이 티, 그리고 디너를 주력으로 서비스하는데, 그중 특별 서비스인 하이 티는 손님들에게 굉장한 미식 경험을 안겨 준다. 특히 수석 셰프와 파티시에가 선사하는 하이 티의 시거너처 서비스는 애프터눈 티 애호가들에게도 높은 평가를 받고 있다. 달콤한 쿠키류, 스낵, '아뮤즈 부슈(Amuse-bouche)', 럭셔리 샌드위치, 갓 구운 스콘, '봉봉(bonbons)', 그리고 페이스트리들이 다양한 종류의 티들과 조화를 이루는 '하이 티'를 오후 1시부터 직접 경험해 보길 바란다. 특히 디너 타임은 미식 여행을 떠나는 시간으로 「알라카르트」 메뉴와 함께 「3코스 메뉴」는 미식가들에게도 미뢰를 새롭게 일깨워 줄 것이

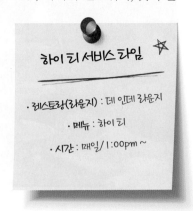

하이 티 서비스 타임 ☆

• 레스토랑(라운지) : 데 인데 라운지

• 메뉴 : 하이 티

• 시간 : 매일 / 1:00pm ~

다. 여기에 '와인 셀러(Wine Cellar)'에서 갓 꺼낸 최고급 와인까지 곁들인다면 어떨지 상상에 맡겨 본다. 더욱이 별도의 살롱에서는 중요 접객을 위한 다이닝 서비스도 제공하고 있다.

'레스토랑 데 인데(Restaurant Des Indes)'에서는 런치와 디너를 주력하며 프랑스 요리를 비롯하여 대부분의 국제적인 요리들을 메뉴로 선보인다. 특히 셰프가 특별히 창조해 내는 요리들은 고객들의 미각에 궁극적인 즐거움을 선사할 것이다.

그밖에도 친근한 사람들과 대화를 나누면서 포근한 저녁을 보낼 만한 장소도 있다. '데 인데 바(Des Indes Bar)'이다. 이곳의 바텐더는 수많은 종류의 위스키와 와인은 물론이고 축제의 칵테일을 즉석에서 고객 맞춤형으로 낸다. 물론 무더위를 날려 버릴 시원한 맥주는 기본이다.

라운지 데 인 데에서 선보이는 「하이 티」 서비스

레스토랑 데 인 데의 실내 모습

Grand Hotel Karel V

신성로마제국 '카를 5세 황제'의 별장, '그랜드호텔 카를 V'

위트레흐트시 그랜드호텔 카를 V의 전경

네덜란드의 네 번째 도시인 위트레흐트주의 도시 위트레흐트(Utrecht)는 로마 시대부터 요새로 형성된 도시로 역사가 매우 깊다. 9세기부터 상업 무역의 중심 도시였으며, 대항해 시대인 16세기~17세기에는 네덜란드 에서도 가장 번성한 도시로서 오늘날에는 수많은 관광 명소들이 많다.

16세기 합스부르크 왕가(House of Habsburg)의 스페인 국왕이자, 프랑 스를 제외한 서유럽 전역을 다스렸던 신성로마제국의 황제인 카를 5세 (Karel V, 1500~1558)가 헝가리에 있던 여동생 마리아(Maria)를 만나기 위하여 위트레흐트에서 머물렀던 역사적인 명소도 있다.

1348년 중세 시대부터 '독일 기사단(Knightly Teutonic Order)'이 건립 한 뒤, 가톨릭 사제의 수도원, 그리고 카를 5세 황제의 거주지였던 '그랜 드호텔 카를 V(Grand Hotel Karel V)'이다. 참고로 말하면, 카를 5세의 야 심은 '해가 지지 않는 왕국(the sun to never set in realm)'이었다고 한다. 약 670년 이상의 역사를 자랑하는 이 건물은 오늘날 드넓은 정원으로 둘러싸여 도심지의 상징적인 휴양지이자, 5성급의 럭셔리 호텔로서 그 위용을 자랑하고 있다. 특히 파인 다이닝 레스토랑의 명성은 세계 정상급이다. '비스트로 카를(Bistro Karel) 5'에서는 사과나

배의 과수원 테라스에서 런치와 디너를 이 고장의 제철 식재료로 만든 정통적인 요리와 새롭게 창조해 선보이는 요리들로 즐길 수 있다. 더욱이 하이 티의 로열 버전인 애프터눈 티를 다양하게 즐길 수 있어 티 애호가들에게는 귀가 솔깃한 숨은 명소이다.

크리미 수프, 퍼티 스테이크 타르타르, 크랩 롤, 스파이스 크림과 아보카도·훈제연어 샌드위치, 마카롱, 브라우니, 고형크림과 잼을 얹은 스콘, 마들렌, 과일 등과 함께 신선한 허브티를 즐겨 보길 바란다. 허브티를 마시는 순간 해가 지지 않는 영토, 신성로마제국의 황제 카를 5세가 머나먼 헝가리의 여동생을 보기 위해 이곳까지 와서 머물렀던 남매간의 애틋한 '혈육의 정(情)'도 마음에 전해질지도 모른다.

야외의 '바 앤 라운지(Bar & Rounge)'는 레스토랑이나 비스트로에서 디너를 즐긴 뒤 사람들과 만나 강한 향미의 에스프레소에서부터 샴페인, 맛깔나는 칵테일에 이르기까지 다양한 음료들을 자유롭게 마시면서 휴양을 취할 수 있는 완벽한 장소이다. 칵테일 애호가들에게는 숨은 팁이 될 만한 장소이다.

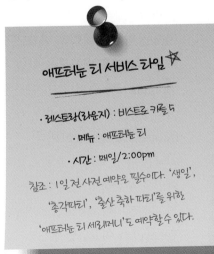

애프터눈 티 서비스 타임 ☆

· 레스토랑(라운지) : 비스트로 카를 5
· 메뉴 : 애프터눈 티
· 시간 : 매일/2:00pm

참조 : 1일 전 사전 예약은 필수이다. '생일', '총각파티', '출산 축하 파티'를 위한 '애프터눈 티 세레머니'도 예약할 수 있다.

Kasteel Engelenburg

16세기 와인 명가의 캐슬, '카스텔 엥헬렌베르흐' 호텔

브뤼먼사의 카스텔 엥헬렌베르흐 호텔의 전원적인 풍경

네덜란드는 동부로 가면 독일과 접경을 이루고 사과, 포도의 산지로서도 유명하다. 또한 전원 지역에는 오랜 역사를 간직한 고성들도 남아 있어 경관이 훌륭한 명소들이 많다. 헬데를란트주(Gelderland) 주도인 아른험(Arnhem)과 중소 도시인 쥐트펀(Zutphen)이 대표적이다. 중세의 건물 유적들이 온전히 보존되어 있어 네덜란드를 여행하는 사람이라면 둘러볼 만하다.

이러한 명소를 여행한 뒤 고성의 호텔에서 여장을 풀고 전원 속에서 조용히 휴양을 취하고 싶다면 두 도시 사이의 한적한 도시인 브뤼먼(Brummen)에 들러 보자. 이곳에는 건물의 역사가 1570년으로까지 거슬러 올라가는 역사적인 '성(Kasteel)'이 있다. '카스텔 엥헬렌베르흐(Kasteel Engelenburg)'이다.

지금은 유명 럭셔리 호텔로서 관광 명소인 이 성은 16세기부터 독일 와인을 생산하여 발트해의 여러 나라에 수출한 유서 깊은 와인 명가의 유적지이다. 1624년 스페인 측에 서서 '벨루에 전쟁(Battle of the Veluwe)'을 이끌었던 헨드리크 판 덴 베르흐(Hendrik van den Bergh,

1573~1638) 백작이 파괴하였지만, 야코프 2세 쉬멜페닝크 판 데르 오위에(Jacob II Schimmelpenninck van der Oye)가 재건립하였다.

그 뒤 이 건물은 여러 차례 파괴되고 복원되

프랑스 미식 식당 세레 레스토랑

길 반복하다가 1988년 비로소 골프장, 레스토랑, 대연회장을 갖춘 럭셔리 컨트리 호텔로 탄생한 것이다. 지금 이 호텔은 약 500년 이상의 풍부한 역사와 함께 최고의 부를 상징하는 브뤼먼 고장의 명소이다. 그런 만큼 휴양 시설과 함께 다이닝 서비스도 초일류이다.

온실 형태의 구조로 연못 주위에 있는 '세레 레스토랑(Serre Restaurant)'은 프랑스 미식 전문 식당으로서 명성이 매우 높다. 이 고장의 제철 식재료와 호텔의 정원에서 직접 재배한 각종 허브들을 사용하고, 생선들은 인근의 바다에서 산출된 것을 엄선해 조리한다.

레스토랑의 와인 셀러에 저장된 '남아프리카공화국 와인(South African wine)'은 소믈리에가 현지에서 직접 엄선한 것으로서 약 200종에 달한다. 또한 애프터눈 티도 매우 훌륭하다. 세계 각지의 '스페셜티 티'와 함께 영국 정통 페이스트리와 별미들을 함께 선보인다. 여기에 남아프리카공화국 스파클링 와인의 유명 브랜드인 '폰켈베인(vonkelwijn)'을 곁들이면 더할 나위 좋다. 이 고장에서도 풍광이 가장 아름다운 레스토랑에서 런치와 애프터눈 티, 그리고 디너를 여유롭게 즐겨 보길 바란다.

야외 테라스에서는 성의 정원을 바라보면서 다양한 별미들에 와인을 곁들이거나 '하이 티'를 예약하여 한가로운 오후를 보낼 수 있다. 프랑스 레스토랑 전문지 〈고미요〉(2019)에 '15.5/20'로 평가될 만큼 일품의 요리들을 경험해 보는 것도 좋다.

호텔 라운지의 애프터눈 티 세리머니

한편, 역사가 18세기로까지 거슬러 올라가는 이곳의 '라운지 앤 바
(Lounge & Bar)'는 예전에 귀족들이 집무실로 사용하였던 공간으로
서 벽난로와 함께 '스코티시 싱글 몰트 컬렉션(Scottish Single Malt
Collection)'을 갖추고 있다. 이곳에서는 시원한 드래프트 맥주에서부터
커피나 칵테일, 그리고 위스키의 테이스팅도 즐길 수 있다. 더욱이 고객
이 원한다면 '애프터눈 티의 세리머니'도 열 수 있다.

호텔 건물의 기원이 독일 와인을 양조하여 발트해 연안 국가들에 수출한
와인 명가의 성이었던 만큼, 16세기 고풍스러운 와인 셀러에서 숙성되
는 5000병 이상의 와인들을 감상하면서 소믈리에가 추천하는 와인과 식
도락을 즐겨 보길 바란다. 와인 마니아나 미식가에게는 16세기 와인 명
가의 유적지에서의 테이스팅이
영원한 추억으로 남을 것이다.

애프터눈 티 서비스 타임 ☆

• 레스토랑(라운지) : 세레 레스토랑
• 메뉴 : 엥헬렌베르흐 하이 티
• 시간 : 일요일 / 12:30pm~4:30pm

참조 : 사전 예약은 필수이다.

Van der Valk Hotel Haarlem

튤립의 역사적인 산지이자 '꽃의 도시' 하를럼의
'판 데르 팔크 호텔-하를럼'

호텔 전경

'네덜란드'라고 하면 '풍차'와 함께 동시에 떠오르는 이미지는 아마도 '튤
립'일 것이다. 꽃을 좋아해 튤립 산지를 여행하고 싶다면 네덜란드 서부인
노르트홀란트주(North Holland)의 주도인 하를럼(Haarlem)으로 여행을
떠나 보라.

하를럼은 운하가 많아 한때 무역으로 크게 번성하였던 곳으로서 수 세
기 전부터 튤립꽃을 재배하여 이른바 '꽃의 도시'로 불린다. 역사가 중
세 시대인 10세기까지 올라가는 하를럼의 중앙 광장인 '흐로터 마르크
트(Grote Markt)'를 거닐다 보면 13세기에서 15세기에 걸쳐 건축된 기독
교회인 '흐로트 커르크(Grote Kerk)'가 지역의 상징물로 자리를 잡은 광
경을 볼 수 있다. 14세기의 역사적인 건축물인 헤를럼 시청도 여행객들
에게는 볼거리이다.

이러한 명소들을 둘러본 뒤 헤를럼에서 잠시 쉬고 싶다면 투칸가(Toucan
Road)의 '판 데르 팔크 호텔 하를럼(Van der Valk Hotel Haarlem)'을 들러
보길 바란다. 이 호텔은 네덜란드 호스피탈러티 산업계의 선구자인 판 데
르 팔크(Van de Valk) 일가의 마르튀니스(Martinus)가 1939년 조그만 레

마르튀니스 레스토랑의 「하이티」 서비스

스토랑으로 시작해 세계적인 호스피탈러티 체인 그룹으로 성장시킨 '판 데르 팔크 호텔 앤 레스토랑(Van de Valk Hotels & Restaurant)'의 5성급 럭셔리 호텔이다. 이 호텔은 315개의 룸과 20개의 회의실을 비롯하여 각종 휴양 시설과 다이닝 앤 바의 서비스가 훌륭하기로 명성이 높다. 레스토랑 '마르튀니스(Martinus)'는 네덜란드 '케이터링'의 선구자이자 호텔 그룹의 창시자인 '마르튀니스'의 이름을 붙인 것이다.

이 레스토랑에서는 브렉퍼스트, 알라카르트 수준의 런치와 디너, 뷔페 런치를 매일같이 신선한 식재료들로 조리해 선보인다. 또한 런치와는 별도로 「하이 티」메뉴도 선보인다. 커피, 티, 오렌지 주스, 럭셔리 샌드위치, 다양한 종류의 별미들, 그리고 수프들이 놓인 3단 스탠드를 보면서 즐거운 '하이 티'의 순간을 경험할 수 있다. 특히 일요일에는 「스페셜 브런치」도 기다리고 있는데, 그 메뉴의 폭이 방대하다. 이러한 엄청난 서비스의 배경에는 '부엌 사단(kitchen brigade)'의 눈부신 활약이 숨어 있다. 라운지인 '버디스 바(Birdy's Bar)'는 눈을 사로잡을 황금색의 원형 바와 벽난로가 인상적이다. 평화로운 분위기 속에서 사람들과 함께 네덜란드산 화이트, 레드의 하우스 와인, 드래프트 맥주, 소프트 드링크, 주스 등 광범위한 종류의 음료들을 우아한 별미나 '비트볼(bitterbal)'과 함께 경험해 보는 것도 좋다.

'꽃의 도시'에서 즐기는 하이 티, 네덜란드 와인, 맥주를 즐기는 경험이 어떨지는 5세대를 이어 지금도 운영 중인 이곳을 직접 방문해 확인해 보길 바란다.

네덜란드 '케이터링' 산업의 선구자,
'판 데르 팔크 호텔 앤 레스토랑' 그룹

판 데르 팔크 호텔 - 하를럼의 마르 튀니스 레스토랑의 모습

네덜란드를 대표하는 세계적인 호스피탈러티 체인 그룹, '판 데르 팔크 호텔 앤 레스토랑(Van der Valk Hotels & Restaurant)'.
네덜란드에서 '케이터링(catering)' 산업을 일으킨 선구 업체로 오늘날에는 레스토랑을 비롯해 전 세계에 호텔을 100여 개 이상 거느리고 있는 거대 호스피탈러티 업체로 성장하였다.

이때 '케이터링'이란 외식 용어로서 상업적으로, 또는 집단으로 고객에게 식품이나 음료를 공급하는 사업을 뜻하며, 호텔, 레스토랑, 병원에서 식사 등의 서비스 사업도 포함한다.

판 데르 팔크(Van der Valk) 일가의 니콜라스(Nicolaas)가 1862년 포르스호턴(Voorschoten)에 농장을 구입한 것이 계기가 되어 1939년 그의 아들인 마르튀니스가 농장에서 조그만 카페와 레스토랑 사업을 처음 시작한 것이 5세대를 지나면서 오늘날에는 네덜란드를 대표하는 세계적인 호스피탈러티 업체가 되었다.

판 데르 팔크 일가의 사람들은 오늘날에도 네덜란드에서 모텔, 레스토랑 등의 다양한 호스피탈러티 사업 분야에서 종사하고 있다.

바이킹이 모자로 '허브티'를 마셨던 나라

덴마크는 6세기에서 10세기경 유틀란트반도에 바이킹이 초기 왕정 국가를 세운 나라로서 자부심이 대단하다. 발트해와 북해 사이에 위치하고, 셸란섬(Sjaelland), 묀섬(Møn), 보른홀른섬(Bornholm) 등 부속 도서들이 443개로서 매우 많다.

동화 작가 한스 크리스티안 안데르센(Hans Christian Andersen, 1805~1875), 실존주의 철학자인 쇠렌 오뷔에 키르케고르(Søren Aabye Kierkegaard, 1813~1855) 등 세계 문화사적으로도 유명한 인사들을 배출하였다.

덴마크에서는 티(정확히는 허브티)가 매우 오래전부터 소비되었다고 전해진다. 바이킹들이 허브티와 같은 음료들을 모자에 부어 마셨다는 이야기도 전해져 내려온다. 네덜란드에 의하여 중국의 티가 유럽으로 처음 전해진 다음에 덴마크에서도 다른 여러 유럽 국가들과 마찬가지로 상인들에 의한 티의 무역이 활발하게 이루어졌던 역사가 있다.

이와 같은 배경으로 덴마크의 수도 코펜하겐의 유명 럭셔리 호텔이나 〈미쉐린 가이드〉 성급 레스토랑에서는 영국 정통 애프터눈 티를 서비스하는 곳들이 많다. 아울러 오늘날 건강 효능이 알려지면서 스파클링 티(sparkling tea), 허브티, 스페셜티 티 등 다양한 형태의 티들도 소비량이 점점 더 늘어나고 있다.

여기서는 덴마크의 수도 코펜하겐에서 '파인 다이닝'을 비롯해 '애프터눈 티'나 '하이 티' 명소와 오랜 역사와 전통을 지닌 전문 티숍, 그리고 티 한 잔을 마시면서 도심 속에서 휴식을 취할 수 있는 카페 등을 소개한다.

Hotel d'Angleterre

세계 최초의 디럭스 호텔 '호텔 당글러테르'

콩겐스 뉘토르 광장 인근의 호텔 당글러테르의 전경

발트해에 면한 질랜드섬(Zealand) 동부에 있는 수도 코펜하겐은 덴마크의
정치, 경제 중심지이면서 북유럽의 금융 중심지이다. 코펜하겐은 16세기
부터 무역을 통해 크게 발전하여 수도가 되었다.

이곳에는 덴마크 총리실, 국회, 대법원이 있는 18세기 바로크 양식의 건축
물 '크리스티안스보르 궁전(Christiansborg Palace)', 19세기 왕가의 정원
을 도시형 놀이공원으로 조성해 동화작가 안데르센이 자주 찾았던 '티볼
리공원(Tivoli Gardens)', 루벤스, 렘브란트 등 미술품들을 소장한 국립미
술관, 코펜하겐 콘서트홀, 왕립 오페라하우스 등 내로라하는 관광 명소들
이 많다. 아마도 하루 만에 이 모든 관광 명소들을 구경하기에는 벅찰 것이
분명하다.

그러한 가운데 잠시 여장을 풀고 휴식을 취하면서 파인 다이닝과 티를 즐
길 만한 공간이 있다. 콩겐스 뉘토르(Kongens Nytorv) 광장 부근의 '호텔
당글러테르(Hotel d'Angleterre)'이다. 호텔 이름은 프랑스어로서 '잉글랜
드의 호텔'이라는 뜻이다.

이 호텔은 세계 최초의 '디럭스 호텔'로 소개되는 곳으로서 코펜하겐에서는 최고의 호텔로 평가를 받고 있다. 그 역사는 1755년으로 거슬러 올라가며, 한 차례의 화재로 전소되었다가 1875년에 재건되어 오늘날에 이르고 있다.

현재는 럭셔리 앤 라이프스타일 여행 분야 세계적 권위지인 〈콩데 나스트 트래블러〉(2015)에서 세계 최고의 호텔로 인증되는 금상을 수상한 곳이기도 하다. 따라서 각종 휴양 시설과 레스토랑의 다이닝 서비스도 세계 정상급이다.

레스토랑 '마샤(Marchal)'는 요리에 대한 사랑이 고스란히 역사로 간직된 곳이다. 1755년 진스 마샤(Jeans Marchal)와 마리아 커비(Maria Coppy)가 로맨틱한 사랑으로 서로 힘을 합쳐 창립한 레스토랑을 호텔이 흡수하면서 창립자의 이름을 붙인 것이다.

덴마크 정통 레스토랑인 마샤는 〈미쉐린 가이드〉 1성의 수석 셰프인 야코프 데 네르가르(Jakob de Neergaard)가 북유럽 요리에 프랑스식 요소를 가한 혁신적인 예술 요리를 브렉퍼스트부터 디너까지 감각적으로 선보인다. 또한 이곳의 애프터눈 티는 코펜하겐에서도 최고 수준이다. 다양한 별미들과 함께 즐기는 「정통 애프터눈 티(Classic Afternoon Tea)」와 크루그(Krug) 브랜드 샴페인을 곁들이는 「크루그 애프터눈 티(Krug Afterneen

마샬 레스토랑의 「크루그 애프터눈 티」 서비스

발타자르 바의 실내 모습

Tea)」는 티 애호가나 샴페인 애호가라면 놓칠 수 없는 메뉴이다. 또한 봄가을이나 여름에는 콩겐스 뉘토르 광장 가장자리의 '테라스'에서

는 코펜하겐의 도심 분위기를 느끼면서 네덜란드 최고의 미식 여행을 즐겨 보길 바란다.

또한 코펜하겐에서 가장 유명한 바인 '발타자르(Balthazar)'는 덴마크에서 최초의 '샴페인 바'이기도 하다. 이곳에서는 시거너처 칵테일을 비롯하여 에스프레소 마티니와 같은 정통 칵테일, 최고급 와인, 그리고 200종 이상의 샴페인을 원하는 대로 선택하여 캐비어나 굴과 같은 별미들과 함께 즐길 수 있다.

이 호텔에는 덴마크의 정통 미식 요리를 즐길 수 있는 곳도 있다. 레스토랑 '메종 당글러테르(Maison d'Angleterre)'이다. 이곳은 코펜하겐을 여행하는 사람들에게는 여행의 목적지가 될 만큼 유명하다. 예술적 수준의 케이크, 특별 메뉴의 페이스트리와 별미들은 계절마다 메뉴가 바뀌고, 또한 여행객들이 직접 구입하여 원하는 디자인의 햄퍼에 담아 선물용으로 가져갈 수도 있어 인기가 매우 높다. 이러한 별미들은 또한 일반 가정에서도 '애프터눈 티'를 즐길 수 있는 길을 열어 준다. 여행가들이 덴마크의 미식 여행을 이곳에서 시작한다면 훌륭한 출발일 것이다.

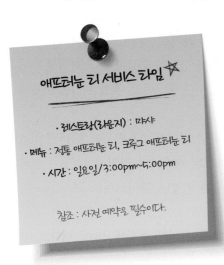

애프터눈 티 서비스 타임 ☆
━━━━━━━━━━━
• 레스토랑(라운지) : 먀샤
• 메뉴 : 전통 애프터눈 티, 크룩그 애프터눈 티
• 시간 : 일요일/3:00pm~5:00pm

참조 : 사전 예약은 필수이다.

Nimb Hotel

'샌드위치'를 덴마크에 처음 선보인 레스토랑 업계의 선구자,
'님브 호텔'

티볼리 공원 인근 님브 호텔의 야경

코펜하겐에는 1843년 옛 왕가의 정원을 어른들을 위한 놀이공원으로 만든 역사적인 관광 명소인 '티볼리 공원'이 있다.

덴마크에서도 최대의 놀이공원인 만큼 여행객들에게는 볼거리가 풍성하다. 그 중에는 약 100년의 역사를 자랑하는 건물도 있다. 1909년 무어 양식으로 건축된 '님브 호텔(Nimb Hotel)'이다.

이 호텔에는 1877년 티볼리공원에 최초로 레스토랑 '디밴(DIVAN) 2'를 열고 샌드위치를 당시로서는 처음 소개해 대중들에게 폭발적인 인기를 얻은 덴마크 레스토랑 업계의 선구자인 빌럼 님브(Wilhelm Nimb)와 아내 루이세(Louise)를 기리기 위해 그들의 이름을 붙였다.

님브 호텔은 오늘날에는 '스몰 럭셔리 호텔스 오브 디 월드(SLH)'의 5성급 그랜드 럭셔리 호텔로서 럭셔리 앤 라이프 스타일의 권위지 〈콩데 나스트 트래블러〉에서 세계 40위에 오를 정도로 명성이 높다. 화려한 무어 양식의 궁전뿐 아니라 각종 내부 장식은 물론이고, 휴양 시설을 비롯해 다이닝 서비스도 최고 수준이다.

레스토랑 '프루 님브(Fru Nimb)'는 님브 일가의 후손들이 2015년 처음 문을 열었다. 1800년대 덴마크 최고의 레스로랑 경영인이었던 루이세 님브 여사를 기리는 차원에서 이름을 붙였다. 덴마크어로 '프루(Fru)'는 '부인'이라는 뜻이다.

이 레스토랑은 '스뫼레브뢰(smørrebrød)' 샌드위치의 전문점이다. 스뫼

코펜하게 최대의 레스토랑 님브 브라스리

레브뢰는 버터를 바른 빵에 절인 청어나 저민 고기, 채소를 올린 덴마크식 오픈 샌드위치이다. 18세기에 님브 일가가 샌드위치를 덴마크에 처음 대중화시킨 전통을 계승한 것이다.

코펜하겐에서도 가장 큰 규모의 레스토랑 '님브 브라스리(Nimb Brasserie)'에서는 프랑스 정통 요리들을 선보인다. 호텔 손님뿐 아니라 티볼리공원 여행객들도 수용할 만큼 큰 곳으로서 브렉퍼스트에서부터 디너까지 즐길 수 있다. 특히 브렉퍼스트에서는 「알라카르트」메뉴를 통해서 프랑스 요리의 진수를 보여준다. 물론 애피타이저, 메인 코스, 치즈, 디저트와 곁들이는 런치도 일품이다. 그리고 토요일~일요일의 '브런치 타임'에서는 아이들과 함께 가족 단위로 프랑스 미식 요리를 즐길 수 있어 인기가 매우 높다. 미식가들에게는 TWG 프리미엄 티와 스페셜티 커피, 님브 브랜드 스파클링 와인 '님브 블랑 드 블랑(Nimb Blanc de Blancs)'과 프랑스 요리의 페어링을 경험해 볼 수 있는 절호의 기회이다.

당과점인 '카켄하겐(Cakenhagen)'에서는 매일같이 프랑스 마카롱에서부터 덴마크 정통 페이스트리인 휘프트 크림 케이크까지 다양한 페이스트리를 선보인다. 파인 케이크류를 골라 스파클링 샴페인과 즐길 수 있고, 5코스에 달하는 다양한 디너의 메뉴를 디저트와 함께 즐길 수 있다.

'님브 바(Nimb Bar)'는 각종 칵테일과 진, 그리고 '애프터눈 티'로 유명하다. 이곳의 칵테일 팀은 1843년 한스 안데르센이 티볼리공원을 방문해 영감을 받아 동화를 창작하였던 데 착안해 그의 동화를 연구한 뒤 우화적인 분위기의 칵테일을 13종의 향미로 창조하였다.

또한 「애프터눈 티」의 메뉴도 3종류로 선보여 티 애호가들에게 행복한 경험을 안겨 줄 장소이다. 「영국 정통 애프터눈 티」는 기본 메뉴이고, 여기에 부분 채식주의자를 위한 변형 애프터눈 티 메뉴도 선보인다.

다음으로는 특별 버전 인 「애프터눈 티 엑스트라오디너리(Afternoon Tea Extraordinary)」가 있다. 정통 애프터눈 티

「초콜릿 애프터눈 티」 서비스

에 송로버섯요리, 캐비어, 굴 요리와 함께 최고급 와인 '동 페리뇽(Dom Pérignon)'이 곁들여지는 것이다. 이 정도이면 티 애호가뿐 아니라 미식가에게도 충분히 강한 어필을 할 것이다. 또 하나는 정통 애프터눈 티에 '님브 초콜릿'을 주요 별미로 구성한 일명 「초콜릿 애프터눈 티 (Chocolate Afternoon Tea)」이다. TWG 초콜릿 얼 그레이(Chocolate Earl Grey)의 티를 마시면서 입안에서 사르르 녹는 초콜릿 소르베, 초콜릿 송로버섯 볼, 초콜릿 파이, 연어 샌드위치 등을 즐긴다고 상상해 보라! 티 애호가의 입안에서는 다시 잊지 못할 감동이 탄성 소리와 함께 밀려올 것이다.

애프터눈 티 서비스 타임 ☆

• 레스토랑(바) : 님브 바
• 메뉴 : 정통 애프터눈 티,
  애프터눈 티 엑스트라오디너리,
  초콜릿 애프터눈 티
• 시간 : 일요일 / 12:00pm, 5:00pm
참조 : 사전 예약은 필수이다. 메뉴는 매년 9월,
12월, 2월에 1회씩 총 3회 바뀐다.
각 좌석당 2시 30분간 배정된다.
매년 5월 18일부터 하절기에는 서비스 타임이 중단된다.

Radisson Collection Hotel, Royal Copenhagen

세계 최초의 '디자인 호텔',
'래디슨 컬렉션 로열 호텔 코펜하겐'

래디슨 컬렉션 로열 호텔 코펜하겐의 야경

코펜하겐에는 티볼리공원 외에도 크리스티안스보르 궁전, 국립미술관,
왕립 오페라하우스를 비롯하여 많은 관광 명소들이 여행객들을 기다리
고 있다. 지금도 정부의 중요 시설로 운영되고 있는 명소로서 압도적인
규모인 크리스티안스보르 궁전의 인근에는 건물 자체가 현대 예술이자,
역사적인 기념비인 건물이 우뚝 서 있다. 덴마크 최초의 마천루인 SAS
빌딩의 '래디슨 컬렉션 호텔, 로열 코펜하겐(Radisson Collection Hotel,
Royal Copenhagen)'이다.

1960년에 세워진 이 건물은 덴마크가 배출한 세계적인 모더니즘 디자
이너이자, 건축가인 아르네 야콥센(Arne Jacobsen, 1902~1971)이 설계
한 것으로서 세계 최초의 '디자인 호텔(Design Hotel)'로서 명성을 자랑

한다. 아르네 야콥센은 개미 의자, 항아리 의자, 달걀 의자를 설계해 선보여 산업디자인계에서도 세계적인 돌풍을 일으킨 디자이너로 유명하다. 모더니즘의 거장이 창조한 만큼 호텔 실내로 들어서는 고객들은 아마도 현대 조형 예술의 화랑에 들어온 듯한 느낌을 받을 것이다.

이러한 건물에 들어선 래디슨 컬렉션 로열 호텔, 코펜하겐은 세계 최대의 호스피탈러티 그룹으로서 9개의 브랜

카페 로열 코펜하겐 애프터눈 티

드로 전 세계에 1600개 이상의 호텔들을 운영하는 '래디슨 호텔 그룹(RHG, Radisson Hotel Group)'의 '래디슨 호텔스(RH, Radisson Hotels)' 브랜드로서 5성급 럭셔리 호텔의 위용을 자랑한다. 또한 현대적인 실내 분위기에 더하여 휴양 시설과 다이닝 서비스도 세계 정상급이다.

1984년에 문을 연 '카페 로열 코펜하겐(Café Royal Copenhagen)'은 독특한 디자인의 인테리어와 테이블 세팅으로 매우 우아한 분위기를 연출하는 키친 레스토랑으로서 이른 아침인 오전 6시 30분의 브렉퍼스트에서 시작하여 정오의 런치, 오후 1시~4시의 애프터눈 티, 저녁의 디너, 그리고 11시 이후의 미드나이트까지 풀 다이닝 서비스를 제공하고 있다.

특히 주말의 스프클링 와인과 함께 하는 '뷔페 브런치'는 일미(一味)로서 그 명성이 자자하다. 애프터눈 티도 거장 아르네 야콥센의 디자인에 영감을 받아 선보이는 것으로서 코펜하겐에서도 가장 독특한 개성의 요리로 이름이 나 있다.

'카페 로열 바(Café Royal Bar)'에서는 덴마크 출신의 유명 디자이너들의 이름을 딴 광범위한 메뉴의 칵테일들을 현대적인 감각으로 창조해 선보이고 있다. 칵테일 마니아를 위한 명소이다.

스웨덴이 탄생시킨 다국적 호스피탈러티 기업,

'래디슨 호텔 그룹'

래디슨 호텔 그룹(RHG, Radisson Hotel Group)'은 1960년 스웨덴의 'SAS 인터내셔널 호텔스(SAS International Hotels)'가 지금의 '래디슨 컬렉션 로열 호텔(Radisson Collection Royal Hotel)'(이전에 SAS 로열 호텔)을 덴마크의 코펜하겐에서 문을 열면서 시작되었다. 그 뒤 1962년 미국 여행사 '칼슨사(Carlson Companies)'가 그 래디슨 컬렉션 로열 호텔을 매입하면서 그룹명을 '칼슨 호텔스(Carlson Hotels)'로 변경하였다.

1986년에 칼슨 호텔스와 SAS 인터내셔널 호텔 그룹이 '래디슨' 브랜드로 파트너십을 맺고 유럽에 본격적으로 진출한 것을 시작으로 1989년 본사를 브뤼셀로 옮긴 뒤 두 호텔 그룹은 유럽, 중동, 아시아에서 래디슨 브랜드를 공동 운영하였다. 그리고 프랜차이즈 계약을 체결한 뒤 세계 속으로 호스피탈러티 사업을 넓혀 나갔다.

그 뒤 SAS 인터내셔널 호텔 그룹이 칼슨 호텔 그룹으로부터 '리전트 호텔 앤 리조트(Regent Hotels & Resorts)' 등에 대한 프랜차이즈 권리를 인수하고 '레지도르 호텔 그룹(The Rezidor Hotel Group)'으로 성장하여 스톡홀름 스토크익스체인지에 주식 공모를 하였는데, 칼슨 호텔스가 구입해 지분을 확대하고, 래디슨 SAS 브랜드가 '래디슨 블루(Radisson Blu)'가 되면서 유럽 최대의 고급 호텔 브랜드로 성장한 것이다.

한편 칼슨 호텔스가 레지도르 호텔 그룹에 대한 지분을 51%를 보유하면서 전략적 파트너십을 맺어 '칼슨 레지도르 호텔 그룹(Carlson Rezidor Hotel Group)'으로 활동하였다. 그 뒤 칼슨 호텔스가 중국의 복합 기업 'HNA 그룹'에 칼슨 레지도르 호텔 그룹을 매각하면서 지금의 '래디슨 호스피탈리티(Radisson Hospitality)'가 된 것이다. 현재는 중국의 호스피탈러티 기업인 '진장 인터내셔널 홀딩스(Jin Jiang International Holdings Co. Ltd.)'가 2018년에 인수하여 래디슨 호텔 그룹을 운영하고 있다.

'초콜릿 애프터눈 티'의 순례길

벨기에는 16세기부터 19세기에 걸쳐 스페인, 오스트리아, 프랑스, 네덜란드의 지배를 받다가 1839년 런던회의에서 영세 중립국으로서 지위를 보장받았다. 오늘날에는 유럽 집행위원회가 수도 브뤼셀(Brussels)에 소재하여 '유럽의 수도'라고도 한다.

벨기에는 유럽에서도 문화유산이 풍부한 나라로 유명하다. 전국 각지에 박물관, 미술관, 도서관 등이 곳곳에 있고, 수도 브뤼셀의 왕립미술박물관을 비롯해 현재 왕가의 '레이큰 왕궁(Laken Castle)', '세인트 미카엘·세인트 구둘라 대성당(St. Michael and St. Gudula Cathedral)'은 여행객들에게는 버킷리스트이다.

프랑스 낭만파 시인, 소설가인 빅토르 위고(Victor-Marie Hugo, 1802~1885)가 '세계에서 가장 아름다운 광장'이라고 극찬한 17세기 고딕과 바로크 양식의 건축 유물이자, 유네스코 세계문화유산인 '그랑플라스(La Grand-Place)'는 너무도 유명하다. 더욱이 19세기~20세기 초 유럽에서 유행한 예술 사조인 '아르누보(Art Nouveau)' 양식의 건축물도 온전히 보존되어 있어 전 세계로부터 수많은 관광객이 해마다 들른다.

또한 벨기에는 '초콜릿 박물관'이 있을 만큼, 세계적인 수제 초콜릿 브랜드인 '고디바(Godiva)', '노이하우스(Neuhaus)', '길리안(Guylian)', '레오니다스(Leonidas)' 등이 탄생한 나라로서 초콜릿 애호가에게는 성지 순례의 길이기도 하다.

벨기에는 티를 즐기는 국가들로부터 강한 지배를 받은 만큼 그와 함께 티를 즐기는 문화도 유럽의 다른 국가들과 마찬가지로 오래전에 형성되었다. 그리고 수제 초콜릿 생산의 역사도 오래되어 '초콜릿 애프터눈 티'의 명소로도 유명하다. 여기서는 벨기에의 수도인 브뤼셀에서 '스페셜티 티'나 '애프터눈 티'로 유명한 명소들을 소개한다.

Rocco Forte Hotel Amigo

16세기 브뤼셀의 산 역사, '로코 포르테 호텔 아미고 브뤼셀'

로코 포르테 호텔 아미고 브뤼셀의 야경

브뤼셀의 대광장인 그랑플라스에는 저마다 수백 년에 걸친 역사를 지닌 고딕, 바로크 양식의 건축물들이 길이 100m 이상으로 이어져 이곳을 처음 찾는 사람들에게는 마치 17세기로 되돌아간 느낌을 안겨 준다. 그 가운데에는 16세기에 건립되어 '브뤼셀의 산 역사'라 할 만한 건물도 있다. 1950년대 호텔로 개조된 지금의 '로코 포르테 호텔 아미고(Rocco Forte Hotel Amigo)'이다.

이 건물의 모체는 1522년에 건립되었는데, 시 정부에서 구입해 '교도소(vrunt)'로 운영하였다. 그런데 당시 이곳의 스페인 군사들이 그 말을 '친구(Friend)'와 발음이 같은 '프렌드(vrend)'로 발음하면서부터 스페인어로 친구라는 용어인 '아미고(amigo)'가 건물의 이름이 되었다는 설이 있다. 물론 건물의 초석도 오늘날 호텔의 일부로 남아 있다.

이 건물은 블라톤 일가(Blaton family)가 1958년 브뤼셀에서 '더 인간적인 세상을 위한 세계의 평가'를 주제로 개최한 '세계 박람회(EXPO 58)'

바 A에서 선보이는 「초콜릿 애프터눈 티」 서비스

에 참석하기 위해 전 세계로부터 방문한 왕가나 예술가들의 숙박을 제공하기 위하여 개조해 '호텔 아미고(Hotel Amigo)'로 첫 문을 열었다. 이 호텔에는 18세기의 플랑드르 태피스트리를 비롯하여 벨기에 초현실주의 화가 르네 마그리트(René Magritte, 1898~1967)의 작품 등 수많은 예술품을 소장하고 있다.

'로코 포르테(Rocco Forte)' 일가에서 2000년에 이 호텔을 매입한 뒤 지금의 '로코 포르테 호텔 아미고'로 운영하고 있다. '리딩 호텔스 오브 디 월드(LHW)'의 회원사로서 브뤼셀 최고의 5성급 럭셔리 호텔로 평가를 받고 있다. 특히 럭셔리 라이프스타일의 세계적인 권위지인 〈콩테 나스타 트래블러〉에서는 '북유럽 4대 호텔'로 손꼽았다. 그런 만큼 이 호텔은 내부 시설이나 각종 다이닝 서비스도 최고 수준이다.

'리스토란테 보코니(Ristorante Bocconi)'는 이탈리아와 벨기에의 다양한 지역에서 영감을 받아 셰프들이 벨기에 최고의 이탈리아 요리를 선보이는 레스토랑이다. 수석 셰프와 푸드 디렉터가 벨기에 현지의 산물로 창조한 이탈리아의 독특한 요리들을 경험할 수 있다.

'바(Bar) A'는 브뤼셀 유명 인사들의 방문지이다. 연극, 영화, 정치 등 각

계의 세계적인 인사들이 들러 칵
테일을 즐겼다. 바의 실내에는 그
유명 인사들의 초상화나 사진들
이 기념으로 내걸려 있다. 라이브
음악이 흐르는 가운데 최고의 바
텐더들이 창조하는 예술적 수준
의 칵테일들을 반드시 경험해 보
길 바란다.

바의 런치 타임에서는 이탈리아
요리의 세계적인 대가인 풀비오
피에란겔리니(Fulvio Pierangelini)
셰프가 독창적인 경지의 미식 요
리들을 선보인다. 이탈리아 요리

호텔의 옥상 테라스에서의 스카이라인

의 애호가에게는 '환호의 장'이 될 것이다.

더욱이 이곳은 매우 이색적인 애프터눈 티를 선보이는 것으로 유명하다
벨기에 최고급 초콜릿 브랜드인 '피에르 마르콜리니(Pierre Marcolini)'
에서 창조한 부드럽고 연한 초콜릿들과 함께 「초콜릿 애프터눈 티
(Chocolate Afternoon Tea)」도 즐길 수 있기 때문이다.

애프터눈 티에는 피에르 마르콜리니 브랜드 초콜릿과 마카롱이 반드시
들어가는 것이 큰 특징이다.

티 애호가들이 세계 최고의 초
콜릿 산지인 벨기에를 방문하
였다면 이곳에 들러 보길 바란
다. 그 맛의 향연을 경험하면서
유명 인사가 된 듯한 기분을 내
보는 것도 여행의 묘미가 될 것
이다.

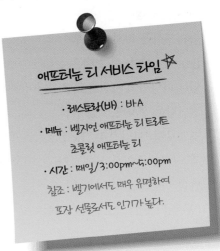

애프터눈 티 서비스 타임 ☆
· 레스토랑(바) : 바A
· 메뉴 : 벨지언 애프터눈 티 트리트
  초콜릿 애프터눈 티
· 시간 : 매일/3:00pm~5:00pm
참조 : 벨기에서도 매우 유명하여
포장 선물로서도 인기가 높다.

Juliana Hotel Brussels

신고전주의 아이콘, '마르튀르 광장'의 '줄리아나 호텔 브뤼셀'

마르튀르 광장 인근의 줄리아나 호텔 브뤼셀의 웅장한 모습

브뤼셀의 중심부에는 신고전주의의 상징인 '마르튀르 광장(Place des Martyrs)'이 있다. 이곳은 1830년 벨기에가 네덜란드로부터 독립을 위하여 일으킨 '벨기에 혁명(Belgian Revolution)'의 영웅 400인들이 묻혀 있는 곳이다. 그러한 배경으로 광장 이름도 프랑스어로 순교자를 뜻하는 '마르튀르(martyr)'에서 유래되었다.

이 마르튀르 광장 인근에는 브뤼셀에서도 거대한 맨션을 연상키는 모습의 5성급 럭셔리 호텔이 있다. '줄리아나 호텔 브뤼셀(Juliana Hotel Brussels)'이다. 이 호텔은 실내로 들어서면 신고전주의 예술성을 느낄 수 있는 다양한 디자인으로 조성되어 이곳을 찾는 방문객들에게도 최대한의 편안함을 선사하고 있다.

레스토랑 '브라스리(The Brasserie)'는 천장의 아르데코 양식의 디자인과 신고전주의적 분위기와 잘 어울리는 테이블 세팅으로 사람들이 편안한 마음으로 식사를 할 수 있는 분위기이다. 〈월드 페이스트리 스타(World Pastry Stars)〉(2020)를 수상한 여성 셰프인 로자 칼다롤라(Rosa

Caldarola)가 엄선한 제철 식재료로 선보이는 '프랑코-벨기에식' 메뉴는 미식 수준이다. 물론 베지테리언, 비건, 글루텐프리 요리들도 선보인다. 브렉퍼스트는 건강 요리를 중심으로 매

일 서비스하고, 런치는 화요일~토요일, 디너는 금요일~토요일에만 서비스한다.

또한 라운지인 '바(The Bar)'는 실내 디자인이 매우 화려하다. 오리엔탈 기풍을 내기 위해 천장과 벽을 청동색과 황동색으로 조성하고, 고대 그리스의 영웅 테세우스와 미노타우로스의 조각상을 벽에 설치하였다. 이는 가구 예술가로서 세계적인 명성을 떨친 '필립 앤 켈빈 라베른(Philip & Kelvin LaVerne)'의 부자에서 유래된 것이다. 필립과 켈빈은 아방가르드 가구 디자인업계에서는 세계적인 거장들이다.

바에서는 '애프터눈 티'나 '아페르티프'와 같이 비교적 가볍게 즐길 수 있는 요리들을 선보인다. 그런데 이곳의 애프터눈 티는 티 애호가들에게는 다소 실망을 안겨 줄지도 모른다. 초콜릿 음료, 커피, 티와 함께 마카롱, 초콜릿 과자, 페이스트리로 매우 간단하게 구성되어 있어 화려하고 아름다운 영국 정통 애프터눈 티의 모습과는 다소 거리가 멀기 때문이다. 그러나 벨기에 지역의 특색이 담긴 벨기에식 애프터눈 티를 경험해 보는 일은 여행객들에게는 이 지역의 문화를 이해하는 일로서 매우 소중한 일이다.

또한 칵테일 애호가라면 현대식 가구 조형에서 시각 예술의 미와 바텐더가 건네는 샴페인이나 독창적인 칵테일에서 미각 예술의 미와 더불어 심리학에서 '사람은 분위기가 90%를 좌우한다'는 말도 있듯이 그 분위기를 실감해 보길 바란다.

1898 The Post Hotel

코른마르크트 광장의 '옛 우체국', '1898 더 포스트 호텔'

코른마르크트 광장 인근의 1898 더 포스트 호텔의 전경

벨기에 동플랑드르주(Oost Vlaanderen)의 주도인 항구 도시 헨트(Ghent)
는 13세기 중세 시대에 유럽에서는 파리 다음으로, 북유럽에서는 가장 큰
도시일 정도로 무역이 왕성한 곳이었다.

이곳은 세계적인 관광 명소인 도시 광장 '코른마르크트(Korenmarkt)'와
인근의 '세인트 니콜라스 교회(Saint Nicholas' Church)', '세인트 바보 대
성당(Saint Bavo Cathedral)'과 같은 오래된 건축물들이 비교적 잘 보존되
어 있다. 제2차 세계대전 당시 폭격을 당하지 않았던 역사적인 배경도 있
다. 그중에서 코른마르크트 광장은 이 도시에서 가장 중요한 역사적인 명
소로서 벨기에를 방문한 사람에게는 버킷리스트이다.

세인트 니콜라스 교회와 레이어강(Leie Ri.) 사이의 코른마르크 광장 옆에
는 매우 독특한 이력을 간직한 거대한 건물이 있어 눈길을 끈다. 19세기
말 신고딕 양식의 건물인 '1898 더 포스트 호텔(The Post Hotel)'이다.

이 건물은 19세기에서 20세기 초 사회 각 분야의 격변기였던 '벨 에포크

(Belle Epoque)' 시대에도 당시 소유주가 본래의 상태로 온전히 보존하려고 노력하였던 관계로 수많은 앤티크 조각들과 그림들이 오늘날에도 남아 있어 과거 헨트 도시의 찬란한 영광을 고스란히 보여 준다.

이 호텔은 과거 '우체국(Post)'으로 사용되었던 배경으로 지금의 이름이 붙었다. 또한 각 룸의 이름도 우체국과 관련된 용어인 '스탬프

레스토랑 키친의 벨기에식 애프터눈 티

(Stamp)', '포스트카드(Postcard)', '엔빌로프(Envelope)', '레터(Letter)', '캐리지(Carriage)' 등으로 명명되어 있어 흥미롭다. 그런 만큼 북유럽에서도 유명한 럭셔리 호텔로서, 또한 관광 명소로서 이름을 날리고 있다.

특히 호텔 로고 자체의 디자인에는 마치 봉투에 찍은 소인처럼 '호텔명', '주소지', 그리고 '호텔 앤 칵테일 저니(Hotel & Cocktail Journey)'의 문구 새겨져 있는 만큼, 이 호텔은 칵테일의 명소이기도 하다.

레스토랑 '키친(The Kitchen)'은 유리창을 통해서 광장을 내려다볼 수 있어 전망이 훌륭하다. 미국식 뷔페 브렉퍼스트에서는 다양한 수제 요리들을 선보이는데, 실내 분위기는 고요하면서도 평화롭다. 다만 런치와 디너가 없는 점이 좀 아쉽다.

그런데 티 애호가들에게는 즐거운 주말이 기다리고 있다. 주말의 오후에 '벨기에식 애프터눈 티'를 선보이기 때문이다. 이 애프터눈 티가 영국 정통의 전형적인 모습이 아니라 이 고장의 산물에 맞게 발전하여 수수하면서도 맛깔스럽다. 애프터눈 티의 시간대는 오후 2시에서 오후 5시까지이다.

호텔 로고에 '칵테일 소인'이 찍혀 있듯이 호텔의 칵테일 바인 '코블레(The Cobbler)'는 유럽 여행객들에게도 인지도가 높다. 2017년 문을 연 코블레에서는 '세계 10대 바텐더'로 평가되는 바텐더가 그의 상상에서 창조

한 칵테일과 전통적인 칵테일들을 메뉴에서 선보인다.

새롭게 창조한 칵테일들은 칵테일 애호가들에게 새로운 감각의 지평을 열어 줄 것이며, 과일주스, 스파이스, 그리고 비밀 레

칵테일 바인 코블레

시피와 함께 스피릿츠를 믹솔로지한 전통 칵테일로는 고대 연금술과도 같이 새롭고도 미묘한 향미들을 선보인다.

바텐더는 이곳을 찾은 여행객들에게 「시거너처 칵테일」, 선택 코스의 「코블레 칵테일」, 열대 과일로 실험적으로 창조한 「에페르티프」, 디너 후 「디저트 칵테일」, 「핫 칵테일」 등을 선보이는데, 고객이 원한다면 모든 메뉴를 무알코올성 '목테일'로도 서비스한다.

바의 테라스는 수제 맥주, 핫 드링크, 와인 등을 쿠키와 즐기면서 유유히 흐르는 레이어강과 도심의 시가지를 내려다보며 휴식을 취할 수 있는 완벽한 공간이다. 진정한 칵테일 마니아라면 세계 10대 바텐더가 선보이는 전통 칵테일을 반드시 마셔 보길 바란다. 아마도 13세기 중세 시대 쌍두마차들이 오가며, 모자를 쓴 뱃사람과 검은 후드의 수도사들, 그리고 행상 무역인들로 붐비던 북유럽 최대 도시의 영화로운 모습들이 시가지를 배경으로 떠오를지도 모른다.

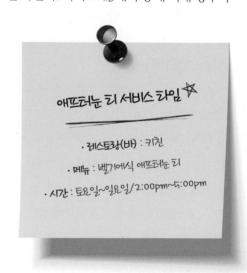

애프터눈 티 서비스 타임 ☆

· 레스토랑(바) : 키친

· 메뉴 : 벨기에식 애프터눈 티

· 시간 : 토요일~일요일 / 2:00pm~5:00pm

Hotel de Orangerie

'북유럽의 베네치아', 브뤼헤의 '호텔 드 오랑주리'

아름다운 운하 곁의 호텔 드 오랑주리의 야경

벨기에 서플랑드르주(West-Vlaanderen)의 주도인 브뤼헤(Bruges)는 운하의 도시로서 이탈리아의 베네치아를 연상시킨다. 또한 브뤼헤 성모 교회, 브뤼헤 중세 종탑 등 픽처레스크한 모습을 간직하여 관광 도시로서 북유럽에서도 인기가 높다.

브뤼헤는 13세기부터 운하를 기반으로 무역이 성행하였지만, 아픈 역사를 간직한 곳이기도 하다. 1302년 '브뤼헤의 새벽 학살(The Matins of Bruges)'로서 플라망어(네덜란드어)를 발음하지 못하는 프랑스계 사람들을 대량으로 학살한 사건의 장소이다.

브뤼헤는 15세기 해외 무역이 성행하여 18세기까지 크게 번영하였고, 20세기에는 유럽의 중요 무역항이 되었다. 또한 도심지는 역사적인 건축물들로 인해 유네스코 세계유산지구로도 선정되었다. 여행가들에게는 매력적인 요소들이 많은 곳이다.

브뤼헤를 여행하다가 '데이버르 운하(Dijver canal)'를 따라 여행하는 도

중에는 여장을 풀고 휴식을 취하면서 즐거운 티타임도 가질 수 있는 명소를 발견할 수 있다. 15세기 수도원을 리모델링한 '호텔 드 오랑주리(Hotel de Orangerie)'이다.

다이닝 룸의 애프터눈 티 서비스

이 호텔 건물은 역사가 '카르투지오 수도회(Carthusian)'가 이곳에 정착한 1580년으로까지 거슬러 올라간다. 18세기에는 수녀원으로서 잠시 폐쇄되었다가 19세기부터는 집배소, 개인 사옥, 티룸으로, 1980년대에 이르러서 지금의 호텔로 첫 문을 열었다.

그랜드 맨션이 물 위에 우아하게 뜬 듯한 모습의 이 호텔은 '스몰 럭셔리 호텔스 오브 디 월드(SLH)'의 회원사로서 4성급 호텔이다. 실내에는 조각판, 명화, 태피스트리, 앤티크 가구들로 가득 차 있어 옛 시대의 향수를 불러일으킨다. 영국 정통 애프터눈 티도 운치 있게 맛볼 수 있는 명소이다.

'브렉퍼스트 룸(Breakfast Room)'에서는 북유럽식 브렉퍼스트로 하루의 일과를 시작할 수 있다. 테라스에서도 운하를 오가는 선박의 여유로운 풍경을 보면서 아침을 즐길 수 있다.

영국 정통 애프터눈 티도 오후 2시 30분~오후 4시 30분에 '다이닝 룸(Dining Room)'에서 17~18세기의 초상화를 감상하면서 즐길 수 있고, 또한 테라스에서도 운하를 오가는 선박이나 백조가 유영하는 모습을 감상하면서 경험해 볼 수도 있다.

애프터눈 티의 메뉴는 크게 「오랑주리 크림 티(Cream Tea at The Orangerie)」, 「오랑주리 정통 애프터눈 티(Classic Afternoon Tea at The Orangerie)」, 「오랑주리 샴페인 애프터눈 티(Champagne Afternoon Tea at The Orangerie)」로 나뉜다. 「크림 티」는 커피 또는 프리미엄 티와 함께

테라스에서의 애프터눈 티 서비스

잼과 고형크림이 얹힌 스콘으로 구성되어 있다. 「정통 애프터눈 티」는 「크림 티」의 메뉴에 미니 페이스트리와 핑거 샌드위치류가 추가된 것이다. 그리고 「샴페인 애프터눈 티」는 「정통 애프터눈 티」에 스파클링 샴페인이 더해진 것이다. 티 애호가라면 아마도 「샴페인 애프터눈 티」 메뉴를 경험해 보는 것이 좋을 것이다.

벽난로가 있는 '살롱(Salon)'에서는 창가로 운하를 내려다보면서 칵테일, 와인, 위스키, 샴페인 등을 즐길 수 있다. 벽에 내걸린 명화와 바람에 나풀거리는 실크 커튼, 앤티크 가구들로 향수를 불러일으키는 고급 살롱에서 칵테일 한잔은 또 어떤가.

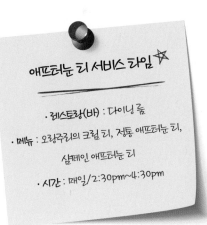

애프터눈 티 서비스 타임 ☆

· 레스토랑(바) : 다이닝 룸
· 메뉴 : 오랑주리의 크림 티, 정통 애프터눈 티, 샴페인 애프터눈 티
· 시간 : 매일 / 2:30pm~4:30pm

III

동유럽

러시아
폴란드
체코

'차르'와 함께 번성한 '티 무역'의 나라

러시아는 17세기~18세기 로마노 프 왕조의 표트르 대제(Pyotr the Great, 1672~1725) 시대에는 최 대의 영토 확장을 벌이면서 동 유럽에서 극동의 캄차카반도까 지 오늘날 러시아 영토의 대부분 을 형성하였다. 이 시기에 러시아 는 수도 상트페테르부르크(Saint Petersburg)를 중심으로 유럽과 본 격적으로 무역을 진행하면서 서구 유럽화가 진행된 것이다.

러시아 영토를 최대로 확장한 표트르 대제

18세기에는 중국과의 티 무역에서 도 큰 변화가 있었다. 1727년 러시아와 중국 간의 조약을 통하여 러시아 와 중국의 접경 도시인 카흐타(Kiachta)에서 중개 무역을 시작한 것이다. 그 뒤 19세기 전반까지 중국의 상인들은 이 카흐타를 통해 티(Tea)를 먼 거리에 걸쳐 러시아로 운송하였다고 한다.

이처럼 러시아는 육로를 통한 티 로드(Tea Road)에서 주요 무역국이었 던 만큼 매우 독특한 티 문화가 발달해 왔다.

여기서는 영국 정통 애프터눈 티와 사모바르를 사용하는 러시아 전통 티 문화를 즐길 수 있는 명소를 소개한다.

Metropol Hotel Moscow

러시아 전통 티 세리머니의 명소, '메트로폴 호텔 모스크바'

메트로폴 호텔 모스크바의 야경

러시아의 수도 모스크바는 약 500년 역사를 자랑하는 문화의 도시이다. 모스크바 대공국의 수도였다가 로마노프 왕조 시대에는 상트페테르부르크로 수도를 천도한 뒤로도 계속 번영하여 지금은 세계적인 도시로 성장하였다.

모스크바는 성채 궁전인 '크렘린(Kremlin)'을 중심으로 '붉은 광장(Red Square)', 국립박물관, 국립극장을 비롯하여 1479년에 건축되어 황제의 대관식을 치렀던 황금빛 돔으로 빛나는 '우스펜스키 대성당(Uspenski Cathedral)', 16세기 러시아의 성당 건축사상 최고의 걸작으로 평가를 받는 '성 바실리 대성당(St. Basil's Cathedral)' 등 다양한 건축들이 들어서 있는 등 세계적인 관광 도시이다.

이런 모스크바를 구경한 뒤 잠시 여장을 풀고 러시아 전통의 티와 최고의 파인 다이닝을 즐길 만한 명소를 찾는다면, '테아트랄니 프로예즈트

러시아 역사상 중요 행사들이 펼쳐진 메트로홀 내부의 화려한 모습

(Teatralniy Proezd)' 거리의 '메트로 폴 호텔 모스크바 (Metropol Hotel Moscow)'가 제격일 것이다.

이 호텔은 러시아 최초의 오페라하우 스 소유주이자 예술 가들의 후원자였던 사업가, 사버 이바노비치 마먼토프(Savva Ivanovich Mamontov, 1841~1918)가 1905년에 건립한 것으로서 역사가 110년 이 상이나 된다. 당대의 건축가들이 모퉁이마다 고딕 타워의 양식을 장식하 고 실내 장식에 노력을 기울인 이 호텔은 첫 문을 열 당시부터 초호화 럭 셔리 호텔로서 모스크바 사람들로부터 큰 주목을 받았다. 그런 만큼 지금 도 5성급 럭셔리 호텔로서 각종 휴양 시설을 비롯해 다이닝 서비스가 초 일류이다.

이곳에는 러시아의 역사상 가장 중요한 행사들이 열린 레스토랑 '메트로 폴 홀(Metropol Hall)'이 있다. 스테인드글라스의 돔, 대리석의 분수대, 기 념비적인 조명 기구들로 화려하게 장식되어 대형 기념회들이 약 110년 이 상 열린 역사적인 장소로서 오늘날까지도 각종 연회장, 만찬장 등으로 명 성을 떨치고 있다. 특히 뷔페 브렉퍼스트는 모스크바에서도 최고 수준이 며, 미식가들이라면 「알라카르트」 메뉴를 경험해 보길 바란다.

또한 호텔과 함께 문을 연 모스크바 최초의 칵테일 바인 '샬랴핀 바 (Chaliapin bar)'는 20세기 초의 실내 분위기 속에서 바텐더들이 매우 독특 한 칵테일 메뉴를 선보인다. 바의 이름은 20세기 초 러시아를 대표하는 유 명 오페라가수, 표도르 샬랴핀 (Feodor Ivanovich Chaliapin, 1873~1938) 에서 유래한 것이다.

러시아 정통 티 세리머니

러시아에서는 최초로 〈미쉐린 가이드〉 1성에 오른 수석 셰프인 안드레이 샤마코프(Andrey Shmakov)가 브렉퍼스트에서부터 디너까지 러시아 정통 미식 요리의 걸작과 전통을 재해석하여 창조한 유럽풍의 요리를 선보인다.

더욱이 역사가 18세기로 거슬러 올라가는 러시아 전통 티의 문화도 경험할 수 있다. 매일 오전 10시~저녁 10시까지 경험할 수 있는 정통 티 세리머니는 러시아에서는 손님을 맞이하는 최고의 환대 문화로서 이곳을 방문한 티 애호가에게는 최고의 선물일 것이다.

한쪽에는 사모바르가 놓이고, 중앙에는 은제 티포트가 차지하면서 그 주위로 중국산 최고급 찻잔들에 담긴 티와 함께 페이스트리 셰프가 러시아 전통의 음식들에 대하여 재해석을 통해 선보이는 팬케이크, 레드 캐비어, 오리지널 파이, 커드 패티(curd patties), 소고기·연어의 미니 샌드위치, 프랑스식 쿠키 퍼티 푸르(petit fours), 수제 캔디, 수제 잼 등을 보면 티 세리머니의 우아미를 느낄 수 있다. 티 세리머니는 룸 서비스에서도 포함되어 있다는 점을 기억해 두자. 러시아 최고의 환대 문화를 느껴 보길 바란다.

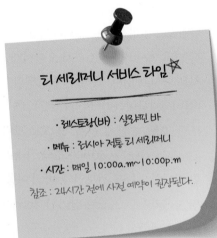

티 세리머니 서비스 타임 ★

· 레스토랑(바) : 샬라핀 바
· 메뉴 : 러시아 정통 티 세리머니
· 시간 : 매일 10:00a.m~10:00p.m
참조 : 24시간 전에 사전 예약이 권장된다.

Chekhoff Hotel Moscow

러시아의 위대한 극작가, '체호프'의 저택,
힐튼 그룹 '큐리오 컬렉션'의 '체호프 호텔 모스크바'

연녹색이 인상적인 체호프 호텔 모스크바의 전경

모스크바에는 1776년 설립되어 약 250년의 역사와 전통을 자랑하는 발레, 오페라의 상설 무대인 '볼쇼이 극장(Bolshoy Theater)'이 있는 만큼, 18세기~20세기 초에 다양한 예술가들이 모여 왕성한 활동을 보인 곳이다. 러시아 최고의 소설가, 극작가, 음악가들의 무대였다.

오늘날에도 그러한 예술가들이 거주하였던 명소들이 모스크바의 곳곳에 남아 있다. 대표적인 곳이 19세기 말 극작가, 단편 소설가, 의사인 안톤 체호프(Anton Pavlovich Chekhov, 1860~1904)가 거주하였던 건물로서 지금의 '체호프 호텔 모스크바(Chekhoff Hotel Moscow)'이다.

19세기 모스크바 상인 셰시코프(Sheshkov)가 의뢰하여 1891년 건립된 이 건물은 러시아의 건축학적, 문화사적으로 기념비적인 건물이자, 위대한 극작가인 체호프가 1899년에서 1900년 사이에 거주하면서 희곡「세 자매 (Three Sisters)」를 완성한 곳이다.

이 건물은 세계적인 호스피탈러티 기업인 힐튼 호텔 그룹이 전 세계에서 역사적인 건물에 들어선 독특한 개성을 지닌 5성급 부티크 호텔들을 모은 '큐리오 컬렉션(Curio Collection)'의 브랜드로 러시아로서는 최초의 호텔이다. 붉은 광장과 크렘린 궁전과도 가까운 말라야 드미트로브카 거리(Malaya Dmitrovka St.)에 위치해 여행객들에게도 접근성이 좋을 뿐 아니라 각종 시설과 다이닝 서비스도 훌륭하다.

레스토랑 '체호프 카페 앤 바

체호프 카페 앤 바의 실내 모습

(Chekhoff Café & Bar)'는 체호프의 작품들 속에 등장하는 민족적인 전통에 강하게 영향을 받았다. 이곳에서는 러시아 전통적인 요리에 현대적인 감각을 더한 요리들을 브렉퍼스트에서부터 디너까지 새롭게 선보인다. 아라비아 커피, 다양한 티를 비롯해 메인 코스와 함께 타르타르, 애피타이저, 각종 수프 등을 경험해 보길 바란다.

특히 폴란드 철갑상어로 조리한 러시아 정통 수프인 '소랸카(Selyanka)', 꿩, 무, 송로버섯 등으로 독특하게 조리한 수프, 그리고 몰도바와 우크라이나 지역인 베사라비아(Bessarabia)의 와인들은 매우 신선한 미각적 경험을 선사할 것이다.

이곳의 '바(Bar)'는 유명 셰프이자 바텐더인 바실리 제글로프(Vasily Zheglov) 등이 미식 향락주의자로도 알려진 체호프의 미각 선호도를 인용하여 '바 카드(bar card)'를 만든 곳으로도 유명하다.

러시아의 수많은 작품 속에서 전통적인 문화로 언급되는 아브하즈(Abkhaz) 레몬 칵테일, 체리 리큐어, 샴페인 등을 선보이는데, 특히 꿀을 넣은 보드카를 향신료와 함께 졸인 요리인 '캐서롤(casserole)'은 일품이다. 참고로 말하면, 칵테일 파티도 예약을 통해서 열 수 있다.

칵테일 애호가들이라면 이 바에 들러 러시아에서도 독특한 미식 수준의 칵테일들을 경험해 보길 바란다. 어쩌면 글로써 굶주림에 대한 느낌을 간결하게 표현하는 능력이 러시아 문학사상 능가할 사람이 없다는 미식 향락주의자 체호프 작가처럼 '절대 미각'이 살아날지도 모른다.

Four Seasons Hotel Lion Palace St. Petersburg

러시아 옛 왕궁터에 자리한 포시즌스 호텔,
'라이온 팰리스 상트페테르부르크'

포시즌스 호텔 라이온 팰리스 호텔 외부 전경

러시아 로마네스크 왕조의 수도이자, 제2의 도시인 상트페테르부르크에
는 오늘날 러시아의 영토를 확립하고 이곳을 건설한 표트르 대제의 기마
상이 있는 데카브리스트(Dekabrist) 광장을 비롯하여 표트르 궁전, 푸시킨
기념극장, 고리키 문화궁전, 자연사박물관 등 다양한 문화 유적과 시설들
이 있어 러시아의 대표적인 관광 도시로서 유명하다.

이러한 배경으로 상트페테르부르크에는 세계적인 호스피탈러티 업체들이
모스크바와 마찬가지로 진출해 있는데, 특히 러시아 왕조의 풍요로운 기
풍들이 남아 있는 아드미랄테이스키 구역(Admiralteysky district)의 보즈
네센스키 프로스펙트(Voznesensky Prospekt) 거리에는 19세기 궁전 성벽
안자락에 자리하고 있는 '포시즌스 호텔, 라이온 팰리스 상트페테르부르
크(Four Seasons Hotel Lion Palace St. Petersburg)'가 있다.

러시아 왕조의 영혼이 깃든 이 호텔은 포시즌스 호텔 그룹의 5성급 럭셔
리 호텔답게 외관이 장중하고 화려할 뿐 아니라 실내의 인테리어는 럭셔

리의 극치이다. 또한 휴양 시설을 비롯하여 레스토랑, 바, 라운지의 서비스도 세계 정상급이다.

이탈리아 정통 레스토랑 '페르코르소(Percorso)'에서는 디너에서 이탈리아 현지의 예술적인 요리들을 경험할

티 라운지의 러시아 전통 티 세리머니

수 있다. 가정식 파스타에서부터 스파게티, 카르파치오(Carpaccio) 등의 시거너처 디시는 미식가들에게는 놓칠 수 없는 메뉴이다.

'티 라운지(The Tea Rounge)'에서는 화사한 꽃들과 신선한 식물들로 둘러싸인 가운데 브렉퍼스트, 런치를 통해 러시아 정통 요리를 캐비어 세트나 샴페인과 함께 즐길 수 있다.

또한 애프터눈 티도 「라이온 팰리스 티타임 세리머니(Lion Palace Tea Time Ceremony)」의 메뉴로 선보인다. 수제 핑거 세이버리, 페이스트리, 갓 구운 스콘, 러시아 정통 팬케이크, 캐비어, 크림 등을 엄선한 스페셜티 티 메뉴와 함께 즐길 수 있다. 상트페테르부르크에서도 애프터눈 티의 명소인 이곳은 분명히 티 애호가에게는 식견을 넓히는 장소가 될 것이다.

칵테일 애호가를 위한 '상데르 바(Xander Bar)'도 들러 보길 바란다. 바 이름은 나폴레옹과의 전쟁에서 승리하여 러시아의 위상을 드높인 차르 알렉산데르 1세(Alexander I, 1777~1825)를 기리기 위해 붙였다고 한다.

수석 믹솔로지스트가 선보이는 4계절의 창조적인 칵테일을 다양하게 경험해 볼 수 있는 자리로서 칵테일 애호가라면 러시아 왕조의 수도에서 전설적인 칵테일들을 경험해 보길 바란다.

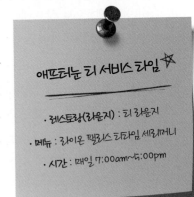

애프터눈 티 서비스 타임 ☆

• 레스토랑(라운지) : 티 라운지
• 메뉴 : 라이온 팰리스 티타임 세리머니
• 시간 : 매일 7:00am~5:00pm

Kempinski Hotel Moika 22 St. Petersburg

상트페테르부르크의 심장부, 궁전 광장의
'켐핀스키 호텔 모이카 22 상트페테르부르크'

켐핀스키 호텔 모아카 22 상트페테르부르크의 전경

상트페테르부르크의 중심지는 모이카강(Moika Ri.)이 둘러싸듯이 흐르고
있다.

모이카강을 따라 여행하다 보면 상트페테르부르크의 심장부인 '팰리스
광장(Palace Square)'과 '에르미타주 미술관(Hermitage Museum)'을 구경
할 수 있다. 특히 세계에서 가장 오래된 미술관인 에르미타주 미술관은 러
시아의 여성 대제인 예카테리나(Ekaterina the Great, 1729~1796)가 수집
한 고대 유물부터 20세기까지의 예술 작품들을 전시한 곳으로 그 작품들
의 수가 너무도 많아 세계 3대 규모에 속한다. 이곳은 초호화 사치를 목격
할 수 있는 '예카테리나 궁전(Ekaterina Palace)'과 함께 유럽의 문화를 한
눈에 둘러볼 수 있는 러시아 여행의 버킷리스트이다.

미술관을 관람한 뒤 궁전 광장을 지나다가 잠시 묵을 장소를 찾는다면 인
근에 좋은 장소가 있다. 유럽에서도 가장 오래된 세계적인 호스피탈러티
그룹인 '켐핀스키 호텔스'의 5성급 럭셔리 호텔인 '켐핀스키 호텔 모이카

22 상트페테르부르크(Kempinski Hotel Moika 22 St. Petersburg)'이다. 호텔의 건물은 1853년에 건립된 귀족의 저택으로서 강가에 서 있는 모습이 마치 한 폭의 그림과도 같다. 또한 유럽 정통의 호스피탈러티 서비스를 제공하는 곳으로서 각종 휴양 시설이나 레스토랑 앤 바의 서비스, 그리고 이벤트 프로그램이 최상이다.

이곳 9층의 옥상에 있는 '벨뷰 레스토랑(Bellevue Restaurant)'은 에르미타주 미술관과 팰리스 광장을 비롯해 상트페테르부르크의 스카이라인을 한눈에 감상할 수 있어 빼어난 전망을 자랑한다.

실내의 바에서는 다양한 칵테일과 와인을 즐길 수 있고, 외부의 테라스에서는 상트페테르부르크의 야경을 감상하면서 디너를 맛볼 수 있다.

호텔에서도 가장 아름다운 공간인 뷔페 레스토랑 '보 리바주(Beau Rivage)'에서는 환상적인 분위기 속에서 브렉퍼스트로부터 하루의 일과를 시작할 수 있다. 신선한 채소와 과일과 주스와 함께 전통적인 레시피에 대한 재해석을 통해 선보이는 유럽의 예술적인 요리들을 경험해 보라.

상트페테르부르크에서 미술관을 구경한 뒤 잠시 티가 당기는 사람에게는 추천할 만한 훌륭한 공간도 있다. 이 호텔의 '티룸(Tea Room)'이다. 궁전 광장에서 걸어서 2분 거리의 티룸에서는 18세기 프랑스 의자에 앉아 러시아 황금 시대의 장식품들 속에서 러시아 왕립자기제작소(Russian Imperial Porcelain Manufactory)의 도자기 찻잔 세트와 은제 사모바르가 놓인 가운데 러시아와 영국의 전통이 융합된 티 세리머니를 경험해 보길 바란다.

이처럼 새롭게 창조된 「러시안 애프터눈 티(Russian Afternoon Tea)」에서는 레드 캐비어, 블루베리가 든 '소혀 샌드위치(beef tongue sandwich)'를 비롯해 러시아 전통의 디저트인 라즈베리 무라베이니크(Muraveinik), 감자 케이크인 카로토슈카(kartoshka), 메도비크 케이크(Medovik cake)가 등장하여 티 애호가들에게도 놀라움을 안겨 줄 것이다. 오전 10시~오후 5시의 시간대에 오롯이 러시아식의 애프터눈 티를 지인들과 함께 즐겨 보길 바란다.

칵테일 애호가들
은 '폰 위테 바(Von
Witte Bar)'에 들러
상트페테르부르크
에서도 유명한 칵
테일들을 경험해
보길 바란다. 이곳

와인 셀러 1853의 실내 모습

에서 벽난로 곁에
서 가죽 의자에 앉
아 영국 클럽과도
같은 자유스러운
분위기 속에서 모
이카강의 풍경을
바라보면서 칵테일
을 만끽할 수 있다.
바텐더가 고객의
취향에 맞게 선보
이는 칵테일이 어

티룸의 「러시안 애프터눈 티」 서비스

떤 모습일지 미리 생각해 보는 것도 행복할 것이다.

마지막으로 와인 애호가들이 지나쳐서는 안 될 명소가 있다. '와인 셀러
(The Wine Cellar) 1853'이다. 19세
기의 역사적인 와인 지하 저장고에
서 최고급 와인 실렉션 메뉴와 함께
스파클링 와인, 샴페인 등을 맛본다
면 아마도 그들에겐 일생일대의 경
험이 될 것이다.

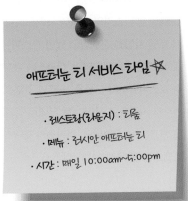
애프터눈 티 서비스 타임 ☆

• 레스토랑(라운지) : 티룸

• 메뉴 : 러시안 애프터눈 티

• 시간 : 매일 10:00am~5:00pm

유럽 최고(最古)의 럭셔리 호텔 그룹,
'켐핀스키 호텔스'

'켐핀스키 호텔스(Kempinski Hotels)'는 1897년 폴란드계 독일인 베르톨트 켐핀스키(Berthold Kempinski, 1843~1910)가 스위스 제네바에 본사를 두고 베를린에서 호텔 경영업체인 '호텔베트립스-악치엉거젤샤프트(Hotelbetriebs-Aktiengesellschaft)'를 세운 것이 시초이다. 약 125년의 역사와 전통을 자랑하는 유럽 '최고(最古)'의 럭셔리 호텔 그룹이다.

창립자 켐핀스키가 1862년 '켐핀스키'를 회사명으로 와인 무역 사업을 시작해 1872년 베를린으로 사업을 확장하면서 크게 성공하여 '켐핀스키'라는 이름도 세계적으로 유명해졌다. 그 뒤 호스피탈러티 사업에 본격적으로 뛰어들어 당시 베를린에서도 주요 번화가인 라이프치히슈트라스(Leipziger Strasse)에서 큰 레스토랑을 열었다.

켐핀스키 사후로 사위인 리하르트 웅거(Richard Unger)가 와인, 레스토랑의 사업을 계승하면서 1918년 쿠르퓌리스텐담(Kurfürstendamm)에서 켐핀스키 호텔의 첫 문을 열었다. 이 호텔이 바로 유럽 럭셔리 호텔의 대명사로 통하는 '켐핀스키 호텔 브리스톨(Kempinski Hotel Bristol)'이다.

1953년 켐핀스키의 손자인 프리드리히 웅거(Friedrich Unger)가 이미 발트 지역에서 호텔 사업을 진행하고 있던 호스피탈러티 그룹인 '호텔베트립스-악치엉거젤샤프트'에 지분과 브랜드명인 '켐핀스키'를 매각하였다.

이 호스피탈러티 그룹은 1957년 함부르크에 있는 '호텔 아틀란틱(Hotel Atlantic)'의 인수를 시작으로 전 세계를 무대로 럭셔리 호텔 사업을 전개하면서 몇 차례의 회사명을 변경한 뒤 오늘날의 '켐핀스키 호텔스(Kempinski Hotels)'가 된 것이다. 켐핀스키 호텔스는 전 세계 34개국에 5성급 럭셔리 호텔만 79개를 운영하고 있다.

Lotte Hotel Petersburg

18세기 러시아 제국 '최고 번화가'에 위치한
'롯데 호텔 상트페테르부르크'

롯데 호텔 상트페테르부르크의 호화로운 실내 인테리어

상트페테르부르크에서도 아드미랄테이스키 구역은 황금으로 채색된 '성
이삭 성당(St. Isaac's Square)'과 러시아의 대표 종합 예술인 발레와 오페
라 공연이 열리는 '마린스키 극장', 그리고 시청이 있는 곳으로서 젊은이
들의 활기가 가득한 문화의 중심지로 유명하다.

특히 '성 이삭 광장' 인근의 안토넨코 렌(Antonenko Lane) 거리는 러시아
왕조의 황금시대인 18세기에 건설된 유서 깊은 곳으로서 사람들의 발길
이 잦다.

이 역사의 거리는 18세기 건설 당시 '첫 번째 신대로'라는 뜻으로 '뉴 렌
(New Lane)'이라 불렸을 정도로 당시에는 로마네프 왕가와 귀족들이 오
가던 러시아 제국의 번화가였다. 1939년부터 러시아 혁명가 니키타 안토
넨코(Nikita Grigoryevich Antonenko, 1881~1906)를 기리는 차원에서 지
금의 이름으로 개칭되었다. 니키타 안토넨코는 1905년 11월 러시아 1차
혁명 당시 혁명선 '오차코프(Ochakov)' 군함의 총사령관으로서, 혁명 위

메구미 레스토랑의 우아한 모습

원회의 일원으로서 활동한 러시아 해군의 전설적인 영웅이다.

상트페테르부르크에서 문화의 거리를 관람한 뒤 이곳에서 잠시 쉬어갈 만한 장소를 찾는 여행객에게는 좋은 휴양지가 있다. 1851년에 건립된 그랜드맨션에 들어선 한국 호텔 브랜드인 '롯데 호텔 상트페테르부르크 (Lotte Hotel Petersburg)'이다.

이 호텔은 한국의 롯데 그룹(Lotte Group)의 산하 호스피탈러티 기업인 '롯데 호텔스 앤 리조트(Lotte Hotels & Resorts)'의 5성급 럭셔리 호텔이다. 러시아에서 한국식 호스피탈러티 서비스로 세계적인 럭셔리 여행 가이드인 〈포브스 트래블 가이드〉에서 2020~2022년 3회 연속 '5성 호텔'로 평가되었을 정도로 높은 수준이다.

클래식, 모던의 두 인테리어 스타일로 150개의 럭셔리 룸과 함께 21세기의 기술들을 총동원하여 고객들에게 최대한의 편리성을 제공함과 동시에 세계 정상급의 각종 휴양 시설과 다이닝 서비스를 제공한다. 특히 오늘날 럭셔리 호텔 산업계에서 가장 급속하고 크게 성장하고 있는 스파 업체 중에서도 가장 유명한 '만다라 스파(Mandara Spa)'의 '발리식 스파(Balinese Spa)'를 상트페테르부르크에서도 누릴 수 있다.

레스토랑 '메구미(MEGUmi)'에서는 성 이삭 광장의 전망을 즐기면서 현대

일본의 창조적인 최고급 미식 요리들을 경험할 수 있다. 미식가들에게는 감식의 즐거움을 안겨 주는 곳이다.

레스토랑 이름인 '메구미(Megumi, めぐみ)'가 일본어로 '은총'을 뜻하는 만큼, 신선한 식자재를 사용해 고객들에게 '은총을 안겨 주듯이' 완벽에 가까운 요리들을 선사한다. 특히 총괄 셰프 무네치카 반(Munechika Ban)의 시거너처 메뉴인 황다랑어 사시미, 킹크랩 요리를 비롯해 각종 해산물 요리는 '일미(一味)'이다. 오후 4시부터 저녁 11시의 시간대에 일본 각지 특산의 슈퍼프리미엄 사케 컬렉션과 함께 즐기는 '일식(日食) 대여행'의 장소이다.

이탈리아 스테인드글라스 돔 아래에 대리석의 열주들 사이로 청백 문양의 바닥으로 장식되어 밝고 우아한 느낌을 주는 레스토랑 '라운지 레스토랑(The Lounge Restaurant)'에서는 각종 가족 모임이나 기념 파티를 가질 수도 있다. 아침 7시의 브렉퍼스트로 하루의 일과를 시작하여 오후 5시에 「알라카르트」의 미식 메뉴로 저녁을 맞이할 수 있다. 특히 전 세계 특산의 200종이 넘는 와인과 함께 지중해, 범아시아, 멕시코, 한국, 러시아의 전통 요리들을 직접 경험해 보길 바란다.

여기에 더하여 라운지 레스토랑에서는 권위를 자랑하는 「티 세리머니(Tea

라운지 레스토랑의 화려한 실내 모습

라운지 레스토랑의「티 세리머니」서비스

Ceremony)」의 메뉴도 선보인다. 스테인드글라스 돔 아래에서 향긋한 티
와 함께 미니 샌드위치, 레드 캐비어, 사우어 크림과 과일잼이 든 팬케이
크, 비스킷, 파스타 케이크, 슈, 브라우니 등과 함께 즐기는「티 세리머니」
는 메마른 마음속 한 줄기의 물길과도 같은 느낌을 선사할 것이다.

옥상 바인 '엘 테라사(L Terrasa)'는 성 이삭 성당을 비롯해 역사적인 도
시의 야경을 바라보면서 광범위한 와인 리스트와 다양한 칵테일들을 즐
길 수 있는 자유로운 공간이다. 특히 셰프 아나톨리 이바노프(Anatoly
Ivanov)가 선보이는 한국의 전통 디저트인 '빙수'도 맛볼 수 있다.

또한 상트페테르부르크의 명소로서 모이
카강 다리의 이름을 딴 '시니 모스트(Siniy
most)'에서는 오후 4시부터 새벽 2시까지의
시간대에 싱글 몰트 위스키에서부터 창조적
인 칵테일, 러시아 전통의 호밀 보드카인 폴
로가르에 이르기까지 다양한 종류의 주류들
을 세계 각지의 요리들과 즐길 수 있다. 러시
아 옛 왕조의 수도에서 한국을 대표하는 호
텔 업체의 서비스를 누려 보길 기대한다.

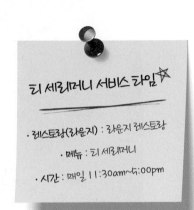
티 세리머니 서비스 타임☆
• 레스토랑(라운지) : 라운지 레스토랑
• 메뉴 : 티 세리머니
• 시간 : 매일 11:30am~5:00pm

Astoria Hotel

영국 정통 애프터눈 티로 유명한 '아스토리아 호텔'

아리스토리아 호텔 야간 전경 모습

아스토리아 호텔(Astoria Hotel)은 상트페테르부르크에서도 가장 유명한 호텔이다. 호텔의 외관이 중세풍의 화려한 동상들로 장식되어 있고, 그 규모도 매우 웅장하다. 이 호텔은 1911년~1912년 당시 유명 건축가인 표도르 이바노비치 리드발(Fyodor Ivanovich Lidval, 1870~1945)이 설계, 건축하여 오늘날에도 1등급 호텔로서 최고의 명성을 자랑하고 있다.

이곳은 20세기 초 당대의 유명 예술가들이 활약한 주요 무대이기도 한데, 소위 '맨발의 댄서'로 유명한 현대 무용가 이사도라 던컨(Isadora Duncan, 1877~ 1927), 희극 작가인 미하일 불가고프(Mikhail Bulgakov, 1891~1940), 천재 시인 세르게이 예세닌(Sergei Yesenin, 1895~1925)이 주로 활약한 장소였다. 그리고 1995년에는 영국 첩보 영화 시리즈 「007_골든아이(GoldenEye)」의 촬영 장소로도 유명하다. 그런데 이 호텔은 러시

아스토리아 호텔 로톤다 라운지의 모습

아에서도 영국 정통의 애프터눈 티를 즐길 수 있는 명소로서 티 애호가들에게는 더 유명한 곳이다.

이 호텔의 '로톤다 라운지(Rotonda Lounge)'는 티 애호가들에게 러시아에서 영국식 애프터눈 티를 제대로 맛볼 수 있는 명소로 잘 알려져 있다. 영국의 호텔리어이자, 인테리어 디자이너인 올가 폴리지(Olga Polizzi)가 설계해 그 실내 공간이 매우 우아하기로 유명하다. 광택이 빛나는 화려한 티크 가구들, 아르데코 양식의 샹들리에, 세련된 커튼 등으로 절묘하게 장식되어 매우 화려하면서도 우아한 인상을 심어 주고 있다. 또한 그랜드피아노 주위로는 신선한 꽃들이 장식되고, 진품 앤티크 장식품들도 진열되어 이곳을 찾은 사람들에게는 심적으로 안정감을 가져다준다.

이러한 장소에서 오후 3시~오후 6시에 수석 페이스트리 셰프인 율리아 이바노바(Yulia Ivanova)가 서비스하는 「러시안 애프터눈 티(Russian Afternoon Tea)」와 「영국식 정통 애프터눈 티(Traditional English Afternoon Tea)」의 메뉴는 그야말로 화려하고도 우아하기가 그지없을 정도이다. 애프터눈 티에 등장하는 테이블웨어는 러시아 왕실 도자기 조달 업체에서 제작한 '코발트 컵(cobalt cups)'들로서 도자기 애호가들에게도

「애프터눈 티」 메뉴의 다양한 티푸드

매우 큰 눈길을 끈다.

「러시안 애프터눈 티」의 메뉴에서는 러시아 전통의 당과자와 크레페(Crepes), 러시아 파이의 일종인 피로시키(pirozhki), 우아하고도 맛깔스러운 샌드위치, 진저 케이크 등의 별미들이 3단 스탠드에 올려져 커피나 티와 함께 제공된다. 여기에 케타 케비어(Keta Caviar)나 샴페인, 또는 둘 다 추가할 수 있다.

「영국식 정통 애프터눈 티」의 메뉴에서는 영국 정통의 스위트와 미니 샌드위치, 고형크림을 얹은 스콘을 커피나 티와 함께 선보이는데, 마찬가지라 케타 케비어나 샴페인, 또는 둘 다 추가할 수 있다.

이러한 메뉴를 무기로 로톤다 라운지는 상트페테르부르크에서도 티 애호가들에게 놓칠 수 없는 애프터눈 티의 명소로 자리를 잡은 것이다. 러시아에서 영국 정통의 애프터눈 티를? 그러면 아스토리아 호텔로 가 보길 권한다.

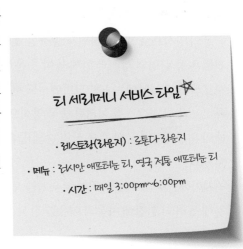

티 세레머니 서비스 타임☆

· 레스토랑(라운지) : 로톤다 라운지
· 메뉴 : 러시안 애프터눈 티, 영국 정통 애프터눈 티
· 시간 : 매일 3:00pm~6:00pm

Perlov Tea House

러시아의 시누아즈리풍 티숍, '페를로프 티 하우스'

페를로프티파우 전경 (출처 - 핀터레스트)

러시아에서도 역사와 전통을 자랑하는 티 하우스로는 건축 양식이 시누아즈리풍인 것으로 유명한 모스크바의 '페를로프 티 하우스(Perlov Tea House)'를 들 수 있다.

페를로프 티 하우스는 1890년대 티 유통 상인으로서 성공한 세르게이 페를로프(Sergey Perlov)가 모스크바의 먀스니츠카야 거리(Myasnitskaya street)에 티와 커피를 판매하는 단층 건물로 처음 지었다. 그 뒤 1896년 중국풍의 양식으로 재건축하면서 증축한 것이다.

건물은 용 문양의 장식과 함께 높이 솟은 탑으로 방문객들의 눈길을 크게 사로잡아 오늘날에는 모스크바에서도 랜드마크로 자리를 잡고 있다. 페를로프가 티 하우스를 이처럼 중국 양식으로 재건축한 것은 티 운송 및 거래의 협상에서 중국의 주요 상인(손님)들의 주의를 끌기 위한 것으로 알려져 있다.

러시아에서도 매우 동양적인 분위기를 연출하는 페를로프 티 하우스. 이곳에 들러 티 한잔에 마음의 여유를 잠시 가져보는 것도 좋은 일이다.

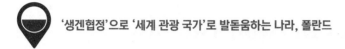

바이에른풍 밀크티, '바바르카'의 나라

발트해 지역의 폴란드는 14세기에 폴란드·리투아니아 연합국을 형성하여 영토를 확장하기 시작하였고, 16세기에 '지동설'을 주장하여 근대화의 문을 열어 세계사에 혁명을 불러온 니콜라우스 코페르니쿠스(Nicolaus Copernicus, 1473~1543)가 탄생한 나라이다.

폴란드는 17세기에 유럽의 최강국으로 떠올랐지만, 18세기에 이르러 국력이 쇠퇴하여 프러시아, 러시아, 오스트리아의 3국 분할 통치를 받았다. 그와 함께 폴란드에 티가 유입된 것은 다른 서유럽 국가의 사정과 거의 비슷하다.

그러나 1949년 소련에 의해 공산화된 뒤 폴란드는 티의 문화도 쇠퇴하였는데, 1989년 자유노조의 독립운동으로 공산정권이 붕괴하면서 경제개방과 함께 티 문화도 새롭게 활기를 띠었다.

더욱이 폴란드는 2004년에 유럽연합(EU)에 가입, '생겐협정(Schengen Agreement)'을 체결하면서 자유롭게 여행이 가능해진 결과 2019년도 한 해에는 관광객 수만 약 2000만 명이 넘는 숫자를 기록해 오늘날 세계적인 관광지로 급부상하고 있다. 이에 따라 오래된 역사적, 문화적 재산을 기반으로 호스피탈러티 산업도 성장하고 있는 것이다.

오늘날 폴란드는 연간 티 소비량이 세계 20위권으로 국민이 티를 많이 마시는 나라이다. 특히 '허브티', '푸르트 티'의 소비가 많으며, 홍차에 우유를 넣어 마시는 바이에른식 밀크 티인 '바바르카(bawarka)'도 국민적인 티 음료이다.

또한 브리티시 티 문화가 전파되어 전통적인 폴란드 티뿐 아니라 영국식 애프터눈 티, 하이 티도 경험할 수 있다. 여기서는 폴란드의 주요 도시를 중심으로 티 문화를 즐길 수 있는 유명 호텔이나 레스토랑, 티 하우스 등을 소개한다.

Hotel Bristol, Warsaw

'왕가의 거리'의 랜드마크, '호텔 브리스톨 바르샤바'

호텔 브리스톨 바르샤바의 전경

폴란드의 최대 도시이자 수도인 바르샤바(Warsaw)로 여행을 가면 17세기 유럽 최강국의 왕도였던 만큼 역사적인 건물이 많고, 왕궁, 대통령궁, 국립극장, 오페라하우스 등의 중요 시설이 밀집된 '트라크트 크룰레프스키(Trakt Królewski)' 거리부터 구경할 사람이 많을 것이다. 트라크트 크룰레프스키는 영어로 '왕가의 거리(The Royal Route)'를 뜻한다.

또한 왕가의 정원이지만 1727년 세계 최초로 공공 시민 공원이 된 '색슨 정원(Saxon Garden)'이나 천재 피아니스트 프레데리크 쇼팽(Fryderyk Franciszek Chopin, 1810~1849)이 활동한 것을 기념해 그의 동상이 세워진 '와지엔키 공원(Łazienki Park)'에서는 5년마다 세계적인 권위의 '쇼팽 국제피아노콩쿠르'가, 해마다는 가을철에 '모차르트 페스티벌' 등의 볼거리가 풍성하여 바르샤바는 동유럽에서도 여행객들의 발길이 많은 곳이다. 이러한 바르샤바를 여행하다가 잠시 쉼터가 될 만한 곳을 찾는 여행가

호텔 로비의 화려한 모습

나 티 애호가가 있다면 '호텔 브리스톨 바르샤바(Hotel Bristol, Warsaw)'
를 권해 본다.

이 호텔은 역사가 1901년으로까지 거슬러 올라가는데, 왕가의 거리에서
도 약 120년간 랜드마크이자, 신르네상스 '파사드(facade)' 양식과 아르누
보 양식의 걸작으로 평가를 받고 있다. 지금은 메리어트 본보이 럭셔리 등
급인 '럭셔리 컬렉션' 브랜드의 5성급 호텔로서 그 위용을 자랑하고 있다.
이곳의 휴양 시설과 다이닝 서비스는 세계 정상급으로 세계 각국의 왕가
나 정치인, 음악가, 화가, 영화배우 등 유명 인사들이 거쳐 갔다.

호텔이 처음으로 문을 연 시대부터 있었던 120년 역사의 레스토랑 '카페
브리스톨(Café Bristol)'은 바르샤바의 상징적인 명소이다. 레스토랑에서
는 아르누보 파사드 양식의 건축물로서 실내는 비엔나 스타일로 장식되
어 있다. 이곳의 시거너처 디시는 브렉퍼스트이다. 새롭게 선보이는 아보
카드 샌드위치, 수제 그래놀라, 크런치, 훈제 연어 요리를 커피와 함께 경
험해 보길 바란다.

아르데코 양식으로 실내 분위기가 세련된 '마르코니 레스토랑(Marconi
Restaurant)'은 세계적인 명성을 자랑하는 곳이다. 현지의 제철 식재료를

엄선하여 수석 셰프가 선보이는 요리는 바르샤바에서도 이곳 외에는 경험할 수 없을 것이다. 월요일에서 토요일까지는 브렉퍼스트, 디너를, 일요일에는 브렉퍼스트, 브런치, 디너를 서비스한다. 특히 브렉퍼스트는 요리의 색상이 아주 다채롭고 화려하여 '이곳이 폴란드가 아니고 중동이 아닐지'라는 생각이 들 정도이다.

'칼럼 바(Column Bar)'는 바르샤바를 들른 티 애호가나 칵테일 마니아들에게 인기가 높은 장소이다. 바텐더가 장인의 기술로 창조한 칵테일을 아르누보 양식의 실내에서 우아하게 즐길 수 있고, 또한 아주 화려한 애프터눈 티타임도 즐길 수 있기 때문이다.

물론 칵테일이나 샴페인 애호가들이 반길 만한 장소도 있다. 바르샤바에서도 가장 친숙한 곳인 '벨 에포크 샴페인 바(Belle Epoque Champagne Bar)'이다. 바르샤바 시가지의 스카이라인과 일몰의 아련한 장면을 감상하면서 칵테일 한 잔과 함께 휴식을 취해 보길 바란다. 더 나아가 운치 있는 '진 바(Gin Bar)'는 직접 들러서 경험해 보길 바란다.

칼럼 바의 「애프터눈 티」 서비스

Raffles Europejski Warsaw

19세기 신르네상스 시대의 상징, '래플즈 유로페츠키 바르샤바' 호텔

래플즈 유로페츠키 바르샤바 호텔의 웅장한 모습

수도 바르샤바 내에서 최고의 번화가인 '왕가의 거리'에는 폴란드를 대표하는 상징적인 건축물들이 많다. 그중에는 1857년 이탈리아 출신의 폴란드인 건축가 엔리코 마르코니(Enrico Marconi, 1792~1863)가 건립하여 약 160년 역사를 자랑하는 신르네상스 양식의 궁정도 있다. '폴란드의 진정한 영혼'이라는 이 건물에는 호텔 '래플즈 유로페츠키 바르샤바(Raffles Europejski Warsaw)'가 들어서 있다.

호텔의 시그너처 레스토랑 '유로페츠키 그릴(Europejski Grill)'은 전 세계인을 상대로 폴란드의 문화와 요리를 선보인다. 「알라카르트」의 메뉴에서는 폴란드 정통 요리의 진수를 경험할 수 있다. 특히 세련된 실내 분위기 속에서 펄수드스키 광장(Pilsudski Square)의 역사적인 유적들을 바라보면서 폴란드의 토속 요리를 브렉퍼스트에서부터 디너까지 즐길 수 있다. 디너에서는 수석 셰프가 폴란드 정통 요리에 현대적인 요소를 가해 새롭게 창조한 미식을 즐겨 보길 바란다.

100년 역사의 케이크점 '루스 바르샤바(Lourse Warsaw)'는 이 도시에서

100년 역사의 케이크점 루스 바르샤바

도 가장 유명한 명소로서 사람들과 만나 우아한 별미들과 함께 티타임을 즐길 수 있다. 바르샤바 최고의 케이크류와 페이스트리와 함께 전통적인 티 세리머니를 펼칠 수 있는 몇 안

되는 곳이다. 티 애호가들에게는 반가운 장소가 아닐 수 없지만, 시내의 관광을 마친 여행객들에게는 서둘러 들러야 할 곳이다. 왜냐하면 개점 시간이 오전 10시부터 오후 6시까지이기 때문이다.

이 호텔만의 독특한 라운지인 '휴미도르(Humidor)'에서는 시거를 원하는 취향에 따라 골라 필 수 있는 곳으로서 최고급 싱글 몰트 위스키와 프랑스산 최고급 브랜디인 '아르마냑(Armagnac)' 등을 선보인다. 분위기는 한마디로 말하자면 '젠틀맨 클럽'이다. 전 세계 여행가들을 위해 마련된 안락한 쉼터로서 벽난로의 온기 속에서 다양한 주류들을 즐겨 보길 바란다.

바르샤바에서도 최고의 바인 '롱 바(Long Bar)'는 우아한 실내 분위기 속에서 시그너처 칵테일 '싱가폴 슬링(Singapore Sling)'을 비롯하여 세계 최고의 칵테일을 경험할 수 있는 곳이다. 싱글 몰트 위스키, 블렌디드 위스키, 무알코올의 목테일, 브랜디, 아르마냑, 칼바도스(Calvados), 코냑, 진, 그라파(grappa), 리큐어 앤 아페르티프, 럼, 메스칼(Mezcal) 등 메뉴의 가짓수가 끝이 없을 정도이다. 칵테일 애호가라면 어쩌면 선택에 장애가 생길지도 모른다. 롱 바, 이곳은 진정 칵테일 애호가들의 낙원 아닐 수 없다!

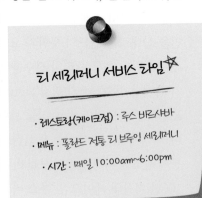

티 세리머니 서비스 타임 ☆

· 레스토랑(케이크점) : 루스 바르샤바
· 메뉴 : 폴란드 전통 티 브루잉 세리머니
· 시간 : 매일 10:00am~6:00pm

Hotel Copernicus

'지동설'을 주창한 코페르니쿠스의 숙소, '호텔 코페르니쿠스'

호텔 코페르니쿠스의 입구

폴란드의 옛 수도이자 제2의 도시인 크라쿠프(Kraków). 이 도시는 14세기에서 17세기까지 폴란드 왕국의 왕도였던 곳으로 오늘날에는 인구가 바르샤바 다음으로 많은 곳이다. 따라서 역사도 깊어 도시 곳곳에는 중세 고딕에 이어 바로크, 르네상스 양식의 저택이나 궁전, 성당 등 각종 건축물을 볼 수 있다.

그중에서도 역사가 가장 오래된 거리인 카로니차(Kanonicza)는 동유럽에서도 최고의 관광 명소이다. 역사의 유산이라 할 16세기 건축 양식의 건축물이 오늘날 럭셔리 호텔로 운영되는 곳도 있다. '호텔 코페르니쿠스(Hotel Copernicus)'이다.

이 호텔 건물은 3층의 타운하우스로서 그 역사가 16세기로까지 거슬러 올라간다. 이 건물은 15세기 초에 가톨릭 성당이었지만 1455년 화재로 완전히 전소되어 다시 건축, 개축되어 16세기부터는 가톨릭 성직자들의 숙소로 사용되었다. 당시 '행성이 태양을 중심으로 공전한다'는 '지동설(heliocentric theory)'을 주창하여 세계 근대화의 문을 연 천문학자 요하

중세의 고풍스러운 분위기를 풍기는 레스토랑

네스 코페르니쿠스도 크라쿠프를 방문할 때마다 이곳에 머물렀다. 물론 호텔 이름도 그 과학자 코페르니쿠스로부터 유래되었다.

이 건물은 1998년 럭셔리 호텔로 첫 문을 연 뒤로 폴란드에서는 최초로 프랑스의 고급 호텔 및 레스토랑의 브랜드인 '를레 앤 샤토(Relais & Châteaux)'의 회원사가 되었다.

이 호텔은 폴란드 군주의 왕궁으로서 고딕, 르네상스, 바로크 등의 양식이 융합된 관광 명소인 '바벨성(Wawel Royal Castle)'이 한눈에 보여 전망도 빼어나다. 또한 중세 건물의 실내 분위기 속에서 각종 휴양 시설과 다이닝 서비스를 폴란드 최고의 수준으로 즐길 수 있다.

'코페르니쿠스 레스토랑(Copernicus Restaurant)'은 브렉퍼스트에서부터 런치, 그리고 디너까지 이탈리아, 프랑스의 정통 요리를 선보인다. 〈미쉐린 가이드〉 추천 레스토랑, 〈고미요〉에서 '남폴란드 베스트 셰프상', '국제 미식아카데미(AIG, Académie Internationale de la Gastronomie)'의 '미래의 셰프상'을 수상한 마르친 필립키위츠(Marcin Filipkiewicz) 셰프가 선보이는 프랑스, 이탈리아의 정통 요리들은 미식가들이 바르샤바에 들러 그냥 지나친다면 예의가 아닐 것이다.

브렉퍼스트는 커피, 티, 우유, 주스 등의 신선한 음료를 비롯해 크라쿠프 고장의 요리들로 풍성한 메뉴인 「크라쿠프 브렉퍼스트」, 프랑스, 이탈리

레스토랑의 테이블 세팅 모습

아의 요리인 「지중해식 브렉퍼스트」, 채식주의자를 위한 「비건 브렉퍼스트」 중에서 선택해 경험할 수 있다.

매일같이 메뉴가 바뀌는 런치, 오후 4시부터 디너까지 이어지는 메뉴인 「셰프의 테이스팅」은 그야말로 미식가들에게 최고의 경험을 선사할 것이다. 「셰프의 테이스팅」 메뉴는 '5코스', '7코스', '9코스'까지 있으며, 비건을 위한 '5코스' 메뉴도 있다.

물론 유리로 뒤덮인 온실 구조의 정원 내의 '바(Bar)'나 '라이브러리(The Library)'에서 진, 위스키, 와인, 칵테일 등 다양한 음료와 별미들을 즐길 수도 있다. 특히 테라스에서는 바벨성을 비롯하여 옛 건축물들의 시원한 스카이라인을 배경으로 크라쿠프 전통의 별미와 함께 티타임을 즐기면서 한가로운 시간을 보낼 수 있는 최적의 장소이다.

이곳은 여행객들에게는 특별 추천 명소이다. 지금 앉은 좌석이 영국의 찰스 황태자(Charles, Prince of Wales), 미국의 조지 부시 대통령(George W. Bush)을 비롯해 영화배우, 예술가 등 세계적인 명사들이 거쳐 간 자리이기 때문이다. 크라쿠프의 스카이라인을 보며 시간을 뛰어넘어 그들과의 경험을 공유해 보길 바란다. 코페르니쿠스다운 혁명적 아이디어가 필요한 사람이라면 이곳을 반드시 방문할 것이다!

프랑스의 세계적인 '호텔 앤 레스토랑'의 연합 브랜드,

'를레 앤 샤토'

프랑스에 본사를 둔 럭셔리 호텔 앤 레스토랑의 연합 브랜드인 '를레 앤 샤토(Relais & Châteaux)'. 1954년에 설립되어 오늘날에는 미국의 나파 밸리(Napa Valley)에서부터 프랑스의 프로방스, 인도양의 해변 국가에 이르기까지 전 세계 5대륙의 68개국에서 독립적으로 운영되는 럭셔리 호텔 및 레스토랑 580개가 회원사를 두고 있다.

'를레 앤 샤토'의 회원사들은 각 지역의 호스피탈러티 전통과 다양한 문화를 계승하면서 여행객들에게 최고의 서비스를 제공한다. 대부분이 가족 일가에 의하여 독립적으로 운영되고 있는 회원사들은 2014년도에 '를레 앤 샤토'가 '유네스코(UNESCO)'에 제출한 연합체의 비전에 따라 각 지역의 유산과 환경을 보호하려는 노력도 함께 벌이고 있다.

를레 앤 샤토의 회원사인 호텔 코페르니쿠스의 테라스

'벨벳 혁명'으로 '티 하우스'가 탄생한 나라?!

체코의 보헤미아 지방에는 오래전부터 방랑자인 집시들이 많이 거주하여 사람들은 그 집시들을 '보헤미안(Bohemian)'으로 불렀다. 그러한 집시 문화도 있어 티 문화도 역사가 깊을 것으로 언뜻 생각되지만, 실은 19세기 후반까지 체코에는 티가 유입되지 않았다.

커피 하우스인 '카바르나(Kavárna)'는 프라하(Prague)에 오래전부터 있었지만, 티는 1848년에야 프라하에 도입된 것이다. 그러한 상황에서 제1차 세계대전을 지나 수도인 프라하에 수많은 '차요브니(Čajovny)'(티 하우스)들이 들어선 것이다.

1968년에 공산주의 정권이 들어서면서 커피 하우스는 여전히 유지되었던 반면, 티 하우스들은 하나둘씩 점차 사라져 갔다. 그런데 1989년 '벨벳 혁명(Sametová revoluce)'을 통해 '피를 흘리지 않고 혁명'에 성공하면서 티 문화도 서서히 다시 성장하기 시작해 오늘날에는 체코 전역에서 티 하우스들을 쉽게 찾아볼 수 있다. 특히 프라하의 벨벳혁명이 '티(Tea)'에서 시작되었다'는 이야기도 있어 티 애호가들에게는 흥미로움을 더해 준다.

1989년 '벨벳혁명'으로 체코슬로바키아에서 공산주의 정권이 붕괴한 뒤 티 전문가이자 수입업자였던 알레시 주리나(Aleš Juřina)는 동료 티 전문가들과 함께 1992년 수도 프라하에 체코슬로바키아에서는 근대 티 하우스의 시초인 보헤미안 티룸인 '도브라 차요브나(Dobrá Čajovna)'의 문을 열었다. 그 뒤 이 티룸을 통해 체코슬로바키아에 중국, 일본 등 아시아의 티 문화가 본격적으로 유입되면서 수많은 티 수입업체, 티 하우스, '티 순례자'들이 생겨났다. 오늘날 그의 '도브라 티(Dobra Tea)'는 '보헤미안 스타일 티룸'의 국제적인 체인 업체로 성장하였다.

Dobrá Čajovna

벨벳혁명 끝에 탄생한 티 하우스, '도브라 차요브나'

도브라 차요브나 티 하우스 입구

체코에는 공산주의 정권의 붕괴를 촉발한 '벨벳혁명'이 실은 '티(tea)'로 촉발되었다는 이야기가 전해진다. '티 파티(Tea Party)' 사건이 미국의 독립 전쟁을 촉발하였다는 이야기는 알고 있지만, 체코에서 '티 혁명'으로 공산주의 정권이 붕괴하였다는 이야기는 아마도 낯설 것이다.

1980년대 후반 당시 체코슬로바키아는 외환이 부족한 상태로 일부 청년 티 애호가 그룹이 티를 밀수할 수밖에 없었는데, 이때 고품질의 티들은 정치인, 관료, 군인 등 일부 엘리트 계층에게만 독점 거래되었는데, 이것이 빌미가 되어 당시 체코슬로바키아에서는 벨벳혁명이 일어나 1989년에 공산주의가 붕괴하였다는 것이다. 그 뒤 1992년 젊은 사람들을 주축으로 '티 애호가 협회'가 결성되었고, 이듬해 근대 티 하우스의 시초로서 '보헤미안풍의 티룸'이 수도 프라하에 처음 생겼다. 이것이 알레시 주리나(Aleš Juřina)가 프라하의 '바츨라프 광장(Wenceslas Square)'에 첫 문을

도브라 차요브나 티 하우스의 실내

연 티 하우스, '도브라 차요브나(Dobrá Čajovna)'이다. 체코어로 '차요브나(Čajovna)'는 '티룸'이라는 뜻이다. 이 도브라 차요브나는 오늘날 체코 근대 '티 하우스의 시초'로 평가를 받고 있다.

이같이 벨벳혁명이 '티 혁명'이고, 그것이 '정권 붕괴'로 이어졌으며, 그로 탄생한 것이 '도브라 차요브나'라는 점에서 실로 역사적인 티 명소가 아닐 수 없다. 이곳에서 선보이는 티들은 티 전문가들이 전 세계 수백여 개의 티 가공공장, 야생 다원, 그리고 세계 티 산지의 티마스터들을 직접 일일이 만나 품질을 관리하여 티의 품질도 최상을 자랑한다.

보헤미안의 땅, 체코의 수도 프라하를 방문하는 여행객이라면 도브라 차요브나에 잠시 들러 티 한 잔을 마시면서 당시의 격동적이면서 역사적인 순간을 떠올려 보는 것도 흥미로울 것이다.

차요브나 티하우스의 티타임

Dharmasala Tea House

히말라야 티베트의 티 문화? 이젠 '프라하'에서 만나요!
'다람살라 티 하우스'

다르살람 티 하우스 입구

체코의 프라하에서 1817년 건설된 지구인 카를린(Karlín)의 중심부를 여
행하다 보면 보헤미아에서 시작된 의료 서비스 중심의 수도회 종단인
'붉은 별 십자가 기사단(Knights of the Cross with the Red Star)'의 장
미 화원을 비롯해 '성 치릴로·메토디오 성당(Church of Saints Cyril and
Methodius)'이나 '카를린 철도 다리(Karlín Railway Bridge)' 등의 옛 건축
물들을 구경할 수 있다.

여행객들이 이런저런 명소들을 구경하다가 티를 한잔하면서 잠시 쉬어갈
장소를 찾는다면, 커피 하우스나 티 하우스를 추천한다. 프라하에서는 커
피 하우스나 티 하우스를 곳곳에서 볼 수 있지만, 이곳을 처음 들른 여행
객이면 좀 독특한 명소를 찾아 경험의 폭을 넓혀 보는 것도 좋은 일이다.

험준한 히말라야 산지의 티베트 티 문화를 즐길 수 있는 '다람살라 티 하우스(Dharmasala Teahouse)'도 그중 한 곳이다.

티 하우스의 이름인 '다람살라(Dharmasala)'는 인도 북서부 히마찰프라데시주(Himachal Pradesh) 서부의 히말라야 고지대인 캉그라(Kangra) 계곡에 있는 도시로서 티베트의 망명 정부가 들어선 곳이다.

이름에서도 알 수 있듯이, 이곳은 최고급 티와 히말라야산맥의 티 문화를 융합시킨 것이 특징이다. 네팔의 '고지대 티', 인도의 '다르질링(Darjeeling)' 등 최고 등급의 티와 티베트의 생활 양식인 '참파(rtsam-pa)', 버터 티인 '수유차(酥油茶)', 비건, 베지테리언을 위한 스낵 등을 선보인다. 참파는 보리를 절구에 찧은 가루인데, 티베트 사람들은 이것을 소량의 티에 넣고 섞어서 먹는다. 보릿가루로 경단을 만든 것은 '팍(phag)'이라고 한다.

이곳은 화요일에서 금요일까지 오후 3시~오후 9시까지 문을 연다. 하절기에는 오후 6시 30분부터 가든에서 열리는 티 테이스팅에 참관해 네팔과 다르질링의 티를 12종에서 16종류까지 테이스팅해 볼 수 있다.

티 애호가라면 히말라야산맥의 최고급 티와 함께 험준한 티베트의 티 문화를 고단한 발품이 없이도 즐길 수 있는 이곳을 아마 지나치지는 못할 것이다!

다람살라 티 하우스의 실내 모습

· WORLD TEA TREND ·

중동의
호레카(HoReCa) 속
티(Tea) 명소

I

중동

터키
이란
이라크
아랍에미리트
사우디아라비아
카타르

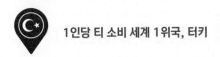

아시아와 유럽 대륙을 잇는 '티 로드'의 길목

터키는 예로부터 아시아의 서단 아나톨리아반도(Anatolia Pen.)와 유럽의 발칸반도(Balkan Pen.) 남단을 연결해 아시아와 유럽을 잇는 중요 길목으로서 '실크로드(Silk Road)'뿐 아니라 '티 로드(Tea Road)'의 중요한 경유지였다. 따라서 터키의 티 역사는 매우 깊고 지정학적인 요인으로 인하여 동서양의 문화가 융합된 경우가 많다. 특히 이스탄불의 보스포루스 해협(Bosporus Str.)을 사이에 두고 동쪽이 아시아, 서쪽이 유럽으로 경계를 이룬다.

이러한 지정학적인 요건으로 터키는 실크로드, 티 로드의 경유지로서 중요 무역항이 발달하였는데, 대표적인 곳이 오늘날 터키 최대의 항구 도시인 이스탄불이다.

오늘날 터키는 1인당 티 소비량이 부동의 세계 1위를 차지하는 티 소비 대국이자, 티 생산량도 세계 6위를 차지하는 생산 대국이다. 여기서는 동서양의 문화 교착지인 터키에서 애프터눈 티로 유명한 호텔과 전통 티로 유명한 티 하우스(카페) 등을 소개한다.

Four Seasons Hotel Istanbul Bosporus

'터키식 애프터눈 티'로 유명한,
'포시즌스 호텔 이스탄불, 보스포루스'

포시즌스 호텔 이스탄불, 보스포루스 지점의 야경

터키의 최대 항구 도시인 이스탄불은 크루즈선과 각종 소형 선박들이 보스포루스 해협을 통해 흑해(Black Sea)와 마르마라해(Marmara)로 드나드는 광경을 볼 수 있어 여 여행객들에게 인기가 매우 높다.

해협을 따라 여행하다 보면 바닷길을 따라 시가지가 한눈에 내려다보여 전망이 좋고 터키식 애프터눈 티도 즐길 수 있는 티 명소가 있다. 포시즌스 호텔 그룹의 5성급 호텔인 '포시즌스 호텔 이스탄불 보스포루스(Four Seasons Hotel Istanbul Bosporus)'이다.

레스토랑 '얄리 라운지(YALI Lounge)'는 터키식 애프터눈 티를 즐길 수 있는 대표적인 명소이다. 티 애호가들뿐만 아니라 전 세계 여행객들에게도 매우 훌륭하기로 입소문이 나 있다. 특히 신선한 티는 터키에서도 유명한 티 산지인 '리제(Rize)'에서 전량 들여온 것이다.

이 라운지에서 제공하는 터키식 애프터눈 티는 역시 동서양의 교착 항구 도시의 호텔인 만큼 음식이 매우 독특한 구성이다. 서양인, 동양인 모두에게 약간씩은 이국적인 느낌을 주는 식재료인 향신료, 라브네(Labneh), 야채 등이 들어가는 것이다. 라브네는 염소, 양, 소, 낙타 등의 젖을 약간씩 섞어 발효시킨 신선 치즈이다.

샌드위치에서 독특한 예를 들면, 화이트 브레드에 훈제연어와 중동 전역에서 즐겨 먹어 '페르시아 밀크'라고도 하는

알리 라운지의 티룸

치즈인 라브네, 향신료인 딜(dill), 레몬 절임 등이 들어간다.

이러한 샌드위치는 영국에서는 결코 맛볼 수 없는 매우 독특한 별미이다. 물론 페이스트리도 시나몬이나 바닐라와 같은 향신료가 많이 들어가 그 맛이 매우 독특하고 일품이다. 그러함에도 불구하고 역시 영국 정통 애프터눈 티의 요소인 스콘은 반드시 등장한다.

또한 미니 번빵에 신선한 민트, 건과일, 요구르트가 들어가거나, 프랑스 전통 빵인 브리오슈(brioche)에 물소젖 모차렐라, 토마토, 페스토 소스가 들어간 것, 염소젖의 치즈와 땅콩이 든 버섯 타르트 등은 오직 이 호텔에서만 즐길 수 있다.

그 밖에도 해산물 구이를 중심으로 하는 「메인 코스」, 회, 초밥 위주의 「스시 컬렉션(Sushi Selection)」, 크림 페이스트리, 초콜릿 케이크 등의 디저트도 일품이다.

호텔의 로비에 위치한 레스토랑 '야스민(Yasemin)'에서도 가족 단위로 브렉퍼스트, 터키식 애프터눈 티, 디너를 보스포루스 해협을 바라보면서 분위기 있게 즐길 수 있다. 특히 여름철에는 이 고장에서도 가장 인기 높은 장소이다.

미식 레스토랑 '아나손(Anason) 34'에서는 터키식 전채 요리인 메제(Mezze)와 함께 아르굴라 샐러드, 마늘 버터 슈림프의 스타터(Starter),

알리 라운지의 야외 테라스의 민트 티 서비스

그리고 다양한 디저트를
선보여 인다. 미식가들이
라면 직접 들러 경험해 보
길 바란다.

이 호텔은 항구 도시에 있
는 만큼 해산물 요리가 풍
성한데, 레스토랑 '아쿠아

터키식 애프터눈 티

(Aqua)'에서 농어구이, 노랑촉수(red mullet) 구이, BBQ 참치 등의 메인
코스와 함께 스시 컬렉션, 오이스터 앤 캐비어, 그리고 랍스터의 스타터

등을 선보여 해산물을 좋아하
는 여행객들에게는 훌륭한 명
소이다.

술탄의 나라 터키에서 다소 이
국적인 향미의 음식들과 터키
식 애프터눈 티를 푸른 해협을
바라보면서 즐기고 싶다면, 포
시즌스 호텔 이스탄불 보스포루
스로 가 보길 권한다.

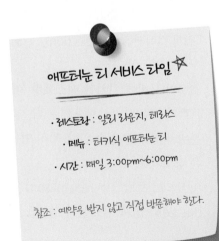

애프터눈 티 서비스 타임 ☆

• 레스토랑 : 알리 라운지, 테라스

• 메뉴 : 터키식 애프터눈 티

• 시간 : 매일 3:00pm~6:00pm

참조 : 예약을 받지 않고 직접 방문해야 한다.

Pierre Loti

이스탄불의 역사적인 카페, '피에르 로티'

테라스 카페 피에르 로티 이스탄불의 전경

이스탄불에는 아름다운 항만을 내려다 볼 수 있는 7곳의 언덕이 있다. 그 곳들은 이스탄불의 여행객들에게는 전망이 훌륭하여 인기가 높은데, 그 중에서도 '피에르 로티 힐(Pierre Loti Hill)'은 역사가 깃든 명승지이다.

이 언덕에는 이스탄불에서도 매우 역사가 오래되고 유명한 티 카페가 있다. '피에르 로티(Pierre Loti)'이다. 이곳의 역사는 18세기로까지 거슬러 올라가는데, 이때부터 이스탄불의 시민들이 자주 찾던 카페였다. 당시 카페 이름은 '라비아 카딘 카베시(Rabia Kadın Kahvesi)'였다. 이때 '카베시(Kahvesi)'는 '터키식 커피'를 뜻한다.

19세기 프랑스 해군 장교이자 유명 소설가로서 『아지야데(Aziyadé)』(1879), 『로티의 결혼(Le Mariage de Loti)』(1880), 『빙도(氷島)의 어부(Pêcheur d'Islande)』(1886)를 쓴 피에르 로티(Pierre Loti, 1850~1923)가 이스탄불에 거주하면서 보스포루스 해협의 항만인 골든 혼(Golden Horn)을 한눈에 내려다볼 수 있는 이 언덕의 티 카페를 자주 찾았던 역사적인 배경으로 카페와 언덕의 이름이 지금의 '피에르 로티'가 된 것이다.

이곳에서 운영하는 테라스 티 카페는 전망이 훌륭하여 현지인들이나 여행객들의 발길이 잦다. 특히 정원식의 테라스는 수용할 수 있는 인원이 1400명에 이를 정도로 규모가 크다.

피에르 로티힐에서 바라본 골든 혼의 야경

피에르 로티에서는 조그만 규모의 부티크 호텔과 레스토랑도 겸하여 운영하고 있다. 호텔명은 '투르크하우스 부티크 호텔(Turquhouse Boutique Hotel)', 레스토랑 이름은 그의 자서전적인 소설 『아지야데(Aziyadé)』에서 따온 '아지야데 레스토랑(Aziyadé Restaurant)'이다. 아기자기하고 고급스러운 분위기를 느낄 수 있는 곳으로서 이스탄불을 방문하는 여행객들에게는 테라스 카페에서 티를 즐기고, 숙박도 해결할 수 있는 명소이기도 하다.

특히 아지야데 레스토랑에서는 터키 특유의 색채감이 강한 향신료와 과일, 채소, 그리고 생선들을 사용한 진귀한 음식들도 경험할 수 있다.

터키를 방문한다면 이스탄불의 항만과 해협이 한눈에 보이는 이곳에서 티 한 잔과 함께 이국을 방랑하던 피에르 로티의 삶을 잠시 떠올려 보는 것도 좋을 것 같다.

서비스 요리와 실내 모습

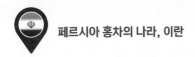

'페르시아 홍차'로 유명한 이란의 티 무역

이란은 그 옛날 페르시아 제국으로서 마케도니아의 영웅 알렉산드로스 대왕 (Alexander Ⅲ, B.C. 356~B.C. 323)에게 패하기 전까지 약 200년 동안 아시아와

티하우스에 그려진 나칼리의 기원인 벽화

유럽을 제패하였던 나라이다.

그런 이란은 중국에서 인도를 거쳐 유럽으로 이어지는 실크로드(또는 티로드)와 인접해 15세기부터 티 무역을 시작하였다. 16세기에는 사파비 왕조(Safavid dynasty, 1501~1722)가 페르시아 제국 이후 이란 전역을 통일하고 역사상 가장 큰 제국을 세워 무역을 본격화하면서 티를 막대한 양으로 수입하였다. 이때부터 티 하우스 '차이하나(Chaikhanah)'(이하 티 하우스)가 들어서기 시작하였고, 주로 상류층, 부유층의 사람들이 티 하우스에 모여 담소를 나누며 티를 즐긴 것이다.

이와 함께 이란에는 새로운 문화도 형성되었다. 티 하우스 내에 대서사나 종교적인 일화가 담긴 매우 정교한 그림들이 비치되기 시작한 것이다. 이것이 오늘날 이란의 유네스코 무형문화재로 등록된 '나칼리 (naqqali)'와 '파르데 카니(pardeh-khani)'로 이어진 것이다.

나칼리는 '페르시아식 구연 극예술 공연', '파르데 카니'는 천 위의 그림을 보고 서사나 종교적인 내용을 구연하는 이란의 전통문화이다.

여기서는 이란의 기념비적인 티 명소와 함께 이란의 전통 홍차인 소위 '페르시아 홍차(Persian Black Tea)'를 즐길 수 있는 곳들을 소개한다.

'페르시아 홍차의 대부',
카시프 알 살타네

카시프 알 살타네

이란은 1935년 현재의 국명으로 바꾸기 전까지 기원전부터 여러 왕조에 걸쳐서 '페르시아 제국(Persian Empire)'으로 불렸다. 그런 페르시아에 차나무를 들여와 최초로 재배해 오늘날 '이란 티의 대부' 또는 '페르시아 홍차(Persian Black Tea)의 대부'로 추앙을 받는 사람이 있다. '카시프 알 살타네(Kashef Al Saltaneh, 1865~1929)'이다.

이란의 외교관이었던 그는 당시 막대한 티의 수입에 너무 많은 돈이 해외로 유출되는 상황에서 만약 이란에서 차나무를 재배한다면 경제에 큰 도움이 될 것으로 판단하였다.

인도에서는 외국인에게 차나무의 재배 방식을 극비로 부쳤지만, 그는 1897년 인도로 건너가 연구 끝에 차나무의 재배 방식과 서식 기후를 파악해 이란의 북서부 도시인 라히잔(Lahijan)에 차나무를 반입하여 재배에 최초로 성공하였다. 그 뒤 라히잔을 포함하여 길란(Gilan) 지방의 사람들이 차나무를 재배하면서 이란은 오늘날 세계 7위의 티 생산국이 된 것이다.

영국에는 중국에서 인도로 차나무를 밀반입, 재배해 '인도 홍차(Indian Black Tea)'를 탄생시켜 경제에 이바지한 '로버트 포춘(Robert Fortune, 1812~1880)'이 있었다면, 이란에는 '페르시아 홍차(Persian Black Tea)'를 탄생시킨 '카시프 알 살타네'가 있었던 것이다.

Respina Hotel

티 산지 '길란'의 '레스피나 호텔'

야외 테라스가 훌륭한 레스피나 호텔 전경

이란의 대표적인 티 산지인 길란 지방의 중소 도시 라히잔으로 가면 현지의 페르시아 홍차인 '길란 티(Gilan tea)'를 제대로 즐길 수 있는 티 명소 중에서도 5성급의 호텔이 있다. '레스피나 호텔(Respina Hotel)'이다. 이 호텔은 차나무의 재배지인 다원의 한복판에 있다. 그리고 다양한 식물들로 장식된 가든형 카페, 전망과 풍경이 좋은 야외 테라스형 옥상 카페가 인상적이며, 특히 2층의 레스토랑에서는 현지에서 생산된 다양한 페르시아 티들이 요리들과 함께 선보인다.

레스토랑에서는 이란 사람들이 '허브'와 '스파이스'를 많이 소비하는 만큼, 티 메뉴에도 매우 색다른 '허브 블렌딩 티', '스파이스 블렌딩 티'들이 다수를 차지하고 있다. 현지에서 생산된 '길란 티(Gilan tea)', '모로칸 티', '마살라 티'를 비롯하여 보바인플라워(bovine flower), 장미, 광귤, 레몬, 시나몬을 블렌딩한 '릴랙세이션 티(relaxation tea)', 애플 티에 시

테라스형 가든 레스토랑   가든형 카페

레스토랑의 티타임   실내 레스토랑의 모습

나몬을 첨가한 '헬스 티', 다마스크 장미(Damask rose), 오렌지, 레몬, 카르다몸, 시나몬을 블렌딩한 '베살 티(Besal tea)', 생강에 꿀을 넣은 '진저 허니 티(ginger honey tea)', 쥐오줌풀을 블렌딩한 '발레리언 보바인 티(Valerian Bovine tea)' 등이다.

이외에도 파인애플, 블루베리, 수박, 복숭아, 포도, 딸기 등 다양한 프루트 티와 커피, 그리고 풍성한 페르시아 요리들을 즐길 수 있다.

이란을 방문한다면 이란 최초로 차나무가 재배된 길란 지방의 도시 라히잔에 들러 레스피나 호텔을 방문해 그 옛날 카시프 알 살타네의 이야기를 떠올리면서 페르시아 홍차와 요리들을 즐겨 보는 것도 좋을 것이다.

Espinas International Hotel

이란의 전통 티 하우스를 간직한, '에스피나스 인터내셔널 호텔'

에스피나스 인터내셔널 호텔 정문

이란의 수도 테헤란에는 페르시아 시대의 전통 티 하우스를 유지한 호텔도 있다. 5성급 호텔인 '에스피나스 인터내셔널 호텔(Espinas International Hotel)'이다.

이 호텔의 장점은 테헤란 중심부에 고층으로 지어져 어느 객실에서도 유네스코 세계문화유산으로 지정된 주요 유적지들을 한눈에 바라볼 수 있다는 점이다. 사바피 왕조에 건립된 '꽃의 궁전'이라는 '골레스탄 궁전(Golestan Palace)'이 대표적이다. 그리고 '네가레스탄 가든(Negarestan Garden)', 세계적으로 유명한 주택으로서 현재 박물관으로 사용되는 '모가담박물관(Moghadam Museum)', 국립보석박물관 등과도 가까운 거리이다.

이 호텔은 테헤란의 중심지에 있어 사통팔달인 것 외에도 '다이닝 앤 카페'도 최고급이다. 레스토랑 '불러바드(boulevard) 126'에서는 브렉퍼스트에서부터 디너까지 미식 수준의 요리들을 선보인다.

또한 아주 화려하고도 로맨틱한 실내 분위기의 '만다크 레스토랑(Mandak Restaurant)'에서는 럭셔리 전통 음료들과 티, 그리고 커피는 이란 궁전의 전통적인 방식으로 서비스하는 곳으로도 유명하다. 또한 전통 티룸이 있어 사모바르로 취향에 맞게 우려낸 전통 티와 함께 페르시아 전통 요리들을 즐길 수도 있다.

'아트리움 카페(Atrium Café)'는 여행객들에게 스낵, 머핀, 페이스트리 등의 우아한 별미들을 '라테(lattes)'와 함께 선보이는 스페셜 메뉴가 매우 유명하다.

레스토랑 내의 티타임

페르시아 전통 티 하우스 내부

아트리움 카페의 라테

Azadegan Teahouse

아자데간 티 하우스

이란 중부에는 고
대 페르시아 제국의
옛 수도인 이스파한
(Esfahan)이 있다. 이
곳은 과거에 '페르시
아 융단'의 산지로
유명한 고장이다. 그
런데 이곳에는 티 애
호가들에게 인터넷
을 통해 널리 알려
진 이색적인 티 명소
가 있다. '아자데간
티 하우스(Azadegan
Teahouse)'이다.
이 티 하우스는 천장

정문

페르시아 방식의 홍차 및 다과

을 비롯하여 사방이 주전자, 램프, 컵, 조리 기구 등 잡동사니들이 설치되
어 실내 장식이 매우 독특한 티 하우스로서 전 세계 티 애호가들에게 매
우 유명하다. 이곳에서도 페르시아 전통의 홍차, 커피나 다른 음료, 그리
고 간단한 요리들을 즐길 수 있다.

이란에서는 홍차와 함께 '칸드(kand)'라는 각설탕이 대부분 함께 나온다.
이것은 이란 사람들이 페르시아 시대부터 각설탕을 입에 머금고 홍차를
마시는 전통이 있기 때문이다. 상당히 이색적이고 이국적인 이곳 티 하
우스에 이방인처럼 들러서 티를 잠깐 즐겨 보길 바란다.

Toranj Food Complex

토란즈 푸드 콤플렉스

토란즈 푸드 콤플렉스 내부

본래 무슬림이 다수를 이루는 이란 중부의 도시 이스파한 내 역사적인 기독교도 지역인 '졸파(Jolfa)'에는 한 번쯤은 찾아가 볼 만한 깜찍하고도 아담한 티하우스가 있다. '토란즈 푸드 콤플렉스(Toranj Food Complex)'이다. 이곳은 '호바네스 하우스(Hovanes house)'라고도 한다.

사모바르의 페르시아 홍차

이곳에서는 페르시아 홍차, 각종 허브 블렌딩 티, 스파이스와 허브가 듬뿍 든 전통 음식들을 우아하면서 아담한 실내 장식으로 인한 편안한 분위기 속에서 즐길 수 있다. 물론 홍차는 사모바르에서 우려내 찻잔에 따라 적당한 농도로 묽혀서 자신의 입맛에 맞게 즐기면 된다.

'페르시안 홍차'를 즐겨 보자!

이란에서는 사람들이 티를 원한다면 아침, 점심, 저녁, 심야의 언제든지 즐긴다. 이란에서는 티를 즐기는 장소를 '카흐베 칸(ghahveh khane)'이라고도 한다. 나라마다 티를 즐기는 방식에서 차이가 있듯이, 이란에서 전통적으로 티를 즐기는 방식인 '페르시아 홍차'에도 개성이 있다. 전통적으로는 사모바르를 갈탄으로 가열해 물을 끓이고 그 위에 티 포트를 올려놓고 진하게 우려내 희석해 마시지만, 오늘날에는 간소한 방식으로 즐기고 있다.

준비 과정

(1) 티포트를 준비한다
   : 티포트의 재질은 도자기, 유리제, 철제 중 어느 것이든 상관없다.

(2) 홍차(잎차)를 준비한다.
   : 홍차는 우렸을 때 색상이 붉고 진하고 향미가 미묘한 것이 좋다. 실론, 잉글리시브렉퍼스트, 아이리시브렉퍼스트 등 취향에 따라 선택한다.

페르시아 방식의 홍차와 각설탕

   스파이스 블렌딩(선택 사항)
   : 카르다몸 꼬투리, 샤프론, 장미꽃, 시나몬 스틱 등에서 선택한다.

(3) 전기 주전자에 물을 넣고 끓인다.

(4) 잎차 또는 잎차와 스파이스를 블렌딩한 것을 티포트에 적당량(잎차는 2큰술)을 넣고 뜨거운 물을 붓는다.

(5) 티포트의 뚜껑 위로 타월을 덮은 뒤 5~10분간 진하게 우린다.

(6) 진하게 우린 티로 유리컵의 3분의 1을 채운 뒤에 취향에 맞게 뜨거운 물을 붓는다.
   : 진한 향미가 좋으면 컵의 2분의 1까지, 연한 향미가 좋으면 컵의 4분의 3까지 뜨거운 물을 붓는다.

(7) '페르시안 홍차(또는 플레이버드 티)'를 즐긴다.

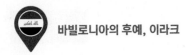 바빌로니아의 후예, 이라크

이라크의 티 문화

이라크는 13세기 몽골족에게 수도 바그다드가 함락되고, 오스만투르크 제국의 통치로 동서양의 교류가 활발해지면서 터키로 가는 실크로드의 길목으로서 티를 마시던 관습이 성행하였다.

이라크에서는 동양에서 터키로 가는 실크로드(또는 티로드)의 경유지로서 티가 카라반을 통해 처음으로 육로로 전파되어 '차이(Chai)'라고 한다. 그리고 티 하우스는 '차이카나(ChaiKhana)'라고 부른다. 이때 카나(Khana)는 '집', '장소'를 뜻한다. 따라서 차이카나는 '티를 마시는 집(장소)'인 것이다.

이라크 사람들은 홍차를 매우 달게 마시는 문화가 있는데, 찻잔 또는 튤립 꽃 모양의 유리잔에 설탕을 먼저 넣은 뒤 거기에 준비된 홍차를 부어 사람들에게 낸다. 터키 사람들이 각설탕을 입에 머금고 홍차를 마시는 것과는 다른 방식이다. 물론 진하게 우려낸 홍차인 만큼 이라크 사람들은 전통적으로 우유를 넣어 '밀크 티'로도 많이 마시는데, 전통적인 티 하우스인 차이카나에서는 물담배, 즉 '후커(hookah)'와 함께 즐기곤 한다. 녹차는 티 애호가들이나 즐기는 정도로서 이라크에서는 그리 흔하지 않다.

여기서는 고대 바빌로니아의 후예인 이라크의 티 문화와 명소들을 호텔, 레스토랑, 티 하우스와 함께 소개한다.

이라크의 티 우리는 방식

전통적인 튤립형 찻잔

Babylon Rotana Baghdad Hotel

최고급 '시샤'와 '다이닝'으로 유명한 호텔 '바빌론 로타나 바그다드'

바빌론 로타나 호텔의 야경

이라크의 수도 바그다드에는 여행객들이 이라크식 티를 즐기면서 여유롭게 보낼 만한 유명 호텔들이 여럿 있지만, 여기서는 그중 바빌로니아 제국의 옛 영화로움을 연상시키는 5성급 호텔, '바빌론 로타나 바그다드(Babylon Rotana Baghdad)'를 소개한다. 실제로 호텔명에서 사용된 '바빌론(Babylon)'은 바빌로니아 제국의 옛 수도였기도 하고, 호텔도 바빌로니아의 옛 영광인 '바벨탑(the Tower of Babel)'을 떠올리게 하듯 피라미드형으로 설계 및 건축되어 있다.

이 호텔은 수도 바그다드 한복판에 위치하며 메소포타미아 문명의 발상지인 티그리스강의 둑과도 지리적으로 매우 가깝고, '바그다드 국제공항(Baghdad International Airport)'과도 약 30분 거리에 있다.

호텔 바빌론 로타나는 '세계 최고의 다이닝(정찬)'을 표방하고 있어 전 세계의 음식을 레스토랑, 룸식 가든, 야외 가든에서 즐길 수 있다. 특히 티 애호가들은 멋진 정찬을 즐긴 뒤 '알 야스민 로비 라운지(Al Yasmine Lobby Lounge)'에서 이라크식 홍차, 커피, 간식 등을 즐길 수 있다.

레스토랑 '바빌론 빌리지(Babylon Village)'에서는 가벼운 식사로 꼬치구

샤나실 레스토랑의 모습

이인 '샤와르마(shawarma)'를 비롯하여, 최고급 물담배인 '시샤(shisha)'
도 즐길 수 있다. 샤와르마는 이라크 전통 샌드위치로서 소고기, 양고기
등을 양념하여 꼬치에 끼워 불에 구운 뒤 채소로 싸서 먹는 음식이다.
그밖에도 '샤나실 레스토랑(Shanashil Restaurant)'에서는 전 세계의 향
신료가 든 다양한 풍미의 음식들과 전통 음식들을 즐길 수 있다.
여행객들이 이라크의 수도 바그다드에 들른다면, 이곳 호텔 바빌론 로타
나에 머물면서 이라크식 홍차를 즐겨 보는 것도 좋다. 또한 그 옛날 서아
시아의 패권자인 아시리아 제국을 멸망시키고, 페니키아를 정복한 그 바
빌로니아 제국의 흥망성쇠도 잠시 떠올려 보길 바란다.

야외 레스토랑인 바빌론 빌리지 야경

Cup Way

이라크에서 티 바람의 주역, 레스토랑형 카페, '컵웨이'

컵웨이 카페 정문

수도 바그다드에는 티와 커피, 그리고 아랍 음식으로 유명한 카페, 레스토랑, 그리고 레스토랑형 카페들도 많다. 최근에는 젊은 세대들이 전통적인 티 하우스인 '차이카나'보다도 식사와 함께 음료도 간단히 즐길 수 있는 레스토랑형 카페를 더 즐겨 찾는다. 그중 큰 인기를 끌고 있는 곳이 '컵웨이(Cup Way)'이다.

컵웨이는 2017년에 탄생하였으며, 지금은 이라크에서도 이라크식 음료와 전통 요리의 최고 브랜드 중 하나로 자리를 잡았다. 컵웨이는 레스토랑형 카페로서 이라크에서 유럽풍으로 티와 커피, 그리고 요리를 실내외에서 즐길 수 있는 편리함이 있다. 따라서 젊은 세대들로부터 큰 인기를 끌고 있다.

이곳에서는 다양한 음료와 이라크 전통 음식들을 메뉴로 선보이고 있어, 티 애호가라면 이라크의 젊은 세대들에게 명소로 떠오르고 있는 이곳에 들러 이색적인 요리들과 함께 다양한 티 메뉴들을 즐겨 보는 것도 좋을 듯하다.

Machko ChaiKhana

이라크 최고(最古)의 티 하우스, '마코 차이카나'

마코 차이카나의 오래된 정문

이라크에는 티 애호가라면 반드시 들러 보아야 할 역사적인 티 하우스가 있다. 수도 바그다드를 벗어나 이라크 북부 쿠르드족 자치주의 주도인 아르빌(Arbil)에서도 가장 유명한 티 하우스로서 82년째 가족들이 대를 이어 운영하는 '마코 차이카나(Machko ChaiKhana)'이다.

이 전통 티 하우스는 마코 무함메드(Machko Muhammed)가 1940년 카페를 처음 설립한 뒤로 가족들이 3대째 운영하고 있다. 현재는 손자가 운영하고 있다고 한다.

이곳은 약 8000년 전 지구상에서 인류가 가장 오래전부터 거주한 곳으로서 '유네스코 세계문화유산 보호지(UNESCO World Heritage Site)'로 지정된 '시타델(Citadel)'(성채) 내의 한복판으로 옮겨져 운영되고 있다. 약 80여 년간 단 한 번도 문을 닫은 적이 없다고 전해지는 곳으로서, 티 애호가라면 꼭 들러 보아야 할 '이라크 티 성지의 순례길'인 셈이다.

이라크 북부의 쿠르드족 사람들은 1인당 연간 티(홍차) 소비량이 1.5kg에 달할 정도로 티를 많이 즐긴다. 이슬람 전통에 따르면, 여성들은 차이카나에 들어가지 않지만, 이곳 마코 차이카나는 쿠르드족에게는 전통과

문화의 상징적인 명소로서 남녀
노소의 구분 없이 들러 홍차를 마
신다.

이곳 쿠르드족 전통 방식의 '차이
티(Chai tea)'(홍차)에는 설탕이 항
상 들어간다. 튤립 모양의 전통 유
리잔인 '피얄라(piyāla)'에 담고 여

국내·외 유명 정치 인사들 방문 기록 사진

기에 티 소스인 '제르 피얄라(piyāla)'를 넣어 마시는 것이 특징이다.

마코 차이카나는 그 오래된 역사를 증명이나 하듯이, 정부의 고관대작,
지역 및 해외의 유명 정치인들까지 그동안 수없이 방문하여 기록이나 사
진을 자취로 남긴 곳이기도 하다. 지금도 쿠르드족의 지성인들이나 활동
가들이 이곳에 들러 벽에 방문 증거로써 사진을 남기고 있다고 한다.

지구 역사상 가장 오래된 인류 거주 유적지로서 '유네스코 세계문화유
산의 보호지' 내의 마코 차이카나에 들러 쿠르드족 전통의 '차이 티(Chai
tea)'를 경험해 보길 바란다. 중동을 움직인 역사상의 인사들이 남긴 방
문 기록 사진들을 감상하거나, 현지인과 전통 주사위 놀이인 '백가먼
(Backgammon)'을 함께 즐긴다면 이라크 문화를 이해하는 데 큰 도움이
될 것이다.

평상시 만남의 장소인 실내 모습

'이라크식 홍차'를 즐겨 보자!

이라크에서 티(이하 홍차)를 준비하는 전통적인 방식은 홍차를 '우려내는 것 (brewing)'이 아니라 '조리하는(cooking)' 방식이다. 전통적으로는 2단으로 구성된 사모바르를 사용하는데, 물 주전자가 아래쪽에, 티 포트가 물 주전자의 개구부에 올려지는 구성이다.

준비 과정

(1) 2단 사모바르를 준비한다.

(2) 홍차 잎차(3큰술 정도)를 준비한다.

(3) 하단의 주전자에 물(6잔 정도 분량)을 넣고 끓인다.

　　: 전통적인 방식은 갈탄을 사용하지만, 인덕션이나 가스레인지도 상관없다.

(4) 상단의 티포트에 홍차 잎차와 끓인 물(4잔 정도 분량)을 넣는다.

(5) 주전자를 가하는 불을 중간 세기로 낮춘다.

(6) (4)를 (5)의 주전자 개구부에 올려놓고 10~15분간 서서히 진하게 우린다.

(7) 튤립 모양의 유리잔 또는 찻잔에 설탕을 넣는다.

(8) 우려낸 홍차를 설탕이 든 찻잔에 따라서 즐긴다.

(9) 홍차에 우유(지방 함유량 0~2%)를 넣어 즐긴다(선택 사항).

(10) 물담배인 '후커(hookah)'와 함께 즐긴다(선택 사항).

찻잔에 설탕을 듬뿍 넣는 모습

이라크 전통 튤립형 유리잔

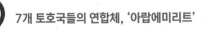

세계의 무역, 경제, 금융의 허브 나라

UAE의 국부 세이크 자이드 빈 술탄 알나하야

페르시아만 남부 아라비아 반도의 아랍에미리트(UAE)는 19세기 영국의 통치를 받았던 9개의 토호국이 20세기 후반 독립하여 그중 7개의 토호국들이 연합체를 결성한 나라이다. 1971년에 아랍연맹, 국제연합(UN)에 가입한 뒤 걸프협력회의(GCC, Gulf Cooperation Council)의 창립국으로도 참여하여 첫 회의를 수도 아부다비에서 개최하면서 국제무대에 데뷔하였다. 이를 주도한 사람은 7개국의 토호국을 연합해 아랍에미리트를 세워 국부로서 존경을 받는 초대 대통령 셰이크 자이드 빈 술탄 알나하얀(Sheikh Zayed Bin Sultan Al Nahyan, 1918~2004)이다.

이로부터 아랍에미리트가 오늘날 눈부시게 성장하게 된 배경에는 1958년 해저 유전이 발견된 뒤로 석유 수출을 통해 막대한 부를 축적한 덕분이었다. 특히 수도 아부다비는 그 앞바다에서 대규모의 해저 유전이 발견, 산유하면서 석유 무역을 통한 경제를 바탕으로 두바이와 함께 아라비아반도에서도 새로운 유통, 경제의 중심지로 발전하였다. 이에 따라 호텔, 관광 산업도 크게 발달하였다. 여기서는 막대한 부와 함께 설립된 초호화 호텔에서 파인 다이닝과 애프터눈 티를 즐길 수 있는 명소들을 소개한다.

'가젤의 나라', 수도 아부다비

아랍에미리트의 수도 아부다비의 스카이라인

아랍에미리트의 수도인 아부다비는 석유 수출을 통한 외환 자산의 척도인 국부펀드(SWF, sovereign wealth fund)가 2021년 기준, 세계 5위인 아랍에미리트 경제의 3분의 2를 차지하여 정치, 경제, 문화의 중심지이다. 그리고 1인당 국민소득도 약 6만 달러가 넘는다.

본래 아부다비는 조그만 섬으로서 예로부터 가젤 영양이 매우 많았던 이유로 그 지명이 유래되었다. 아랍어로 아부다비(Abu Dhabi)에서 아부(Abu)는 '아버지(father)', 다비(Dhabi)는 '가젤(gazelle)'을 뜻한다.

오늘날 세계 5위권 석유 산유국의 수도로서 눈부시게 성장한 아부다비에서 최고의 휴양을 누리면서 미식급의 파인 다이닝과 함께 영국 정통 애프터눈 티를 즐길 수 있는 초특급 호텔 명소로 럭셔리 여행을 떠나 보자.

InterContineltal Abu Dhabi

아랍에미리트의 전설적인 탄생 무대, '인터컨티넨탈 아부다비' 호텔

해변의 인터컨티넨탈 아부다비 호텔 전경

수도 아부다비는 1971년 아랍에미리트가 탄생한 뒤 국제 사회로 발돋움 하는 데 매우 중요한 역할을 한 곳이다. 아랍에미리트가 국제 사회에서 독립 국가로서 위상을 세운 것은 아부다비에서 '걸프협력회의'를 창립하 면서부터였다. 아부다비는 사실상 아랍에미리트의 탄생지인 셈이다.

아부다비에는 걸프협력회의를 창립하고 첫 회의 장소로 사용하기 위 해 아랍에미리트의 국부이자 초대 대통령인 셰이크 자이드 빈 술탄 알 나하얀이 첫 문을 연 역사적인 호텔도 있다. 아부다비 최초의 호텔인 인 터컨티넨탈 호텔 그룹의 5성급 럭셔리 호텔, '인터컨티넨탈 아부다비 (InterContineltal Abu Dhabi)'이다.

푸른 페르시아만 연안에 위치해 아름다운 풍광으로 유명한 이 호텔은 설 립 당시부터 아랍 정상들과 왕가, 유명 인사, 석유 산업계의 재벌들이 묵 었던 곳인 만큼 아랍 최고의 호스피탈터리를 선보인다.

이 호텔의 '피아노 라운지(the Piano Lounge)'에서는 세련된 실내 디자 인의 분위기 속에서 피아노 음률이 흐르는 가운데 조용하게 담소를 나눌 수 있는 공간이다. 매일 아침에 신선한 커피와 쿠르아상(croissants)으로 시작하여 애프터눈 티를 즐긴 뒤 저녁에는 칵테일을 즐길 수 있다. 아름 다운 해안가의 위치한 레스토랑 '실렉션스(Seletions)'에서는 브렉퍼스트

클럽 인터컨티넨탈 라운지의 「영국 정통 애프터눈 티」 서비스

에서부터 디너까지 서비스를 제공하는데, 전망도 훌륭할 뿐만 아니라 미식 요리의 모습도 매우 화려하다. 그리고 레바논 정통 레스토랑 '바빌로스 쉬르 메르(Byblos Sur Mer)'에서는 전채 요리인 메제를 비롯해 아부다비 최고의 레바논 전통 요리들을 선보인다. 미식가들이라면 레바논 미식으로 각종 수상 경력이 화려한 이곳을 들르지 않을 수 없다.

레스토랑 '다이닝 룸(Dining Room)'과 '클럽인터컨티넨탈 라운지(The Club InterContinental Lounge)'는 최고급 요리와 영국의 정통 애프터눈 티를 즐길 수 있는 곳으로 유명하다. 클럽인터컨티넨탈 라운지에서는 테라스에서 푸른 페르시아만의 수평선과 새하얀 요트들이 유유히 지나가는 광경을 바라보면서 브렉퍼스트, 애프터눈 티, 칵테일 등을 즐길 수 있다.

다이닝 룸에서는 미식가들을 위한 브렉퍼스트와 테이블 서비스, 애프터눈 티, 그리고 애피타이즈 코스로 카나페(canapé) 등이 최고급으로 선보인다.

아부다비를 방문하는 여행객이라면 아랍에미리트 탄생시킨 역사적인 장소이자, 아부다비 최초의 호텔에서 최고의 휴양 서비스를 즐겨 보길 바란다.

애프터눈 티 서비스 타임 ☆
· 레스토랑(라운지) : 피아노 라운지
  · 메뉴 : 하이티
  · 시간 : 매일 4:00pm~6:00pm
· 레스토랑(라운지) : 클럽인터컨티넨탈
  라운지, 다이닝 룸
  · 메뉴 : 영국 정통 애프터눈 티
  · 시간 : 매일 4:00pm~6:00pm

The Ritz-Carlton Abu Dhabi, Grand Canal

아부다비의 호화로운 안식처, '리츠 칼튼 아부다비, 그랜드 캐널'

리츠 칼튼 그랜드 캐널 호텔의 외부 전경

아부다비를 여행하다 보면 이곳이 아라비아반도에서도 최부국인 아랍에미리트의 수도인 만큼 전 세계 호텔 업체들이 각축을 벌이는 장소인 사실을 금방 알 수 있다. 미국의 세계적인 호텔 업체인 메리어트 인터내셔널(Marriott International, Inc)의 산하 브랜드 호텔인 '리츠 칼튼 아부다비, 그랜드 캐널(The Ritz-Carlton Abu Dhabi, Grand Canal)'도 그중 한 곳이다.

이 호텔은 아부다비 공항에서도 20분 거리에 있지만 녹음이 무성한 정원 속에 위치하여 여행객들에게 평온한 인상을 주고, 아부다비 최대의 야외 풀장을 갖춘 곳으로도 유명하다.

레스토랑 '미자나(Mijana)'에서 내거는 슬로건이 '아랍 요리의 예술'인 만큼, 라이브 음악이 흐르는 가운데 아랍 최고의 전통 음식들을 제공한다. 또 식사 뒤에는 아랍 전통의 물담배인 '시샤(shisha)'와 함께 아랍 전통 티들을 즐길 수 있다. 아랍 요리를 좋아하는 사람들에게는 낙원일 것이다.

레스토랑인 '포즈(Forge)'은 아부다비 최고의 스테이크하우스로서 브라질산 안심, 뉴질랜드산 등심, 호주산 와규, 미국산 카우보이 스테이크 등 최고 품질의 육류로서 감칠맛의 요리를 선보여 미식가들의 입맛을 사로잡는다.

홍차와 시샤가 준비된 미자나 레스토랑의 모습

또한 로비 라운지인 알바 라운지(Alba Rounge)의 특별 다이닝 장소에서는 리츠 칼튼 호텔이 전 세계 곳곳의 체인 호텔에서 서비스하는 것으로 유명한 영국 정통 애프터눈 티를 제대로 즐길 수 있다.

알바 라운지에서 오후에 선보이는 꽃향기가 풍기는 프리미엄 블렌딩 티와 전채인 '오르 되브르(hors d'oeuvres)', 초콜릿 간식들, 그리고 스콘과 함께 즐기는 영국 정통 애프터눈 티는 한 번 경험한 티 애호가들이라면 아마 다시는 잊지 못할 것이다.

알바 라운지의 애프터 눈 티 서비스

애프터눈 티 서비스 타임 ☆

· 레스토랑(라운지) : 알바라운지
· 메뉴 : 영국 전통 애프터눈 티
· 시간 : 매일 2:00pm~5:00pm

The St. Regis Abu Dhabi

아부다비 최고의 도시형 리조트, '세인트 레지스 아부다비 호텔'

아부다비를 방문한 여행 객이라면 아마도 60개의 럭셔리 소매점과 영화극 장, 각종 유락 시설이 복 합된 '내이션 갤러리아 몰 (Nation Galleria Mall)'이라 든지, 아부다비에서도 가장 세련된 알바틴(Al Bateen),

더 세인트 레지스 아부다비

쾌사르 알 와탄(Qasr Al Watan)의 거리, 그리고 에미리트 궁전(Emirates Palace)이 위치한 호화로운 번화가를 지날지도 모른다. 이곳들은 아부다 비에서도 심장부와 같은 곳으로 볼거리도 풍성하기 때문이다.

이러한 아부다비에는 미국의 세계적인 호텔 그룹인 메리어트 인터내셔 널이 여행객들을 위한 새로운 로열티 프로그램을 적용한 '메리어트 본보 이'의 호텔들 중에서도 럭셔리 호텔들이 가장 많이 진출해 있는 곳으로 서 그와 같은 '오아시스'를 찾는 일이 어렵지 않다. '세인트 레지스 아부 다비(The St. Regis Abu Dhabi)' 호텔이 대표적이다.

'도시형 리조트'를 표방하는 이 호텔은 메리어트 본보이 호텔 중에서도 '스트레지스(STREGIS)' 브랜드 호텔로 럭셔리 등급인 만큼 각종 휴양 시 설과 레스토랑의 다이닝과 애프터눈 티가 정상급이다.

'테라스 온 더 코르니쉬(The Terrace on the Corniche)' 레스토랑은 이 호 텔이 내세우는 최고의 장소이다. 현지의 최고 산물로 조리한 향토 요리와 국제적인 요리들을 신선하면서도 완벽하게 서비스하는 것을 큰 자랑으로 삼고 있다.

이탈리아 정통 레스토랑인 '빌라 토스타카(Villa Toscana)'은 고대 이탈

빌라 토스카나 레스토랑의 세련된 실내

리아 중부 지방인 투스카니(Tuscany), 움부리아(Umbria), 북부의 지방인 에밀리아로마냐(Emilia-Romagna)의 토속 요리들을 융합한 예술적인 요리에 큐레이팅한 와인을 선보이고 있다. 런치와 디너를 해결할 곳을 찾는 미식가라면 이곳에서 발걸음을 세울 것이 분명하다.

실내 디자인이 매우 세련된 '세인트 레지스 바(The St. Regis Bar)'에서는 늦은 오후부터 저녁 늦게까지 매우 다양한 요리들과 음료들을 선보이는 곳이다. 자유롭게 여행을 즐기는 사람들은 이곳에 원하는 시간대에 들러 미식 여행을 떠나 보길 바란다.

화려하게 빛나는 샹들리에와 유리 장식이 그 실내 분위기에 아름다움을 더해 주는 '크리스털 라운지(Crystal Rounge)'에서는 최고급 샴페인을 비롯하여 영국 정통의 애프터눈 티를 즐길 수 있다. 티 애호가라면 이곳에 들러 깔끔하면서 세련되고 또 호사스러운 분위기 속에서 고전적인 애프터눈 티를 즐겨 보길 바란다.

크리스털 라운지의 영국 정통 애프터눈 티 서비스

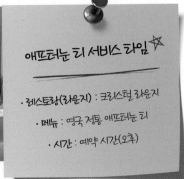

애프터눈 티 서비스 타임 ☆

· 레스토랑(라운지) : 크리스털 라운지
· 메뉴 : 영국 정통 애프터눈 티
· 시간 : 예약 시간(오후)

'메리어트 본보이'로 세계로 뻗어나간,
'메리어트 인터내셔널'

미국 메릴랜드주에 본사를 둔 다국적 호스피탈러티 기업인 '메리어트 인터내셔널 (Marriott International, Inc)'. 1927년 존 메리어트(John Willard Marriott)가 아내 앨 리스(Alice)와 함께 워싱턴 D.C.에서 '루트 비어(root beer)' 가게를 연 것이 기업의 시초 이다. 루트 비어는 각종 약초즙에 시럽을 넣은 탄산음료의 일종이다.

그 뒤 레스토랑 '핫 숍스(Hot Shoppe)'를 열고 사업을 확장해 주식회사 '핫 숍스(Hot Shoppes, Inc.)'를 설립한 뒤 1957년 버지니아주의 도시 알링턴에서 첫 호텔의 문을 열 었다. 이는 '트윈 브리지 모터 호텔(Twin Bridges Motor Hotel)'로서 오늘날의 '트윈 브 리지 메리어트(Twin Bridges Marriott)' 호텔이다.

1967년 회사명을 '메리어트(Marriott Corporation)'로 변경한 뒤 본격적으로 호텔 사 업에 뛰어들어 미국 내 주요 도시의 '리츠 칼턴 호텔(The Ritz-Carlton Hotel Co.)'의 지 분을 매입하거나 호텔들을 인수하는 방식으로 사업의 규모를 확장하였다. 1997년 미국 의 럭셔리 호텔인 '르네상스 호텔(Renaissance Hotels)'과 다국적 호텔 체인인 '라마다 (Ramada)' 브랜드를 구입한 뒤 1998년 '리츠 칼턴 호텔'의 실소유주가 되었다.

2007년에 호텔 체인 사업을 새로 시작하여 2015년 캐나다의 호텔 체인 '델타 호텔스 (Delta Hotels)'를 인수하여 38개의 호텔을 추가로 운영하는 등 전 세계로 호스피탈러 티 사업을 확장해 나갔다.

오늘날 메리어트 인터내셔널은 '메리어트 본보이(Marriotte Bonvoy)'라는 이름으로 30개의 호텔 브랜드로서 세계 133개국에 7600개의 체인 호텔들을 회원사로 두고 있다. 참고로 말하면, 메리어트 본보이는 크게 '럭셔리(Luxury)', '프리미엄(Premium)', '실렉 트(Select)', '롱거 스테이스(Longer Stays)'로 나뉘고, 5성급의 '럭셔리' 브랜드에는 '에 디션(EDITION)', '리츠 칼튼(The Rits-Carlton)', 'JW 메리어트(Marriotte)', '스트레지 스(STREGIS)', '럭셔리 컬렉션(The Luxury collection)', 'W 호텔스(HOTELS)'가 있다.

Rosewood Abu Dhabi

관계 지향적인 호스피탈러티 기업, '로즈우드 아부다비' 호텔

로즈우드 아부다비 호텔의 야경

아부다비의 '알 마리야섬'에는 앞서 소개한 포시즌스 호텔 외에도 다양한 호스피탈러티 기업들이 진출해 있다. 여행객들이 알 마리야섬의 다양한 관광 명소들을 구경한 뒤 파인 다이닝이나 티타임을 즐길 수 있는 또하나의 호텔을 소개한다.

'그랜드 럭셔리 호텔(Grand Luxury Hotels)'로서 '라르티지앵 컬렉션(Lartisien Collection)'에 속하는 5성급 호텔 '로즈우드 아부다비(Rosewood Abu Dhabi)'이다. 라르티지앵 컬렉션은 전 세계에서 럭셔리의 '진수(quintessence)'인 5성급 호텔들만의 브랜드이다.

아랍에미리트에서도 유일하게 라르티지앵 컬렉션에 등록된 로즈우드 아부다비 호텔은 홍콩에 본사를 세계적인 호스피탈러티 기업인 '로즈우드 호텔 앤 리조트(Rosewood Hotels & Resorts)'의 브랜드로서 '센터럴 비즈니스 구역(CBD, Central Business District)'에서 2003년에 첫 문을 열었다. 이 호텔의 '세계 50위권'의 레스토랑인 '다이파이동(Dai Pai Dong)'은 아시아의 정통 요리들을 선보이는 곳이다. 특히 광동성 요리를 즐기는 미식가들에게는 매우 권장되는 명소이다. 그리고 '우드 앤 파이어 앳 글로(Wood & Fire at GLO)' 레스토랑에서는 숯불구이의 다양한

스페셜 요리들을 선사한다.

바인 '드래곤스투스'에서는 1920년대 중국 상하이의 재즈 혁명을 야기한 티 룸의 이름이 붙은 만큼, 중국 술, 허브 티, 보바(boba), 칵테일, 와인, 소주 등 다양한 음료들을 제공하고 있다. 호텔 의 라운지인 '마즐리스(Majlis)'에서는 브렉퍼스트는 물론이고, 티 애호가들

다이파둥의 음차 브런치

을 위해 전문적인 애프터눈 티를 고객들의 취향을 고려하여 매우 다양하 게 제공하는 것으로 유명하다.

「영국 정통 애프터눈 티」는 기본이고, 중국의 딤섬, 에그 타르트, 오리 샐 러드를 함께 제공하는 「아시안 애프터눈 티(Asian Afternoon Tea)」, 콩 요 리인 홈무스(Hummos), 양젖이나 염소젖으로 만든 중동 치즈인 할루미 (Halloumi)와 함께 즐기는 「레바논식 애프터눈 티(Lavantine Afternoon Tea)」, 채식주의자를 위한 「베지테리언 애프터눈 티」, 엄격한 채식주의자 를 위한 「비건 애프터눈 티」도 제공되고 있다. 티 애호가들이 구미에 맞게 애프터눈 티를 선택할 수 있는 것이다.

아부다비에 들러 애프터눈 티를 영국, 중국, 아랍의 레바논 방식으로 모 두 즐겨 보고 싶은 사람은 로즈우드 아부다비 호텔의 '마즐리스 라운지' 에 들러 보길 바란다.

마즐리스 라운지의 「애프터눈 티」 서비스

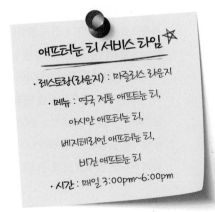
애프터눈 티 서비스 타임 ☆
· 레스토랑(라운지) : 마즐리스 라운지
· 메뉴 : 영국 정통 애프터눈 티,
  아시안 애프터눈 티,
  베지테리언 애프터눈 티,
  비건 애프터눈 티
· 시간 : 매일 3:00pm~6:00pm

미국 최대 부호인 여성 호텔리어가 창립한,
'로즈우드 호텔 앤 리조트'

ROSEWOOD
HOTELS & RESORTS

홍콩에 본사를 '로즈우드 호텔 그룹(Rosewood Hotel Group)'이 운영하는 세계적인 호스피탈러티 업체인 '로즈우드 호텔 앤 리조트(Rosewood Hotels & Resorts)'. 1979년 미국 텍사스주 댈러스에서 로즈우드 호텔 앤 리조트를 설립한 뒤 1980년에 세계적인 수준의 '레스토랑 & 호텔'인 '맨션 온 터틀 크리크(The Mansion on Turtle Creek)'의 첫 문을 열었다.

호텔 설립 당시 막대한 상속 재산으로 미국 최고의 부호이자 여성 호텔리어였던 캐롤라인 헌트(Caroline Rose Hunt, 1923~2018)는 각 지역의 역사, 문화, 지정학적인 특성을 고려한 '럭셔리 스타일의 주거형 호텔'의 사업을 추구하였다.

1993년 영국령 버진아일랜드(Virgin Islands)의 섬인 버진고르다섬(Virgin Gorda)의 카리브해에 리조트 '로즈우드 리틀 딕스 베이(Rosewood Little Dix Bay)'를 설립하여 호스피탈러티 사업을 본격적으로 전개한 뒤 1997년 멕시코의 바하칼리포니아반도(Baja California Peninsula)의 로스카보스(Los Cabos)에 리조트 '라스 벤타나스 알 파라이소(Las Ventanas al Paraíso)' 등을 열면서 리조트를 중심으로 호스피탈러티 사업을 확장시켰다.

특히 2000년도에는 미국 맨해튼의 번화가 '어퍼 이스트 사이드(Upper East Side)'에 '칼라일 호텔(Carlyle Hotel)', 2011년도에는 캐나다 밴쿠버에 진출하여 로즈우드 호텔 조지아(Rosewood Hotel Georgia)를 설립하는 등 럭셔리 호텔 사업을 지속적으로 전개하였다. 당시 홍콩에서 본사를 둔 '뉴 월드 호스피탈러티(New World Hospitality)'(현 로즈우드 호텔 그룹)이 로즈우드 호텔 앤 리조트를 인수한 뒤로는 중국 베이징, 광저우, 동남아시아의 캄포디아, 프랑스 파리, 영국 런던, 멕시코, 코스타리카, 워싱턴 D.C. 등으로 호텔 앤 리조트 사업이 확장되었다.

로즈우드 호텔 앤 리조트는 현재 전 세계 17개국에 29개의 럭셔리 호텔들과 리조트, 투숙지를 운영하는 세계적인 호스피탈러티 기업으로 성장하여 지금도 24개 호텔 사업의 론칭을 앞두고 있어, 곧 53개의 호텔 앤 리조트 사업이 전개될 전망이다.

Shangri-La Qaryat Al Beri, Abu Dhabi

'아부다비의 진수', '샹그릴라 카리야트 알 베리 아부다비 호텔'

해안가에 위치한 샹그릴라 카리야트 알 베리 아부다비 호텔의 야경

아부다비는 아랍에미리트의 정치, 경제, 중심지이기도 하지만, 세계적인 휴양 도시이기도 하다. 그런 아부다비를 방문한 여행객들이라면 아부다비에서도 200년 역사의 요새지이자, 최고의 관광 명소인 코르 알막타 (Khor Al Maqta) 해안가를 반드시 둘러볼 것이다.

코르 알막타 지역은 수로와 천연의 비치가 아름다운 조용한 해안 요새지로서 1793년에 관측 타워로 세우진 '알막타 타워(Al Maqta Tower)', 19세기의 유적인 '알 막타성(Al Maqta Castle)', 최신 현대 기술의 구조물인 '알막타 대교(Al Maqta Bridge)' 등 볼거리도 풍성하여 아부다비의 역사, 문화의 중심지이다. 따라서 이곳에는 서양의 정상급 호텔 그룹의 체인 호텔들뿐 아니라 아시아 최고의 호텔 그룹도 진출해 있다. 샹그릴라 그룹(Shangri-La Group)의 '샹그릴라 카리야트 알베리, 아부다비(Shangri-La Qaryat Al Beri, Abu Dhabi)' 호텔이다.

이 호텔은 아부다비 국제공항으로부터 방문객들을 헬리콥터로 곧바로 직송하면서 상공에서 내려다보는 즐거움을 고객들에게 선사하는 첫 서비스로도 유명하다. 호텔 앞에는 야자수로 둘러싸인 풀장, 그 앞으로는

호텔 내부의 아브라 라이드(Abra ride)

천연의 비치가 펼쳐지면서 테이블이 놓여 있고, 바다로 향한 돌출부에는 푸른 바다를 배경으로 레스토랑이 섬처럼 있어 한 번이라도 가본 관광객이라면 결코 잊을 수 없는 리조트형 호텔이다.

이 호텔은 낙원과도 같은 아름다운 전경뿐 아니라 파인 다이닝과 애프터눈 티도 유명한 곳이다. 특히 레스토랑의 파인 다이닝은 아부다비에서도 '요리의 허브(중심)'로 통한다.

베트남 정통 레스토랑인 '호이안(Hoi An)'은 아부다비 '2015 범아시아 최고 레스토랑(Best Pan-Asian Restaurant)'을 수상한 디너 전문 레스토랑이다. 베트남 하노이(Hanoi) 현지의 다양한 풍미의 요리들과 항구 도시 호이안에서 온 풍부한 해산물 요리들을 선보인다.

중국 정통 레스토랑인 '샹팰리스(Shang Palace)'도 영국 〈BBC 굿 푸드 미 매거진〉의 '범아시아 최고 레스토랑(Best Pan Asian Restaurant)'을 수상한 곳이다. 「딤섬」 메뉴와 「알라카르트」 메뉴는 미식 수준이며, 특히 샹 팰리스 브런치와 딤섬 런치에서는 시거너처 디시를 경험할 수 있다.

'소프라 비엘디(Sofra Bld)' 레스토랑은 아랍 전통 요리의 진수를 브렉퍼스트, 런치, 디너로 선보이는데, 특히 매주 화요일부터 격일로 주말까지 세계의 요리들을 선보이는 뷔페식 디너는 아부다비에서도 인기가 높다.

그런데 티 애호가들에게는 그러한 최고급 다이닝 레스토랑보다도 오히

로비 라운지의 화려한 애프터눈 티

려 '로비 라운지(Lobby Lounge)'가 더 유명하다. 중동 정통 건축 양식으로 실내가 디자인되어 매우 이국적인 로비 라운지는 애프터눈 티로 유명한 쟁쟁한 호텔들이 즐비한 아부다비에서도 〈아부다비 레스토랑 어워드(Abu Dhabi Restaurant Award)〉(2019)에서 '최고 애프터눈 티'를 수상할 정도이다. 이 로비 라운지의 「리미티드 에디션 애프터눈 티(Limited Edition Afternoon Tea)」는 영국 정통 애프터눈 티에 현대적인 요소들을 융합한 것으로서 호텔의 수석 셰프 니콜라오스 치미다키스(Nikolaos Tsimidakis)가 직접 선보인다.

티 애호가라면 이곳에 들러 푸른 해변과 한가로운 풍경, 그리고 장인이 정성껏 준비한 아부다비 최고의 애프터눈 티를 즐겨 보길 바란다.

로비 라운지의 「리미티드 에디션 애프터눈 티」 서비스

애프터눈 티 서비스 타임 ☆

• 레스토랑(라운지) : 로비 라운지
• 메뉴 : 리미티드 에디션 애프터눈 티
• 시간 : 목요일~토요일/2:00pm~6:00pm

'지상의 이상향'을 추구하는

'샹그릴라 호텔 앤 리조트 그룹'

홍콩에 본사를 둔 다국적 호스피탈러티 기업인 '샹그릴라 호텔 앤 리조트 그룹(Shangri-La Hotels and Resorts Group)'의 역사는 말레이시아의 중국계 기업인 로버트 콱(Robert Kuok Hock Nien, 郭鶴年, 1923~)이 1971년 싱가포르에서 '샹그릴라 호텔 싱가포르(Shangri-La Hotel Singapore)'의 문을 연 것이 시초이다.

약 51년의 역사를 지닌 호스피탈러티의 그룹명은 창업자인 로버트 콱이 영국 소설가 제임스 힐턴(James Hilton, 1900~1954)의 소설 『로스트 호라이즌(Lost Horizon)』(1933)에서 '지상의 이상향'으로 소개되는 '샹그릴라(香格里拉)'를 따서 붙인 것이다.

샹그릴라 호텔 앤 리조트 그룹은 샹그릴라 호텔 싱가포르를 시작으로 부동산, 투자업, 웰니스, 라이프스타일 관련 기업들을 인수, 합병하면서 호스피탈러티 분야의 사업을 크게 확장하였다.

오늘날 콱 일가가 운영하는 거대 복합 기업인 '콱 그룹(the Kuok Group)'의 산하 기업인 샹그릴라 호텔 앤 리조트 그룹은 '샹그릴라(Shangri-La)', '트레이더스 호텔스(Traders Hotels)', '케리 호텔스(Kerry Hotels)', '호텔 젠(Hotel Jen)'의 4개 호텔 브랜드로 전 세계 77개국에서 100개의 럭셔리 호텔과 리조트 등을 운영하고 있다. 이중 '샹그릴라'는 전 세계에서도 내로라하는 5성급 럭셔리 호텔의 상징으로 인식되고 있다.

샹그릴라 카리야트 알 베리 아부다비 호텔의 풀

Conrad Abu Dhabi
Etihad Towers

아부다비 창공으로 우뚝 선 '진격의 거인',
'콘래드 아부다비 에티하드 타워스' 호텔

콘래드 아부다비 에티하드 타워스 호텔의 거대한 모습

여행객들은 아부다비를 여행하다 보면 곳곳의 치솟은 건축물들로 인
해 스카이라인을 구경하고 싶은 마음도 들 것이다. 아부다비에는 초호
화 거대 건축물들이 많지만, 그중에서도 아부다비의 창공을 뚫을 듯이
'진격의 거인'처럼 우뚝 서 있어 광경이 압권인 타워도 있다. 힐튼 호텔
그룹의 '콘래드 호텔 & 리조트'의 '콘래드 아부다비 에티하드 타워스
(Conrad Abu Dhabi Etihad Towers)'이다.

이 거대 타워에는 아부다비의 스카이라인를 감상하면서 전 세계의 정상
급 요리를 즐길 수 있는 유명 레스토랑, 칵테일을 비롯해 세계의 음료를
제공하는 바, 그리고 애프터눈 티로 유명한 라운지들이 있다. 요컨대 타
워 내에서 요리의 대여행을 즐길 수 있는 명소이다.

타워 내의 레스토랑들은 저마다 전문성을 띠고 있고, 요리의 수준도 각

로즈워터 레스토랑의 인도 음식

종 수상 경력이 풍부한 세계 정상급이다. 레스토랑 '리 베이루트(Li Beirut)'에서는 정통 레바논 요리들을 현대적인 스타일로 즐길 수 있다.

풀장 가의 '나암(Naha-am)' 레스토랑은 세계 곳곳의 대표적인 요리들을 즐길 수 있는 곳이다. 「올 어바웃 아시아(All About Asia)」 메뉴에서는 아시아의 대표적인 요리들을 선보이는데, 특히 '한국의 영혼 비빔밥(Korean Inspired BiBimbap)', 「OTB 타코스(tacos)」 메뉴의 '서울 불고기(Seoul-Ful Beef)'는 일품이다.

그리고 브렉퍼스터 전문 레스토랑 '로즈워터(Rosewater)'는 해산물에서부터 스테이크까지 전 세계의 요리들을 뷔페로 선보인다. 인도의 다양한 카레 요리들과 아랍의 신선한 샐러드 요리들은 일품이다. 실내 또는 테라스에서 푸른 바다를 감상하면서 미식 요리들을 경험해 바란다.

또한 이탈리아 정통 레스토랑 솔레(Sole)에서는 실내 또는 야외에서 이탈리아 현지의 전통적인 요리에 현대적인 해석을 가한 새로운 요리들을 선보인다. 특히 역사가 1600년대로 올라가는 전통 나폴리(Naples) 요리는 미식가들의 흥미를 불러일으킬 것이다. 이탈리아 전통 치즈인 파르미지아노 레지아노(Parmigiano Reggiano), 검은송로버섯(Black Truffle) 등의 요리는 잊지 못할 것이다.

라틴아메리카 정통 레스토랑 '바카바(VaKaVa)'는 멕시코에서부터 브라질, 페루, 아르헨티나에 이르기까지 셰프 리카르드 산도발(Richard Sandoval)가 선보이는 화려하고도 다양한 색채의 향신료 미식들을 통해 라틴 요리 문화의 대모험을 떠날 수 있다.

특히 이 타워에는 아부다비에서도 영국식 정통 애프터눈 티의 명소가 두

업저베이션 테크 앳 300에서 선보이는 「애프터눈 티」 서비스

곳이나 있다. '업저베이션 데크 앳 300(OBSERVATION DECK AT 300)'
과 '로비 라운지'이다. 먼저 74층에 위치한 카페 '업저베이션 데크 앳
300'에서는 마치 공항의 관제탑처럼 아부다비의 으리으리한 스카이라
인을 360도 방향으로 바라보면서 영국 정통 애프터눈 티를 다양한 나라
의 홍차와 함께 최고 수준으로 즐길 수 있다. 아울러 로비 라운지에서도
케이크 카운터로부터 선보이는 예술적인 수준의 케이크와 페이스트리
와 「티 실렉션」 메뉴를 통해 영국 정통 애프터눈 티를 즐길 수 있다. 그밖
에도 티가 들어간 목테일의 수가 매우 풍부한 것이 특징이다.

업저베이션 데크 앳 300과 로비 라운지에서 애프터눈 티가 제공되는 시
간은 모두 매일 오후 2시~6시이
고, 각종 티와 요리들은 모두 수석
페이스트리 셰프가 직접 손수 만
들어 제공한다.

이곳 콘래드 아부다비 에티하드
타워스 호텔에 들러 세계 요리의
기행도 떠나 보고, 영국 정통 애프
터눈 티도 푸른 창공 속에서 만끽
해 보길 바란다.

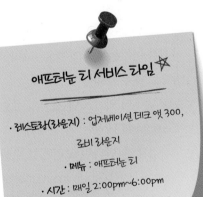

애프터눈 티 서비스 타임 ☆

• 레스토랑(라운지) : 업저베이션 데크 앳 300,
　　　　　　　　　　　로비 라운지

• 메뉴 : 애프터눈 티

• 시간 : 매일 2:00pm~6:00pm

참조 : 애프터눈 티는 예약이 기본이다.

Emirates Palace Hotel

아랍 호스피탈러티의 선두, '에미리트 팰리스 호텔'

에미리트 팰리스 호텔의 화려한 야경

여행객들이 아부다비를 둘러본다면 이곳이 건축 대가들이 각자의 화려하고도 웅장한 설계 기술들을 서로 뽐내는 경연장임을 곧바로 알아챌 것이다. 그런 만큼 '건축 여행'을 떠나도 좋을 만한 명소이다. 그중에는 럭셔리 호텔과 리조트 분야의 세계적인 건축가 존 엘리어트(John Elliott, 1936~2010)가 기획, 설계한 5성급 특급 호텔도 있다. '에미리트 팰리스 호텔(Emirates Palace Hotel)'이다.

이 호텔은 이슬람 건축 양식을 적용하여 중앙의 돔 건물을 중심으로 250개의 작은 돔 건물들이 방사상으로 뻗어나가도록 설계되었으며, 실내는 아치를 이루는 천장과 통로, 그리고 사막을 상징하는 '모래색'의 실내 내장으로 매우 호화롭다.

2005년부터 약 120년 전통의 유럽 럭셔리 호텔 그룹 '켐핀스키 호텔스(Kempinski Hotels)'가 운영해 오다가 2020년부터 홍콩의 럭셔리 호텔 투자업체인 '만다린 오리엔탈 호텔 그룹 인터내셔널(MOHG, Mandarin Oriental Hotel Group International Limited)'이 2년간 리노베이션을 거친 뒤 운영하고 있다. 이곳을 처음 들른 방문객들이라면 아마도 그 옛날 칼리프가 다스리는 왕국의 궁전에 사절단으로 들어가는 느낌이 들 것이다.

이탈리아 현대 요리 전문의 레스토랑 '탈레아 바이 안토니노 귀다(Talea by Antonio Guida)'에서는 「쿠치나 디 파밀리아 (Cucina di Famiglia)」(가족의 요리)의 메뉴를 통해 이탈리아 전역의 가정식

중앙 건물 로비 라운지 천정 돔

요리들을 선보이기로 유명하다. 이탈리아의 전통 요리에 대한 재해석을 통하여 독특한 연금술의 요리들을 선보여 미식가들에게는 버킷리스트가 될 것이다.

이곳의 명물인 라비올리 (ravioli)에서부터 수제 카르보나라(carbonara), 파스타, 피자, 샐러드, 부라타(burrata), 오소부코 (ossobuco) 등을 비롯해 밀라노 전통 요리의 기술로 선보이는 시그너처 디

비비큐 알 카스르 레스토랑의 운치 있는 모습

시는 미식가들의 시각과 미각을 일깨워 줄 것이다.

해안가에 위치하여 전망이 빼어난 레스토랑 '비비큐 알 카스르(BBQ Al Qasr)'는 아랍식 천막 레스토랑으로서 밤하늘에 총총한 별빛 아래의 분위기 있는 조명 속에서 아라비아의 옛 정취를 느끼며 진미들을 즐길 수 있다. '아부다비 최고의 로맥틱한 레스토랑'으로 평가를 받는 이곳에 방문하여 최고의 해산물 요리와 스테이크들을 향신료의 풍미와 경험해 보길 바란다.

아랍에서는 매우 드문 스페인 정통 레스토랑도 있다. '라스 브리사스(Las Brisas)'이다. 이곳은 아라비아만을 멀리 바라다보여 동공까지 풀어질 정

도로 전망이 훌륭하다. 이 고장에서 갓 잡은 신선하고도 감칠맛 넘치는 해산물의 시거너처 요리들을 선보이는 「알라카르트」 메뉴와 일몰 시간 대에서 우아하게 선보이는 「선셋 브런치(Sunset Brunch)」 메뉴는 분위 기에 앞서 시각에 즐거움을 선사한다.

티 애호가들에도 멋진 장소가 기다리고 있다. '아부다비 최고 카페'로 통 하는 '르 카페(Le Café)'이다. 르 카페는 아부다비 최고 품격의 '애프터눈 티'를 서비스하기로 유명하다. 전 세계 산지로부터 들여온 최상급의 신 선한 허브와 커피, 티 등과 함께 세계 정상급의 셰프들이 직접 구운 페이 스트리, 케이크 등 방대한 종류의 별미들은 티 애호가들에게도 신선한 충격을 안겨 준다.

이러한 애프터눈 티의 메뉴에는 3종류가 있다. 「베지테리언 애프터눈 티」, 「로열 애프터눈 티」, 「영국 정통 애프터눈 티」이다. 방문객들은 각자 원하는 애프터눈 티를 선택하여 피아니스트의 라이브 연주곡을 들으며 실내 또는 야외의 분수대 옆에 앉아서 사람들과 자유롭게 즐길 수 있다. 아랍에서도 이슬람 왕국의 분위기 속에서 애프터눈 티를 즐기고 싶다면, 이곳 에미리트 팰리스 호텔의 '르 카페'에 들러 보길 바란다.

애프터눈 티

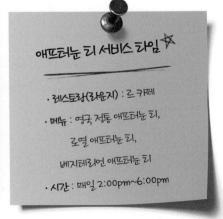

애프터눈 티 서비스 타임 ☆

• 레스토랑(라운지) : 르 카페
• 메뉴 : 영국 정통 애프터눈 티,
　　　　로열 애프터눈 티,
　　　　베지테리언 애프터눈 티
• 시간 : 매일 2:00pm~6:00pm

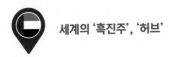

두바이

오늘날 두바이 지역의 사람들은 기원을 거슬러 올라가 보면 그 뿌리가 매우 깊다. 오래전부터 지정학적으로 동쪽 인도의 인더스 문명(Indus civilization)과 서쪽 이라크의 메소포타미아문명 간의 중계무역을 진행하였던 수메르족인 '마간(Magan)'이다.

그러한 중계무역에 종사한 역사가 오랫동안 흐르는 가운데 16세기에는 당시 세계 최고의 무역 도시인 베니스의 진주 무역 상인이 이곳을 '진주 산업의 메카'인 디베이(Dibei)로 소개할 만큼 흥성하였다고 한다.

수도 아부다비와 마찬가지로 두바이에서도 1960년대에 자원의 '블랙펄(black pearl)', '블랙골드(black gold)'라는 석유가 발견, 수출되면서 오늘날에는 아랍에미리트 최대 인구의 도시이자, 세계 최고 무역, 금융, 관광의 허브로 눈부시게 성장하였다. 실제로 두바이는 세기의 건축들이 그 높이와 화려함을 겨루는 곳으로, 인류가 지금껏 쌓은 최고 높이의 빌딩도 들어서 있다. 높이 826m의 '부르즈 칼리파(Burj Khalifa)' 타워이다. 역사상 이라크의 메소포타미아 평원에 '바벨탑'이 있었다면, 오늘날에는 아랍에미리트의 항구 도시 두바이에 '부르즈 칼리파'가 있는 것이다.

이러한 두바이에는 세계에서도 가장 많은 관광객이 해마다 몰려들어 5성급 럭셔리 호텔도 세계에서 두 번째로 많이 밀집되어 있다. 따라서 두바이를 여행하다 보면, 럭셔리 호텔의 수와 화려함에 압도되어 마치 이곳이 '호텔의 수도 로마'인 듯하다. 마치 '말은 명마로 유명한 스페인으로 보내고, 호텔리어는 두바이로 보내야 한다'는 느낌이다.

그와 더불어 세계 50위권의 레스토랑들도 포진되어 있어, 브런치, 디너, 애프터눈 티 등 다이닝을 전면으로 내세우는 세기의 경쟁도 치열해 전세계 유명 셰프들이 뜨고 지는 전장이기도 하다. 따라서 파인 다이닝과 애프터눈 티로 유명한 레스토랑, 카페, 로비 라운지들은 헤아릴 수 없을 정도로 많아 전 세계에서 '호텔 앤 레스토랑'을 이야기할 때 '두바이'를 빼놓고는 설명할 수 없다.

여기서는 세계 관광객들의 버킷리스트 No. 1인 두바이에서도 세계 호텔 계를 이끄는 선두 호텔과 레스토랑 등을 중심으로 다이닝과 티의 명소들을 소개한다.

높이 826m의 부르즈 칼리파 타워의 웅장한 모습

Palace downtown

두바이 최고 애프터눈티의 명소, '팰리스 다운타운' 호텔

부르즈 칼리프 타워가 보이는 팰리스 다운타운의 전경

아랍에미리트 제1의 도시 두바이의 여행객들은 놀라움을 금치 못할 것이다. 연간 세계 최대의 관광객 수를 자랑하는 만큼 럭셔리 호텔들도 즐비하기 때문이다. 따라서 두바이에 가서 자국의 호텔 자랑은 금물일 수 있다.

두바이는 아랍을 상징하는 도시인 만큼, 아랍권 호스피탈러티 기업들도 다수 들어서 있다. '에마르 호스피탤리티 그룹(Emaar Hospitality Group)'의 브랜드인 '어드레스 호텔 앤 리조트(Address Hotels & Resorts)'의 '팰리스 다운타운(Palace downtown)' 호텔도 그중 하나이다.

에마르 호스피탈리티 그룹은 세계 최고 높이로서 '지구상의 랜드마크'인 부르즈 칼리파 타워를 세운 '에마르 자산사(Emaar Properties)'의 산하 기업으로 2008년 어드레스 호텔 앤 리조트로 시작해 오늘날 두바이에서도 수많은 럭셔리 호텔들을 보유하고 있다. 그러한 호텔들 가운데 특히 '팰리스 다운타운' 호텔은 외관도 매우 화려하지만, 파인 다이닝의 레스

아사도 레스토랑의 실내 모습

토랑들도 세계 정상급이다.

이곳의 레스토랑들은 저마다 고유한 특색들을 겨룬다. 아르헨티나 정통 레스토랑인 '아사도(Asado)'는 남미 농가 분위기의 실내는 물론이고, 분수를 감상할 수 있는 야외 테라스에서도 최고급 라틴 요리들을 즐길 수 있다. 특히 옛 전통의 구이 요리인 '라 파리아(La Parrilla)'는 이곳의 하이라이트이다.

'애완(Ewaan)' 레스토랑에서는 아랍과 오리엔탈의 요리들을 융합한 시거너처 요리를 선보인다. 요일마다 테마 요리가 서비스되는데, 목요일의 「아라비안나이트(Arabian Nights)」, 금요일의 「월드 컬렉션 나이트(World's Collection Night)」, 토요일의 「플레이버 브런치(Flavours Brunch)」와 「시푸드 나이트(Seafood Night)」는 미식가들이라면 직접 경험해 보길 바란다. 물론 야자수가 있는 야외 테라스에서 분수가 치솟는 모습을 보며 그러한 요리들을 즐길 수도 있다.

티 애호가들에게는 '알 바야트(Al Bayt)' 레스토랑이 인기가 높다. 「팰리스 하이 티(Palace High Tea)」와 「영국 정통 애프터눈 티」, 그리고 「팰리스 애프터눈 티(Palace Afternoon Tea)」는 두바이에서도 특히나 유명하기 때문이다. 매일 오후마다 즐길 수 있는 「팰리스 하이 티」는 프리미엄급 티와 커피, 페이스트리, 샌드위치와 함께 제공되는데, 보기만 해도 광

알 바야트 레스토랑의 프리미엄 티

경이 화려할 정도이다.

또한 아랍 요리들과 함께 곁들이는 「영국 정통 애프터눈 티」와 영국 홍차를 비롯해 세계 각국의 티, 커피, 요리와 함께 즐길 수 있는 「팰리스 애프터눈 티」는 티 애호가들에게는 오래전부터 익히 유명하였다. 특히 팰리스 다운타운 호텔의 이러한 애프터눈 티는 〈두바이 베스트 애프터눈 티〉(2021)에서 대상을 차지하였다. 티 애호가가 이곳을 방문하고서도 '두바이 최고의 애프터눈 티'를 그냥 지나친다면, 어딘가에 홀려 두바이를 방문한 목적을 망각한 것이다.

그밖에도 부르즈 칼리파 타워와 호수를 바라보면서 음악이 흐르는 가운데 시거너처 칵테일들을 즐길 수 있는 아시아풍의 바인 '파이(Fai)'에서도 두바이의 깊은 밤을 즐겨 보길 바란다.

알 바야트 레스토랑의 「애프터눈 티」 서비스

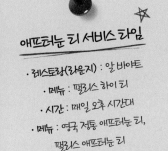

애프터눈 티 서비스 타임

· 레스토랑(라운지) : 알 바야트
  · 메뉴 : 팰리스 하이 티
  · 시간 : 매일 오후 시간대
  · 메뉴 : 영국 정통 애프터눈 티,
    팰리스 애프터눈 티
  · 시간 : 매일 2:00pm~6:00pm

InterContinental Dubai Festival City Hotel

어딘가 특별한 공간으로 떠나는 출발지,
'인터컨티넨탈 두바이 페스티벌 시티 호텔'

인터콘티넨탈 두바이 페스티벌 시티 호텔의 야경

두바이를 찾는 사람이라면 아마도 '페스티벌시티몰(Festival City Mall)'
을 한 번쯤 들릴 것이다. 미식가나 티 애호가라면 그곳에 있는 인터컨
티넨탈 호텔 그룹(IHG)의 '인터컨티넨탈 두바이 페스티벌 시티 호텔
(InterContinental Dubai Festival City Hotel)'을 그냥 지나칠 수는 없을 것
이다.

아랍권에서 '프랑스 파리지앵 요리'와 두바이 최고의 '정통 애프터눈 티'
를 즐길 수 있는 명소로서 '슈와 파티세리 앤 레스토랑(Choix Patisserie
and Restaurant)'(이하 슈와 레스토랑)이 있기 때문이다.

슈와 레스토랑은 아랍권 국가에서도 프랑스 파리시 '샹젤리제 거리'
스타일의 요리를 맛볼 수 있는 최고의 명소이다. 〈미쉐린 가이드〉 3성
의 프랑스인 셰프로서 미식 요리계의 거장인 피에르 가니에르(Pierre
Gagnaire, 1950~)의 솜씨를 경험할 수 있는 곳이다.

따라서 슈와 레스토랑은 한마디로 말하면, 거장의 손길로 '프랑스 파리 지앵 요리'들과 함께 '정통 애프터눈 티'를 즐길 수 있는 명소이다. 이곳에서 최고급 티와 페이스트리 시거너처 스콘들을 즐겨 보길 바란다.

로비 층의 비스타 레스토랑 앤 테라스(Vista restaurant & terrace)에서는 두바이 도시를 180도 방향으로 와이드 뷰로 보면서 「알라카르트」 메뉴와 전 세계의 다양한 음료들을 즐길 수 있다. 특히 즉석에서 선보이는 창조적인 칵테일의 모습은 예술 그 자체일 정도로 아름답다.

패밀리 레스토랑으로서 약 60년의 역사와 권위를 자랑하는 '카람 알 바르(Karam Al Bahr)'는 레바논 정통 해산물 요리로는 세계적인 권위를 자랑하는 명소이다. 레바논 요리 메뉴인 「비즈니스 런치(Business Lunch)」와 토요일에 선보이는 「셰프의 스페셜(Chef's Special)」이 있는데, 특히 「셰프의 스페셜」은 레바논 요리의 미식가들을 위한 것이다.

벨지언 카페(Belgian Café)는 두바이에서도 벨기식 전통 카페로는 최초의 들어선 곳으로서 두바이의 스카이라인을 바라보면서 프리미엄 홍합요리 등 퍼브에서 즐기는 다양한 별미들과 함께 주류들을 언제든지 즐길 수 있다.

야외 테라스에서도 시각과 미각에 큰 즐거움을 선사해 줄 아랍의 다채로운 요리들을 체험해 보길 바란다.

「애프터눈 티」 서비스

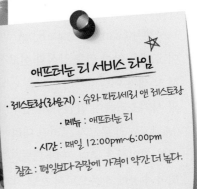

애프터눈 티 서비스 타임

· 레스토랑(라운지) : 슈와 파티세리 앤 레스토랑

· 메뉴 : 애프터눈 티

· 시간 : 매일 12:00pm~6:00pm

참조 : 평일보다 주말에 가격이 약간 더 높다.

Palazzo Versace Dubai

'호텔계의 베르사체 패션 하우스',
'팔라초 베르사체 두바이 호텔'

팔라초 베르사체 호텔 전경

두바이의 다운타운가인 두바이 크리크(Dubai Creek) 지역에는 아랍에미리트의 프리미엄 호스피탈리티 개발 그룹인 '엔샤(Enshaa) PSC'의 5성급 럭셔리 호텔, '팔라초 베르사체 두바이(Palazzo Versace Dubai)'가 있다. '팔라초(Palazzo)'는 이탈리아어로 '궁전(Palace)'을 뜻한다. '베르사체(Versace)'는 이탈리아에 본사를 둔 세계적인 패션디자인업체 '지아니 베르사체사(Gianni Versace S.p.A)'의 라이프스타일을 강조한 것이다.

이 호텔은 아랍 건축 양식과 신고전주의 건축 양식이 융합한 걸작품으로서 16세기 이탈리아의 궁전을 연상시킨다. 호텔은 입구에서부터 화려함과 사치스러움이 압권이다. 입구 바닥에는 그리스 신화의 괴물, '메두사(Medusa)'의 로고가 그려진 대리석이 깔려 이곳을 찾는 방문객들에게 강렬한 첫인상을 준다. 또한 드넓은 가든, 높은 천장, 그리고 가구들도 이탈리아 수공예 작품으로서 호텔 자체가 세계에서 가장 유명한 패션 하우스로 평가를 받는다.

그런 만큼 호텔의 레스토랑에서도 세계인들을 사로잡을 다이닝을 내세우고 있다. 그중 '브런치'와 '애프터눈 티'는 베르사체풍답게 매우 호화롭기로 유명하다. 팔라초 베르사체 호

바니타스 레스토랑의 실내

텔의 상징인 이탈리아 정통 레스토랑 '바니타스(Vanitas)'는 지중해식 전통 풍미의 요리와 브런치로 유명하다. 바니타스는 이탈리아어로 '허영'을 뜻한다. 이곳에서는 플루트 연주자의 감미로운 음률을 즐기면서 세계 정상급 셰프들이 전문적으로 큐레이팅한 최고급 요리들을 경험할 수 있다.

지중해식 전통 요리로는 게샐러드를 비롯해 파스타인 라비올리, 탈리아텔레(tagliatelle), 달팽이부르기뇽(snails bourguignon), 부라타치즈, 스페인의 파에야(Paella), 송로버섯파이 등을 맛볼 수 있고, 매주 토요일에 열리는 '시크릿 팔라초 베르사체 브런치 타임'에서는 피아노 연주와 함께 부르는 오페라 가수의 라이브 노래를 즐기면서 아란치니(arancini), 농어 요리, 소고기 안심 등 이탈리아 정통 브런치를 맛볼 수 있다.

또한 독일어로 '수수께끼'를 뜻하는 에니그마(Enigma) 레스토랑에서는 '페르시아의 맛'을 내세우면서 〈미쉐린 가이드〉 성급의 수석 셰프인 만수르 메마리안(Mansour Memarian)이 친히 알라카르트와 브런치 요리를 선보이고 있다. 특히 매주 금요일의 브런치는 페르시아(Persian)와 페루(Peruvian)의 요리를 재해석해 융합하여 「프루시아나 브런치(The Prusiana Brunch)」 메뉴를 선보여 미식의 세계에 신기원을 보여 준다.

한편, 티 애호가들에게는 역시나 '모자이코(Mosaico)' 라운지가 더 인기가 있을 것이다. 모자이코는 스페인어로 호화로운 '상감세공'을 뜻한

모자이코 라운지의 우아한 실내 모습

다. 5성급 럭셔리 호텔 로비의 한복판에서 런치 타임과 함께 「팔라초 베르사체 하이 티(Palazzo Versace High Tea)」, 「셀리브레이션 하이 티(Celebration High Tea)」, 「크림 티(Cream Tea)」의 메뉴로 영국 정통 애프터눈 티의 진수를 선보인다.

티 애호가라면 이곳에 들러 '팔라초 베르사체 하이 티'를 주문하여 수제 샌드위치, 과일, 스콘, 잼, 고형 크림, 레몬 커드, 각종 페이스트리, 그리고 320년 역사의 프랑스 명품 티 브랜드인 '다만 프레르(Damman Freres)' 브랜드의 티를 꼭 경험해 보길 바란다.

모자이코 라운지 「팔라초 베르사체 하이티」

애프터눈 티 서비스 타임

· 레스토랑(라운지) : 모자이코
· 메뉴 : 팔라초 베르사체 하이 티,
  셀리브레이션 하이 티, 크림 티
· 시간 : 매일 10:30am~6:30pm
참조 : 음료는 '커피' 또는 '다만 프레르' 티를
  선택할 수 있다.

'중동 최대 호스피탈러티 서비스 개발 기업',

'엔샤 PSC'

아랍에미리트에 본사를 호스피탈러티 서비스 개발 기업인 '엔샤 피에스시(Enshaa PSC)'는 에미리트의 무역, 석유, 천연가스 등의 투자기업인 '에미리트 인베스트먼트 그룹(Investments Group)', 중동 최고의 종합 부동산 업체 '아브라즈 캐피털(Abraaj Capital)', 중동, 북아프리카의 최대 레저, 쇼핑몰 대기업 '마지드 알 푸타임 그룹(Majid Al Futtaim Group)'이 주요 대지주로 있는 두바이에서도 가장 큰 그룹이다.

2016년 '팔라초 베르사체 두바이(Palazzo Versace Dubai)'를 시작으로 호텔 사업의 첫 문을 열었다. 이와 함께 럭셔리 스파를 운영하고 세계에서 가장 많은 수의 룸을 운영하여 전 세계 호텔 업계로부터 큰 반향을 일으켰다. 또한 전설적인 음반 제작업자인 퀸시 존스(Quincy Jounes)와 함께 세계 최초로 재즈 바인 '큐스(Q's)'을 열어 호평을 받기도 하였다.

현재 '프리퍼러드 호텔스 엔 리조트'의 회원사인 엔샤는 중동을 대표하는 럭셔리 호텔 브랜드인 팔라초 베르사체 두바이 외에도 'D1 레지덴털 타워(D1 Residential Tower)', '에미리트 파이낸셜 타워(Emirates Financial Towers)'를 운영하고 있고, 중동을 기반으로 중국, 인도 등 아시아로 호스피탈러티 사업을 계속 확장하고 있다.

Raffles Dubai

두바이의 '거대 피라미드 호텔', '래플즈 두바이 호텔'

거대한 피라미드형의 래플즈 두바이 호텔 전경

두바이에는 세기의 건축물들이 들어서 있는 만큼 다양한 조형의 호텔들도 많다. 그중에는 이집트의 미학을 계승하는 차원에서 피라미드 중에서도 가장 웅장한 '기자 피라미드(Giza Pyramid)'를 모방한 5성급 특급 호텔도 있다. '래플즈 호텔 앤 리조트(Raffles Hotels & Resorts)' 그룹의 호텔인 '래플즈 두바이(Raffles Dubai)'이다.

이 호텔은 두바이 도시 한복판에 위치하여, '두바이 국제공항', '컨벤션센터', '두바이 국제 금융 센터', '두바이 세계 무역 센터 & 전시홀' 등 주요 건물과도 매우 가까워 여행객들에게는 접근성이 매우 훌륭하다.

또한 2019년 '그린 키 인증(Green Key Certification)'을 받았으며, '지속가능성(Sustainable)'을 궁극적으로 추진하고 있다. 이를 위해 호텔 차원에서는 정책적으로 '아코르스 플래닛 21 프로그램(Accor's Planet 21 programme)'을 실시하면서 주위 환경에 충격을 최소화하기 위해 에너지, 물, 자원의 효율성을 극대화하고, 호텔에 사용된 모든 폐기물도 재활용하는 시스템을 갖춘 것으로 유명하다.

이 호텔은 각종 매체로부터 2016년도 '중동 베스트 럭셔리 호스피탈리티 리더십, 2017년도 '중동 베스트 호텔 서비스', '아랍에미리트 베스트 럭셔리 호텔 등의 상을 휩쓸었다. 특히 룸이 넓고, 밤에 발코니의 전망이 훌륭

래플즈 살롱에서 애프터눈 티를 즐기는 모습

하기로 정평이 나 있다. 두바이에서도 레스토랑, 바의 다이닝 서비스는 최고 수준으로 '요리의 대기행'을 떠나 볼 정도이다.

호텔 3층 '아주르 레스토랑(Azur Restaurant)'은 '브렉퍼스트 뷔페'로서 국제적인 명성을 자랑한다. 범아랍권, 아시아의 요리들을 건강식, 비건, 베지테리언 등 취향에 맞게 즐길 수 있다. 그리고 '래플즈 가든 레스토랑 (Raffles Garden restaurant)'에서는 아랍 주제의 요리들을 만끽할 수 있고 아랍 물담배인 시샤도 경험할 수 있다. 두바이에서도 매우 다이내믹한 미식 여행을 떠나 보길 바란다.

레스토랑 앤 바인 '솔로(Solo)'에서는 이탈리아의 다채로운 요리들을 선보인다. 수프인 추파(zuppa)에서부터 다양한 샐러리를 올린 부르스케타(bruschetta), 아페르티프로 카르파초를 비롯하여 볶음밥인 리소토(Risotto), 육류와 생선의 메인 코스 요리는 일품이다. 특히 브런치 애호가들을 위한 특별 메뉴도 있다.

레스토랑인 '토모(Tomo)'는 30년 경력의 셰프 다카하시(Takahashi)가 두바이에서도 최고의 일식 요리를 선사해 2013년도에는 유력 매체인 〈타임 아웃두바이(Tme Out Dubai)〉에서 '최고의 신인상(Best Newcomers)'을 수상하였다.

그러나 티 애호가들에게 인기를 끄는 명소는 역시 따로 있다. 바로 '래플즈 살롱(Raffles Salon)'이다. 이 살롱에서 매일 오후 2시~7시까지 즐길

래플스 살롱의 「플로럴 애프터눈 티」의 벨벳

솔로 레스토랑의 내부 모습

수 있는 「플로럴 애프터눈 티(Floral Afternoon Tea)」는 영국 빅토리아 시대의 오리지널 애프터눈 티로서, 〈타임아웃두바이〉(2020, 2021년)에서 '최고 추천 애프터눈 티' 상을 2년 연속으로 수상하였다.

티 애호가라면 이곳 두바이 중에서도 최근 핫 플레이스로 떠오른 '래플즈 살롱'을 방문해 빅토리아 시대 양식의 애프터눈 티와 티푸드를 즐겨 보길 권해 본다.

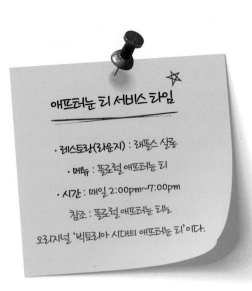

애프터눈 티 서비스 타임

• 레스토랑(라운지) : 래플스 살롱

• 메뉴 : 플로럴 애프터눈 티

• 시간 : 매일 2:00pm~7:00pm

참조 : 플로럴 애프터눈 티는 오리지널 '빅토리아 시대의 애프터눈 티'이다.

약 130년 역사와 전통을 자랑하는
'래플즈 호텔 앤 리조트'

프랑스에 본사를 둔 다국적 호스피탈러티 그룹인 '아코르(Accor)'가 2016년 인수한 '래플즈 호텔 앤 리조트(Raffles Hotels and Resorts)'는 사실 1887년 싱가포르에서 방갈로 스타일의 '래플즈 호텔 싱가포르(Raffles Hotels Singapore)'로 시작되어 역사가 매우 깊다.

1889년 래플즈 홀딩스(Raffles Holdings Limited)가 '래플즈 인터내셔널(Raffles International Ltd)'을 설립하여 래플즈 호텔 싱가포르 등을 재개발 및 운영하기 시작하면서 본격적으로 호스피탈러티 사업을 시작하였다.

1997년 캄보디아에 '래플즈 호텔 르 로열(Raffles Hotel Le Royal)', '래플즈 그랜드 호텔 앙코르(Raffles Grand Hotel d'Angcor)'를 시작으로 점차 중동으로 사업을 확장하기 시작해 인도양, 중국 해남성(海南省), 이집트 보스포루스 지역 등에서 럭셔리 호텔들을 설립하면서 호스피탈러티 사업을 전 세계로 넓혔다.

2016년 모기업인 '페어몬트 래플즈 호텔스 인터내셔널(Fairmont Raffles Hotels International)'(FRHI 호텔 앤 리조트)이 '페어몬트(Fairmont)', '래플즈(Raffles)', '스위스소텔(Swissôtel)'의 3개의 브랜드로 세계 30개국에 100여 개의 호텔과 리조트를 체인으로 관리하고 있었지만, 아코르 그룹이 그해 인수하였다.

그 뒤 사업을 더욱더 확장하여 열대 지방에 풀장을 갖춘 32개의 최고급 빌라를 운영하고, 2021년 세계 호텔계의 각축장인 두바이에 '래플즈 더 팜 두바이(Raffles the Palm Dubai)'를 열어 럭셔리 호텔의 새로운 다크호스로 떠올랐다.

이같이 풍요로운 역사와 럭셔리 전통을 자랑하는 래플즈 호텔 앤 리조트는 오늘날에도 전 세계에 수많은 호텔을 운영 또는 관리하고 있다. 그중 5성급 럭셔리 호텔은 19개나 된다.

Jumeirah Burj Al Arab

두바이의 '타이태닉 요트', '주메이라 부르즈 알 아랍 호텔'

푸른 바다에 뜬 거대한 요트 모양의 주메이라 부르즈 알 아랍 호텔

아부다비가 '아랍에미리트 정치, 경제, 행정의 수도'라면, 두바이는 앞서 설명하였듯이, '세계의 무역, 금융, 관광의 수도'라 할 수 있다. 따라서 두바이에는 럭셔리한 위용을 자랑하는 아랍권 호텔 그룹에서도 5성급 특급 호텔들이 많다.

대표적인 호텔이 에미리트주(Emirate State)가 소유한 '주메이라 호텔 앤 리조트 그룹(Jumeirah Hotels and Resorts Group)'의 '주메이라 부르즈 알아랍(Jumeirah Burj Al Arab)'이다.

이 호텔은 푸른 해안가에 마치 '타이태닉 요트'가 떠 있는 모습의 건축물로서 두바이를 방문한 여행객들에게 강렬한 인상을 준다. 특히 높이 180m의 테라스에 인공적으로 조성한 비치는 매우 유명하다. 이 호텔은 '아랍 럭셔리의 글로벌 아이콘'을 지향하는 만큼, 각종 휴양 시설은 물론이고 여행객들에게 최고의 다이닝을 선사할 레스토랑들이 들어서 있다.

부르즈 알 아랍 호텔의 27층에 있는 '알 문타하(Al Muntaha)' 레스토랑은 프랑스 및 이탈리아의 정통 요리로는 세계 최고의 명소이다. 프랑스

리소토란테 롤리보 레스토랑의 우아한 실내 모습

요리사이자 〈미쉐린 가이드〉 3성 셰프인 알랭 뒤카스(Alain Ducasse, 1956~)로부터 사사한 셰프인 사베리오 스바라갈리(Saverio Sbaragli)가 두바이 최고의 예술 요리를 선보인다. 특히 「알라카르트」 메뉴는 프랑스와 이탈리리아 요리의 진수이다. 미식가들에게는 필수 경험 목록일 것이다.

또한 〈미쉐린 가이드〉 2성 셰프인 안드레아 밀리아치오(Andrea Migliaccio)의 이탈리아식 해물 전문 레스토랑도 있다. 호텔 내 해산물 요리점인 '알 마하라(Al Mahara)'의 '리스토란테 롤리보(Ristorante L'Olivo)' 레스토랑이다. 이곳의 지중해식 해산물 요리의 맛과 향은 예술의 경지로 평가를 받는 곳이다.

특히 이곳에서는 밀라노, 토리노 지방의 칵테일 '미토(Mi-To)'를 비롯해 이탈리아 지방의 칵테일을 선보이는데, 「이탈리안 클래식 칵테일스(Italian Classic Cocktails)」 메뉴와 함께 해산물 요리를 즐긴다면 남지중해 요리의 진수를 느낄 수 있을 것이다.

해발고도 200m의 27층에 위치한 '스카이뷰 바(Skyview Bar)'는 전 세계의 주류와 믹솔로지, 그리고 애프터눈 티도 페르시아만을 보면서 즐길 수 있다. 특히 아페르티브 칵테일들과 나이트캡 칵테일, 주메이라 시거

스카이뷰 바 애프터눈 티

너처 마티니는 칵테일 마니아들에게도 새로운 경험을 선사할 것이다.

티 애호가들은 아랍식 접대로 유명한 아트리움 라운지인 '산 에다르(Sahn Eddar)'를 선호할지도 모른다. 런치와 '아랍식 애프터눈 티'를 즐길 수 있는 최고의 명소이기 때문이다. 런치의 「알라카르트」 메뉴에서는 「부르즈 알 아랍 골드 실렉션(Burj Al Arab Gold Selection)」 메뉴를 비롯해 전 세계 프리미엄 6대 티 분류와 스페셜티 커피, 각종 위스키, 와인, 스피릿츠 등을 경험할 수 있다.

이 라운지에서는 정오 12시부터 오후 6시까지 「티타임 페이스리(Teatime Pastry)」 메뉴도 선보이는데, 수제 스콘, 크렘 앙글레즈(Crème Anglaise), 프렌치 토스트는 티 애호가들에게 큰 인기를 얻고 있다.

더욱이 아랍식 애프터눈 티는 특히 오후 3시부터 5시 30분까지 「부르즈 알 아랍 애프터눈 티(Burj Al Arab Afternoon Tea)」 메뉴를 통해 선보이는데, 클래식 음악이 흐르는 가운데 편안한 마음으로 즐길 수 있다. 두바이를 여행하는 티 애호가들에게는 이보다 더한 명소는 또 없지 않을까 싶다.

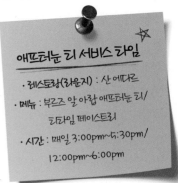

애프터눈 티 서비스 타임
- 레스토랑(라운지) : 산 에다르
- 메뉴 : 부르즈 알 아랍 애프터눈 티/
  티타임 페이스트리
- 시간 : 매일 3:00pm~5:30pm/
  12:00pm~6:00pm

두바이 최고의 호스피탈러티 기업,
'주메이라 호텔 앤 리조트'

아랍에미리트 두바이에 본사를 둔 '주메이라 호텔 앤 리조트(Jumeirah Hotels and Resorts)'는 1997년에 첫 문을 열었다. 2004년 아랍에미리트 정치가이자 두바이 에미리트의 실질적 통치자인 모하메드 빈 라시드 알 막툼(Mohammed bin Rashid Al Maktoum, 1949~)의 사기업인 '두바이 홀딩(Dubai Holding)'에 합병되었다.

이 호텔 앤 리조트는 세계 최고 부호 도시라는 두바이에서도 선두를 달리는 럭셔리 호스피탈러티 기업으로서 중동, 유럽, 아시아에서 글로벌 브랜드의 호텔들을 인수하는 등 호스피탈러티 사업을 공격적으로 확장하여 오늘날에는 8개국에 32개의 호텔 브랜드를 운영하고 있다.

이 호스피탈러티 기업의 특징은 식품, 음료를 핵심 브랜드 호텔에서 가치의 비중을 높여 다른 호스피탈러티 기업과 차별화에 성공한 것이다. 따라서 오늘날 두바이에서는 레스토랑과 다이닝의 경험과 기술이 비교할 상대가 없을 정도로 최고 수준이다.

또한 고객에 대한 서비스는 독창적이고, 건축과 공간 디자인은 럭셔리를 추구하고 있어 호텔, 스파, 레스토랑들은 럭셔리하면서도 편안한 분위기이다. 더욱이 각 호텔 앤 리조트들은 그곳이 위치한 지역에서 랜드마크나 상징적인 건물이 되고 있다.

Atmosphere

세계 최고 높이의 레스토랑, '애트모스피어'

애트머스피어 칼리파 타워 모습

두바이에는 앞서 소개하였듯이, 세계 최고 높이의 건축물로서 지구상의 랜드마크인 '부르즈 칼리파 타워'가 있다. 이곳은 두바이 여행객들에게 는 '버킷리스트 No. 1'의 명소이다.

그곳 122층에는 지상에서 높이 440m의 세계 최고 높이의 레스토랑도 있다. 세계 최대 부동산 그룹인 '에마르 자산사'의 레스토랑 브랜드인 '애 트모스피어(Atmosphere)'이다.

이 레스토랑은 브렉퍼스트, 런치, 디너를 모두 즐길 수 있다. 이곳의 셰프 들은 전 세계의 산지로부터 신선한 식자재를 직접 수급한 뒤 그들의 과 거 경력에 구애를 받지 않고 항상 새로운 요리들을 최초로 개발하여 고 객들에게 처음으로 선보인다는 자세로 서비스하는 것으로 유명하다.

특히 브렉퍼스트의 「알라카르트」 메뉴에서 선보이는 요리들은 '칼리프 에게 바치는 수라상'의 수준으로 미식이다. 또한 디너의 「애트모시피어 시거너처 테이스팅 메뉴(Atmosphere Signature Tastin Munu)」는 오롯이 미식가들을 위한 세계 정상급의 테이블 요리이다. 미식가라면 '칼리프

애트모스피어 라운지에서 선보이는 다양한 「애프터눈 티」 서비스

수라상'의 진미를 직접 경험해 보길 바란다.

또한 '애트모스피어 라운지(Atmosphere Lounge)'에서는 브렉퍼스트에서부터 디너까지 「ATM 모닝스」, 「알라카르트」 메뉴를 선보이는데, 특히 럭셔리한 「애프터눈 티」는 두바이에서도 매우 유명하다. 애프터눈 티는 정오 12시부터 오후 4시까지 즐길 수 있으며, 특히 「럭셔리어스(Luxurious)」와 「라 구르망디제(La Gourmandizes)」의 두 메뉴로 세분화되어 있다.

애프터눈 티에서는 전 세계 프리미엄급 6대 티 분류와 스페셜티 커피, 그리고 최상의 티 푸드를 선보이는데, 티 애호가들조차 티 종류의 방대함에, 티 푸드의 향미에 아마도 놀랄 것이다.

티 애호가라면 세계 최고 높이의 애트모스피어 레스토랑의 라운지에서 끝없는 지평선과 수평선을 내려다보며 '럭셔리 애프터눈 티'를 경험해 보길 바란다.

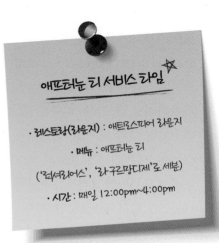

애프터눈 티 서비스 타임

· 레스토랑(라운지) : 애트모스피어 라운지
· 메뉴 : 애프터눈 티
('럭셔리어스', '라 구르망디제'로 세분)
· 시간 : 매일 12:00pm~4:00pm

313

Four Seasons Resort Dubai At Jumeirah Beach

'스카이라인 뷰'가 훌륭한 '해변의 오아시스',
'포시즌스 리조트 두바이 앳 주메이라 비치' 호텔

포시즌스 리조트 두바이 앳 주메이라 비치 호텔의 전경

두바이는 빛나는 모래와 옥빛의 바다가 색채의 대조를 이루는 아름다운 해변으로 유명하다. 그중에서도 '주메이라 비치(Jumeirah Beach)'는 세계적으로 유명한 해변이다. 이러한 해변을 중심으로는 세계 정상급의 리조트 체인들도 많이 진출해 있는데, 휴양지를 찾는 여행객들에게는 아마도 이곳이 최고의 여행 목적지가 아닐까 싶다.

주메이라 비치에는 세계적인 호스피탈러티 기업인 '포시즌스 호텔 앤 리조트 그룹'의 5성 호텔 '포시즌스 리조트 두바이 앳 주메이라 비치(Four Seasons Resort Dubai At Jumeirah Beach)'가 들어서 있다. 위아래로 펼쳐지는 스카이라인과 아름다운 해변을 배경으로 각종 휴양 시설과 함께 파인 다이닝, 애프터눈 티를 즐길 수 있는 명소이다.

레스토랑 복합 단지인 '레스토랑 빌리지 아울렛(Restaurant Village Outlets)'에는 유명 브랜드의 레스토랑들이 다수 입주하고 있어 여행객들이 매우 다양한 요리들을 폭넓게 즐길 수 있다.

테라스형 일식 레스토랑인 '시푸(Sea Fu)'에서는 바다의 진미를 즐길 수

해변이 시원하게 내다보이는 시푸 레스토랑

있는 곳으로서 「메인 메뉴」의 훈제연어와 농어, 랍스터, 와규 구이, 대구 요리와 함께 각종 스시, 사시미, 마키(Maki), 니기리(Nigiri) 등을 선보인 다. 「테이스팅 메뉴」에서는 킹크랩 그라탱(King Crab Gratin), 오이스터, 송로버섯 교자, 크림·잼이 든 파이인 밀페유(millefeuille) 등을 선보여 미 식가들을 자극하고 있다.

아랍과 인도, 그리고 국제 요리를 선보이는 레스토랑도 있다. '수크(SUQ)' 레스토랑이다. 이곳에서는 브렉퍼스트, 브런치, 런치, 디너 등을 자유롭게 즐길 수 있다. 물론 아랍식 물담배인 시샤도 일품이다. 그중에서도 수석 셰프인 페드로 삼페르(Pedro Samper)가 직접 선보이는 브런치는 〈BBC 굿 푸드 중동〉에서 '베스트 브런치 두바이'로 선정되었을 정도로 훌륭하 다. 브런치 애호가라면 '두바이 최고의 브런치'를 이곳에서 직접 경험해 보 길 바란다.

한가롭고도 조용한 해변에서 지중해식의 우아한 진미들을 즐길 수 있는 레 스토랑도 있다. '나모스(Nammos)' 레스토랑이다. 에게해의 그리스령 미코 노스섬(Mykonos) 지방의 향토 요리와 함께 다양한 종류의 와인, 샴페인을 선보인다. 미식을 즐기다 보면 이곳 아라비아만이 에게해로 느껴질지도 모 른다. 또한 두바이에서 남아메리카의 잉카 요리를 선보이는 독특한 레스토 랑도 있다. '코야(Coya)' 레스토랑이다. 라틴아메리카의 페루 현지 요리와 혁신적으로 융합한 별미들을 다채롭게 경험해 볼 수 있는 미식가들을 위한 장소이다.

샤이 살롱에서 애프터눈 티를 즐기는 사람들

미식의 나라 프랑스의 파리지앵 레스토랑인 '베르드 두바이(Verde
Dubai)'도 그냥 지나치기에는 아쉬운 곳이다. 이 레스토랑은 파리 샹젤
리제 인근 조르주 V 거리의 유명 레스토랑 '베르드 파리(Verde Paris)'에
서 이름을 빌려 붙였다. 프랑스 아방가르드 패밀리 레스토랑으로서 다양
한 미식 메뉴들을 선보여 여행객들의 추천 코스이다.

티 애호가들을 위한 장소도 있다. 레스토랑 '샤이 살롱 앤 테라스(Shai
Salon & Terrace)'이다. 브렉퍼스트, 디너는 물론이고, 오후 2시에서 저
녁 8시까지 애프터눈 티도 즐길 수 있다.

이곳은 〈아시아 베스트 페이스트리 셰프 50선〉에 선정된 프렌치 페이
스트리 아티스트인 니콜라 랑베르(Nicolas Lambert) 셰프가 애프터눈
티 메뉴인 「샤이 살롱스 시거너처 애프터눈 티(Shai Salon's Siganature
Afternoon Tea)」를 선보인다.

티 애호가들에게는 최고의 선물
일 것이다.

두바이 최고의 해변인 주메이라
비치를 여행하는 티 애호가라면
최고 수준의 프렌치 페이스트리
아티스트가 선보이는 '프랑스식
애프터눈 티'의 신세계로 미식 여
행을 떠나 보길 바란다.

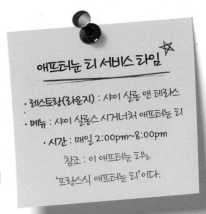

애프터눈 티 서비스 타임 ☆

· 레스토랑(라운지) : 샤이 살롱 앤 테라스
· 메뉴 : 샤이 살롱스 시거너처 애프터눈 티
 · 시간 : 매일 2:00pm~8:00pm
  참조 : 이 애프터눈 티는
  '프랑스식 애프터눈 티'이다.

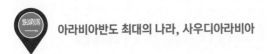
사우드 왕조의 사우디아라비아왕국

사우드 왕조 문양

영토가 아라비아반도의 80%를 차지하고, 아시아 4위, 세계 12위일 만큼 드넓은 사우디아라비아왕국. 세계 5위권의 석유 산유 및 수출국으로서 석유수출기구(OPEC) 핵심 5인방이다.

사우디아라비아왕국은 오늘날까지도 '사우드 왕조(The House of Saud)'가 통치하는 절대군주의 나라이다. 이슬람의 창시자인 무함마드(Muhammad, 570~632)의 출생지로 오늘날 이슬람의 성지인 메카(Mecca)를 두고 있으며, 이슬람교의 전통을 엄격히 지키고 있다.

여기서는 매년 500만 명 이상의 관광객들이 방문하는 사우디아라비아왕국의 수도 리야드(Riyadh)를 중심으로 세계적인 호스피탈러티 기업에서 각종 휴양 시설과 함께 파인 다이닝과 애프터눈 티로 유명한 곳들을 살펴본다.

The Ritz-Carlton, Riyadh

사우디아라비아의 '베르사유 궁전', '리츠 칼튼 리야드 호텔'

리츠 칼튼 리야드 호텔 정문의 웅장한 전경

수도 리야드는 사우디아라비아왕국에서도 최대의 관광 도시인 만큼 매년 이슬람 성지인 메카를 찾은 사람들과 여행객들로 붐빈다. 여행객들의 관광 명소로는 '리야드 국립미술관', '사우디아라비아 통화청의 화폐박물관', '알 마스마크 포트' 등이 있다.

여행객들이 이러한 곳들을 구경한 뒤, 또는 비즈니스 용무를 마친 뒤 여장을 풀고 사우디아라비아왕국의 세계 최정상급 호스피탈러티를 경험하고 싶다면 추천 명소가 있다. '메리어트 본보이'의 5성급 호텔인 '리츠 칼튼 리야드(The Ritz-Carlton, Riyadh)'이다.

이 호텔은 전 세계의 호텔을 대상으로 한 〈월드 트래블 어워즈(World Travel Awards)〉에서 '세계 최선두 팰리스 호텔(World's Leading Palace Hotel)'로 2011년부터 2016년까지 무려 6년간 선정되었을 정도로 초호화판이다. 물론 사우디아라비아왕국 내에서도 최고의 럭셔리 호텔이다.

이곳을 처음 방문하는 사람이라면 아마도 프랑스 파리에 있는 바로크 양식의 베르사유 궁전 앞에 선 듯한 착각이 들 것이다. '사우디아라비아왕국의 베르사유궁전'이라 표현해도 될 정도로 외형이 웅장하면서도 화려하여 바로 그 느낌이다. 또한 각종 휴양 시설과 파인 다이닝, 애프터눈 티의 서비스도 비할 데가 없다.

'알 오르주앙(Al Orjouan)' 레스토랑은 세계 각국의 요리들과 함께 중동의 전통 요리들을 브렉퍼스트와 디너로 선보인다. 특히 매주 금요일의 브런치 뷔페는 이곳 수도 리야드 내에서도 최고로 평가를 받는다. 브런치 애호가들에게는 버킷리스트이다.

'아주르(Azzurro)' 레스토랑에서는 이탈리아의 정통 요리를 선보이는데, 리본형의 국수 파스타인 '발사믹 파파르델레(balsamic pappardelle)'를 비롯해 거위 간 요리인 '푸아그라', 양고기 육즙 소스인 '람쥐(lamb jus)', '카놀리(cannoli)', 그리고 향신료와 과일이 든 스페셜티 주스도 만끽할 수 있어 오롯이 미식가들을 위한 자리이다.

야외에서 아라비아 전통 요리와 함께 별미들을 즐길 수 있는 카페도 있다. '스위츠 오브 아라비아(Sweets of Arabia)'이다. 이곳에서는 호텔의 그림과도 같은 분수대를 감상하면서 오리엔탈 요리들의 진수를 맛볼 수 있다. 티 애호가들에게는 역시 '코리시아 라운지 앤 레스토랑(Chorisia Lounge

알 오르주앙 레스토랑의 화려한 모습

다이닝 앤 애프터눈 티로 유명한 코리시아 라운지

and restaurant)'가 인기를 끌 것이다. 이곳은 실내 장식이 매우 우아한 살롱으로서 브렉퍼스트, 런치를 비롯해 스페셜티 커피, 애프터눈 티, 목테일을 그날의 페이스트리와 함께 실내, 실외에서 자신의 취향에 맞게 즐길 수 있다.

진정 티 애호가라면 특히 오후 2시~6시에 펼쳐지는 영국 정통 애프터눈 티인 「로열 잉글리시 하이 티(Royal English High Tea)」 메뉴를 그냥 지나치지는 않을 것이다. 각각 3종류의 샌드위치와 스콘, 그리고 다양한 별미들을 취향에 맞게 즐겨 보길 바란다.

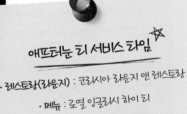
애프터눈 티 서비스 타임 ☆
· 레스토랑(라운지) : 코리시아 라운지 앤 레스토랑
· 메뉴 : 로열 잉글리시 하이 티
· 시간 : 매일 2:00pm~8:00pm
참조 : 샌드위치의 종류를 칼로리별로도
선택해 즐길 수 있다.

코리시아 라운지의 「로열 잉글리시 하이 티」 서비스

Four Seasons Hotel Riyadh

킹덤 센터 타워의 '포시즌스 호텔 리야드'

하늘로 비석처럼 치솟은 킹덤 센터 타워의 모습

리야드를 들른 여행객들은 사우디아라비아의 상징적인 건축물인 '킹덤 센터 타워(Kingdom Center Tower)'를 아마도 방문하게 될 것이다. 이 건물은 상단부가 구름다리로 이어진 원기둥의 건물이 하늘로 거대하게 치솟은 모습으로 방문객들에게 강렬한 인상을 준다. 스탠리 큐브릭(Stanley Kubrick, 1928~1999)의 SF 영화 「2001 스페이스 오디세이(A Space Odyssey)」의 인류 앞에 등장한 거대한 기둥 비석과도 같은 느낌이다.

실제로도 이 타워는 65층, 높이 302m로서 세계에서 3번째로 높은 타워이다. 또한 상단부에 이어진 구름다리는 높이 300m로서 통로를 지나면서 리야드를 내려다보는 모습은 압권이다.

이러한 관광 명소를 구경한 뒤 하루의 여정을 마치고 휴식을 취하려는 사람들에게는 이곳의 5성급 럭셔리 호텔인 '포시즌스 호텔 리야드(Four Seasons Hotel Riyadh)'를 추천한다. 이곳 호텔은 럭셔리 라이프스타일을 원하는 사람들에게는 모든 시설과 서비스를 갖추고 있다.

1층의 '알 발콘(Al Balcon)' 레스토랑은 조용한 분위기 속에서 브렉퍼스트와 런치로 중동의 스페셜 요리들을 선보인다. 또한 중동 물담배인 시샤를

로비 라운지의 「애프터눈 티」 서비스

킹덤 센터 타워에서 맛볼 수 있는 공간이다. 중동 요리의 진수를 맛보기에 훌륭한 명소이다. 스테이크와 해산물 전문 레스토랑인 '그릴(The Grill)'에서는 해산물의 농어 요리, 토마토 카프레제 샐러드(Caprese salad), 최고급 육류 요리 등을 즐길 수 있다.

특히 '엘리먼츠(Elements)' 레스토랑에서는 신선한 식재료로 만든 중동 전통 요리를 비롯해, 중국, 일본, 인도 등 전 세계의 요리들을 브렉퍼스트, 런치, 디너에서 선보인다. 12종의 요리 도서를 출간한 푸드 도서 저자이자 유명 셰프인 매튜 케니(Matthew Kenney)가 선보이는 시거너처 디시인 페킹덕, 에그 스페셜티스, 갓 운 빵은 일품이다.

로비 라운지(Lobby Lounge)에서는 새롭고도 신비한 애프터눈 티를 즐길 수 있다. 영국 「정통 하이 티(Traditional High Tea)」, 「아랍식 하이 티(Arabic High Tea)」, 「하이 티 저니(High Tea Journey)」, 「티 플라이트 데스티네이션스(The Tea Flight Destinations)」를 비롯하여 일본 맛차 기행 메뉴인 「징스 비스코프 저니(Jing's Bespoke Journey)」도 선보인다. 이곳 포시즌스 호텔 리야드의 로비 라운지는 애프터눈 티에 새로운 눈을 떠 볼 수 있는 명소로서 티 애호가라면 반드시 경험해 보길 바란다.

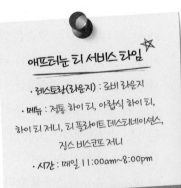

애프터눈 티 서비스 타임 ☆

· 레스토랑(라운지) : 로비 라운지
· 메뉴 : 전통 하이 티, 아랍식 하이 티, 하이 티 저니, 티 플라이트 데스티네이션스, 징스 비스코프 저니
· 시간 : 매일 11:00am~8:00pm

Al Faisaliah Hotel

력셔리의 새로운 표상, '알 파이살리아 호텔'

알 파이살리아 센터의 모습

리야드는 석유 재벌 국가 모임인 석유수출국기구(OPEC)의 5인방 사우디아라비아의 수도인 만큼 세계적인 호텔 그룹의 럭셔리 호텔들이 많이 들어서 있다. 따라서 이곳 또한 두바이 못지않게 럭셔리 호텔들과 건축물들이 즐비하다.

그러한 건축물 가운데에는 높이 267m의 고층 오피스 타워인 '알 파이살리아 센터(Al Faisaliyah Center)'는 강한 인상을 준다. 마치 미국의 수도인 워싱턴 D.C.의 상징인 '워싱턴 모뉴먼트(Washington Monument)'와 같은 모습으로 수도 리야드에 우뚝 서 있기 때문이다.

이 건물에는 홍콩에 본사를 둔 럭셔리 호텔 체인 그룹인 '만다린 오리엔털 호텔 그룹(Mandarin Oriental Hotel Group)'의 체인 중에서도 '럭셔리 서비스의 새로운 스탠더드'로 통하는 곳이 있다. '알파이살리아 호텔(Al Faisaliah Hotel)'로서 각종 휴양 시설과 파인 다이닝, 애프터눈 티가 리야드에서도 최고의 수준을 자랑한다. 물론 레스토랑도, 라운지도 훌륭하다.

알 파이살리아 타워의 플라네타륨과도 같은 구조의 골든 글로버(Golden Globe)에 있는 '아시르 라운지(Asir Lounge)'는 수도 리야드의 스카이라인을 사방팔방으로 바라보면서 최고급 믹솔로지와 시가를 즐길 수 있는 곳이다. 이곳은 전망이 훌륭하기로 유명하다.

레스토랑 '라 브라스리 (La Brasserie)'에서는 브렉퍼스트, 런치, 디너, 그리고 금요일, 토요일에는 스페셜 브런치를 즐길 수 있다. 특히 디너는 '만다린 오리엔털 회원제(Fans of M.O.)'로서 독점 다이

레스토랑 글로버에서의 하이 티 서비스

닝 서비스들이 제공된다. 미식가들을 위한 디너 타임이다.

골든 글로브 내의 레스토랑 '글로브(Globe)'에서도 그러한 전망을 감상하면서 세계적인 수준의 현대 유럽 요리들을 만다린 오리엔탈 회원제로 디너로 즐길 수 있다. 하이 티는 금요일~토요일에만 오후 3시~오후 6시 사이에만 서비스된다.

이탈리아 프로방스 정통 레스토랑인 '마모 미켈란젤로(Mamo Michelangelo)'에서는 런치와 디너에서 이탈리아와 남프랑스의 지중해식 예술 요리들을 즐길 수 있다. 나폴리산 크림치즈인 부라타(Burrata), 양 어깻살 오븐 구이, 그리고 시거너치 디시로 송로버섯 라비올리와 포카치아는 미식 요리이다. 여기에 전통적인 케이크인 티라미수(tiramisu)와 레몬 타르트도 함께 경험할 수 있다.

'메라키(Meraki)' 레스토랑은 세계 정상급의 그리스 지중해식 요리 전문점이다. 그리스의 다양한 토속 요리와 지중해식 요리는 일품으로서 사람들의 눈을 뜨이게 만든다. 유명 셰프인 아티나고라스 코스타코스(Athinagoras Kostakos)가 크레타섬(Crete) 산지의 버터, 에게해 남부 산토리니(Santorini) 산지의 토마토, 메솔롱기옹(Mesolóngion) 산지의 보타르가(Bottarga)(숭어알 요리) 등과 함께 창조적으로 선보이는 계절 요리의 메뉴들은 미식가들에게도 그리스 미식의 새로운 경험을 선사할 것이다.

티 애호가들에게도 매우 반가운 곳이 따로 있다. 세계적으로 유명한 레스

토랑 체인 업체인 '학산 그룹(Hakkasan Group)'의 〈미쉐린 가이드〉 성급 광동성 요리 전문점이자, 중국 정통 '딤섬 티 하우스(Dim Sum Teahouse)' 인 '야우앗차(Yauatcha)'이다.

이 야우앗차에서 선보이는 '19종류의 티'와 '딤섬'은 티 애호가들에게 그 야말로 대환영을 불러일으킬 것이다. 또한 광동식 오리 요리를 비롯해 중 국 정통 요리들은 환상적인 수준으로서 미식가들의 눈길을 사로잡을 정 도로 유명하다.

또한 리야드에서도 가장 세련된 라운지로서 애프터눈 티의 명소를 지나칠 수 없다. '주드 라운지(Joud Lounge)'이다. 오후 2시에 서 6시 사이에 펼쳐 지는 애프터눈 티의 타임에서 미식 수준의 최고급 초콜릿과 디저트, 그리 고 프리미엄 티와 커피를 함께 즐긴다면 특별한 경험으로 남을 것이다. '만 다린 오리엔털의 회원제(Fans of M.O.)'로서 '독점 티 서비스'가 제공된다.

또한 커피와 목테일의 명소도 있다. '라 브라스리 카페(La Brasserie Café)' 이다. 이곳은 사람들이 가볍게 만나 대화를 나누며 시간을 보낼 수 있는 리야드의 인기 명소이기도 하다.

사우디아라비아왕국을 방문한 여행가라면 이곳 호텔에 들러 수도 리야 드의 스카이라인을 감상하면서 세계적인 수준의 요리들과 함께 애프터눈 티도 분위기 있게 즐겨 보길 바란다.

호텔 주드 라운지의 「애프터눈 티」

애프터눈 티 서비스 타임 ★

• 레스토랑(라운지) : 글로버 레스토랑/주드 라운지
• 메뉴 : 하이 티/애프터눈 티
• 시간 : 금요일~토요일, 3:00pm~6:00pm. / 매일 2:00pm~6:00pm.

타오 그룹에 '세기의 빅딜'을 통해 합병된

세계적인 레스토랑 그룹 '학산'

학산 그룹(Hakkasan Group)의 전설은 중국계 영국인 기업가이자 레스토랑 경영자인 앨런 야우(Alan Yau, 丘德威, 1962~)가 1999년 런던에서 설립한 중국 정통 레스토랑 '학산(Hakkasan)'으로 거슬러 올라간다.

이 레스토랑은 2003년 영국에서 중국 정통 레스토랑으로서는 최초로 <미쉐린 가이드> 1성을 획득하였을 정도로 중식으로 유명하다. 그 뒤 앨런 야우가 2004년 딤섬 전문 레스토랑이자 파티시에 티 하우스 체인인 '야우앗차(Yauatcha)'를 런던에서 설립하고 서양식 다이닝과 융합시켜 2005년도에 <미쉐린 가이드> 1성에 올랐다.

앨런 야우는 곳곳에 레스토랑들을 설립 후 떠나기를 반복하면서 수많은 레스토랑들을 설립하였다. 2008년 학산과 야우앗차의 지분을 아부다비에 본사를 둔 투자업체 '타사밈 부동산(Tasameem Real Estate)'이 인수하면서 레스토랑 그룹이 급속히 성장하였다. 이때부터 학산 레스토랑이 전 세계 12개의 주요 도시로 들어서면서 글로블 브랜드 '학산 그룹'이 탄생하였다.

학산 그룹은 레스토랑을 넘어 미국 라스베이거스의 나이트클럽, 중동의 부티크 호텔 사업에도 진출하면서 호스피탈러티 사업을 확장해 나갔다. 그런데 2021년 미국 네바다주 라스베이거스에 본사를 둔 세계적인 기업인 '타오 그룹 호스피탈러티(Tao Group Hospitality)'가 초거대 빅딜을 통해 학산 그룹을 합병하면서 호스피탈러티계의 슈퍼 기업으로 성장하였다.

이로써 타오 그룹 호스피탈러티는 학산 그룹의 레스토랑 등을 포함하여 전 세계 5대륙에 걸쳐 22개의 시장에서 61개의 엔터테인먼트, 다이닝 레스토랑, 나이트클럽 등의 호스피탈러티 시설을 운영하고 있다.

세계 최상위 부국, 카타르

카타르(Qatar)는 아라비아반도에서도 매우 작은 반도국이지만, 석유와 천연가스의 매장량이 중동에서 톱 수준으로서 세계 최상위 부국이다. 1인당 국민소득도 약 10만 달러로 룩셈부르크에 이어 세계 2위를 자랑한다. 아라비아반도 내 작은 반도국인 카타르는 페르시아만으로 대부분 둘러싸여 있어 해변의 풍경이 아름답기로 유명한 세계적인 휴양지이다.

또한 〈월드컵 2022〉의 축구 경기가 아랍권에서는 최초로 열려 여행객들이 많이 방문할 것으로 예상되는 카타르에서도 특히 페르시아만과 인접하여 경관이 훌륭하기로 유명한 수도 도하(Doha)에는 인구 약 95만 명이 거주하면서 대부분 목축업, 어업, 석유 산업계에 종사하고 있다.

이 도하에는 세계 최상위 부국이면서 세계적인 관광 명소인 만큼 이름만 들으면 누구나 알 만큼 세계 정상급의 럭셔리 호텔 그룹들도 많이 진출해 있다. 여기서는 카타르의 수도 도하에서 세계적인 호스피탈러티로 유명한 곳들을 중심으로 파인 다이닝과 애프터눈 티의 명소들을 소개한다.

The Torch Doha

높이 300m의 마천루, 도하 최고층 호텔 '도르츠 도하'

도르츠 도하 호텔의 야경

카타르를 여행하는 사람들이라면 수도 도하를 관광하게 될 것이다. 도하는 세계 최대 부국의 수도인 만큼 아랍에미리트의 수도 아부다비와 마찬가지로 세기의 건축물들과 호스피탈러티 기업들이 경쟁을 벌이는 곳으로 유명하다. 특히 도하의 중심지이자 번화가인 '아스파이어(Aspier)' 지역에는 현대 건축 기술의 집합체인 높이 300m의 '아스파이어 타워(Aspier Tower)'가 있는데 여행자들이 직접 본다면 눈이 휘둥그레질 것이다. 성화봉 모양인 이 타워는 호텔 '도르츠 도하(The Torch Doha)'로 더 잘 알려져 있다.

도르츠 도하 호텔은 5성급 럭셔리 호텔로서 카타르에서도 최고의 호텔 중 하나로 도하를 대표하는 마천루이다. 360도 방향으로 도하의 시내를 파노라마처럼 내려다볼 수 있어 경관이 훌륭하기로 유명하다. 또한 특급 호텔인 만큼 다이닝과 애프터눈 티의 명소도 있다.

도르츠 도하 호텔의 로비 라운지인 '쿠픽(Kufic)'에서는 사람들과 자유롭게 만나 셰프가 선택해 주는 스낵이나 페이스트리와 함께 최고급 커피나 시거너처 티, 목테일, 칵테일을 즐길 수 있는 공간으로 인기가 높다. 특히

「차바 시거너처 리프 티 실렉션(Tchaba Siganature Leaf Tea Selection)」
메뉴는 티 애호가들에도 구미를 당기게 할 정도로 훌륭하다.

먼저 47층의 '스리 식스티(Three Sixty)' 레스토랑은 지중해 요리 전문점
으로서 도하 스카이라인을 눈으로 감상하면서 런치와 디너를 즐길 수 있
다. 런치는 정오 12시~오후 3시까지 운영한다. 특히 매주 목요일의 「랍스
터 나이트(Lobster Night)」, 금요일의 「스테이크 나이트(Steak Night)」, 「스
리 식스티 스페셜스(Three Sixty Specials)」메뉴는 미식가들도 반길 만한
미식이다.

그리고 '플라잉 카펫(Flying Carpet)'은 아랍 요리 전문 레스토랑으로서 브
렉퍼스트와 런치의 메뉴가 환상적인 곳이다. 특히 런치는 「일반 런치」「비
즈니스 런치」와 「패밀리 런치」의 메뉴로 세분된 것이 다른 레스토랑과의
차이를 이룬다.

또한 도르츠 도하 호텔의 최고층인 51층의 지상 높이 250m인 '스카이라
운지(Sky Lounge)'에서는 각종 음료와 함께 간식들을 즐기면서 도하를 한
눈에 내려다볼 수 있어 만남의 장소로도 인기가 높다.

한편 21층에는 애프터눈 티를 위한 완벽한 장소가 있다. 바로 '도르츠 티
가든(Torch Tea Garden)'이다. 이곳은 실내 인테리어가 마치 다원과 같이

스카이라운지

애프터눈 티의 명소인 도르츠 티 가든

파노라마 레스토랑

장식되어 티 애호가들에게 '천공의 다원(天空의 茶園)'이라는 느낌을 준다.

이 티 가든에서는 매우 다양한 종류의 티들을 선택하여 목테일, 샐러드, 샌드위치, 그리고 수제 과자류와 함께 하이 티를 '푸른 창공'을 보면서 즐길 수 있다. 오후 3시 30분에서 6시 30분까지의 하이 티는 「픽닌 하이 티(Picnin High Tea)」, 「가든 하이 티(Garden High Tea)」, 「서머 드링크스(Summer Drinks)」로 세분되어 있다. 밤에는 지상의 '빛나는 보석들'을 바라보면서 다양한 음료들을 경험해 보길 바란다. 티 애호가들은 '천공의 다원'인 도르츠 티 가든을 결코 놓쳐서는 안 될 것이다.

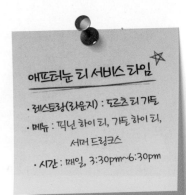

애프터눈 티 서비스 타임 ☆
• 레스토랑(라운지) : 도르츠 티 가든
• 메뉴 : 픽닌 하이 티, 가든 하이 티, 서머 드링크스
• 시간 : 매일, 3:30pm~6:30pm

InterContinental Doha The City

도심의 오아시스, '인터컨티넨탈 도하 더 시티' 호텔

인터콘티넨탈 도하 시티 호텔

도하의 웨스트 베이(West Bay) 지역으로 여행하다 보면 도하에서 높기로 유명한 호텔 건축물이 바로 보인다. 럭셔리 호텔 '인터컨티넨탈 도하 더 시티(InterContinental Doha The City)'이다.

도하의 전시·컨벤션센터, 정부 관청과 인접해 있는 이 호텔에서는 도하의 시내와 함께 길게 이어진 푸른 해안선을 볼 수 있어 경관이 무척 아름다워 여행객들의 발길을 유혹하고 있다.

이 호텔은 세계적인 럭셔리 호텔 체인 업체인 '인터컨티넨탈 호텔 그룹(IHG)'이 운영하지만, 실제 소유자는 1974년 카타르에서 탄생한 종합 기업 그룹인 '아자즈 그룹(Ajaj Group)'이다.

호텔은 '도심의 오아시스(Urban Oasis)'를 슬로건으로 내세우는 만큼 '고객의 편안함'을 최고의 가치로 여기면서 운영하고 있어 파인 다이닝과 애프터눈 티로 유명한 레스토랑과 로비 라운지가 있어 한 번쯤은 꼭 들러 볼 만하다.

331

라비스타 55 레스토랑의 퓨전 요리와 다양한 칵테일들

로비 라운지(Lobby Lounge)에서는 친구들과 함께 간단히 런치를 즐길 수 있는 편안한 장소이다. 생식과 채식의 메뉴는 완전히 글루텐 프리의 요리이다. 신선한 샐러드와 화려한 초콜릿 디저트는 일품이다.

55층, 56층의 '라 비스타(La Vista) 55' 레스토랑은 웨스트 베이와 페르시아만의 아름다운 야경을 내려다보면서 디너를 즐길 수 있는 명소이다. 쿠바풍의 이 레스토랑에서는 라틴·아시아의 퓨전 요리들을 즐길 수 있고, 장인이 직접 만든 칵테일도 매우 유명하다.

'프라임 레스토랑(Prime Restaurant)'은 스테이크하우스로 대상을 받은 경력이 있을 정도로 훌륭하다. 이곳은 디너가 유명한데, 특히 초일류 메뉴인 「프라임 타임(Prime Time)」에서는 호주식 '와규 비프 칙스(Wagyu Beef Cheeks)', 미국 농무부 인증 '비프 프랑크 스테이크'의 육류에서부터 황다랑어까지 최고의 요리들을 선보이고 있다. 또한 금요일의 정오에서 오후 4시까지 즐길 수 있는 「프라임 브런치(Prime Brunch)」의 메뉴는 가히 예술적인데, 손님 앞에서 직접 조리하여 요리를 선보이는 '카버리(carvery)' 서비스로 신선한 산해진미들을 즐길 수 있다.

'알 잘사 가든 라운지(Al Jalsa Garden Lounge)'에서는 중동식 런치와 디너를 다양한 요리들과 함께 풍요롭게 즐길 수 있다. 런치에서는 메제를 비롯하여 그날의 요리들을 즐기면서 최고 향미의 후카를 맛볼 수 있다. 그리고 밤에는 밤하늘의 별이 내려앉은 가운데 우아한 모습의 목테일을 경험해 보길 바란다.

이 호텔에는 티 애호가들이 좋아할 만한 '파리식 애프터눈 티'를 즐길 수

라 파리지엔느 도하 아페리티프 · 라 파리지엔느 도하 티룸의 하이 티

있는 명소도 있다. 실내의 모든 가구들을 프랑스로부터 직접 들여오고, 프랑스 파리 전통 카페, 베이커리, 페이스트리를 재현한 '라 파리지엔느 도하(La Parisienne Doha)'이다. 이곳은 파리 전통식의 '살롱 드 테(Salon de Thé)'로서 도하에서 프랑스 요리의 진수를 경험할 수 있는 곳이다. 매주 금요일의 「셰프의 스페셜스(Chef's Specials)」의 아메리칸 오이 게르킨(gherkin) 피클과 바게트, 그리고 감자 요리들은 별미이다.

특히 8시~10시의 오전에는 프랑스식 아침 식사인 「퍼티 데제네 알 라 프랑세즈(Petit Déjeuner à la Française)」의 메뉴를 커피나 티와 함께 즐길 수 있고, 오후 시간대인 2시~6시에는 프랑스 파리 '살롱 드 테' 양식의 애프터눈 티인 「라 파리지엔느 하이 티(La Parisienne High Tea)」를 선보이는데, 각종 별미들이 에펠탑 조형물의 선반에 올려진 모습이 아기자기하여 티 애호가들에게도 인기가 매우 높다.

티 애호가들이 중동 카타르의 수도 도하에서 '살롱 드 테'와 '파리지앵 애프터눈 티'를 경험하고 싶다면 이곳을 들러 보길 바란다.

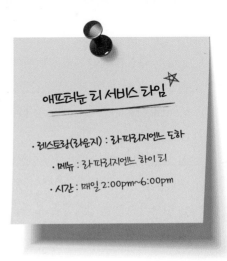

애프터눈 티 서비스 타임

· 레스토랑(라운지) : 라 파리지엔느 도하
· 메뉴 : 라 파리지엔느 하이 티
· 시간 : 매일 2:00pm~6:00pm

Mondrian Doha Hotel

'판타지와 관용의 오아시스', '몬드리언 도하 호텔'

몬드리안 도하 호텔의 야경

도하의 웨스트 베이 지역을 여행하다 보면 현대판의 거대한 '피사의 사탑'을 보는 듯한 높이 158m의 건물도 볼 수 있다. 모건스 호텔 그룹(MHG, Morgans Hotel Group)의 5성급의 '몬드리언 도하 호텔(Mondrian Doha Hotel)'이다.

이 모건스 호텔 그룹은 1984년 미국 뉴욕시의 '모건스 호텔(Morgans Hotel)'로 호스피탈러티 사업의 첫 문을 연 뒤 오늘날에는 전 세계에 24개의 럭셔리 호텔을 산하에 두고 나스닥(NASDAQ)에 상장되어 있다.

현재 소유주는 2016년 이 모건스 호텔 그룹을 인수한 뒤 오늘날 전 세계에 호텔 20여 개, 레스토랑 70개, 라운지 42개를 운영하는 호스피탈러티 업계에서 대그룹인 '에스비이 엔터테인먼트 그룹(SBE Entertainment Group)'이다. 레스토랑 경영자들에게는 너무도 유명한 기업이다.

이곳 몬드리안 도하 호텔은 네덜란드 출신으로서 산업디자인계의 세계적인 거장인 마르셀 반데르스(Marcel Wanders, 1963~)가 구상하였으며, '판타지와 관용의 오아시스'를 표방하고 있어 방문객들에게 '강렬함'과 '모멘텀'을 전달해 준다. 물론 각종 휴양 시설과 파인 다이닝, 애프터눈 티로도 유명하여 카타르의 수도인 도하를 방문한다면 티 애호가들은 꼭 들러 보아야 할 곳이다.

일식 전문 레스토랑인 '모리모토(Morimoto)'에서는 일본의 '아이언 셰프(Iron Chef)'로 유명한 모리모토 마사하루(Morimoto Masaharu)가 '랍스터 스시 라이스 리조토(Lobster Sushi Rice Risotto)'에서부터 와규 요리에까지 다양하게 선보이는 요리들로 일식의 일미를 경험할 수 있다.

미국 정통 레스토랑 '컷트 바 볼프강 퍽(Cut by Wolfgang Puck)'에서는 최고급 비프 요리들을 즐길 수 있다. 샐러드, 리조토, 부라타 등의 스타트 메뉴를 시작으로 메인 코스를 거쳐 호주와 미국 농무부 공인의 최고급 비프 요리들을 경험해 보길 바란다.

모리모토 레스토랑의 해산물 요리와 티 칵테일

엘라미아 도하 카페의 「애프터눈 티」서비스

레스토랑 왈리마(Walima)에서는 시각과 미각이 어지러울 정도로 화려한 색채와 다양한 풍미의 중동 전통 요리들을 디너로 선보인다. 다양한 칵테일, 와인으로 식전주를 즐긴 뒤 메제와 함께 메인의 해산물이나 페르시안 스타일의 양고기 그릴 요리들은 미식가들의 미각을 돋울 것이다.

특히 카페 '엘라미아 도하(EllaMia Doha)'에서는 신선한 최고급 커피뿐만 아니라 애프터눈 티도 매우 유명한 곳이다. 매일 오후 2시에서 7시까지 서비스하는 애프터눈 티의 메뉴는 「엘라미아 애프터눈 티(Ellamia Afternoon Tea)」, 「원더랜드 엘라미아 애프터눈 티(The Wonderland Ellamia Afternoon Tea)」의 두 종류가 있는데, 특히 「원더랜드 엘라미아 애프터눈 티」는 인터넷을 통해 전 세계의 티 애호가들에게 널리 알려질 정도로 유명하다.

티 애호가라면 애프터눈 티 세계의 '뜨거운 감자'인 이 '원더랜드 엘라미아 애프터눈 티'를 꼭 즐겨 보길 바란다.

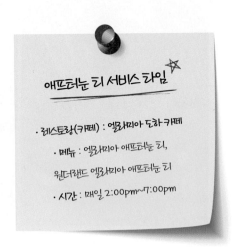

애프터눈 티 서비스 타임 ★

· 레스토랑(카페) : 엘라미아 도하 카페

· 메뉴 : 엘라미아 애프터눈 티,
원더랜드 엘라미아 애프터눈 티

· 시간 : 매일 2:00pm~7:00pm

미국 최초의 '부티크 호텔 그룹'을 합병한,

'에스비이 엔터테인먼트 그룹'

미국 뉴욕시 브루클린에 본사를 둔 호스피탈러티 기업 '에스비이 엔터테인먼트 그룹(SBE Entertainment Group)'. 한국 서울의 이태원에 '몬드리안 서울(Mondrian Seoul)' 호텔을 포함하여 전 세계 곳곳에 22

개의 호텔, 70개의 레스토랑, 42개의 라운지, 바를 운영 중인 대형 호스피탈러티 업체이다.

이 호스피탈러티 그룹은 2002년 이란계 미국의 기업가 샘 나자리안(Sam Nazarian)이 호텔 사업을 처음으로 시작하여 2016년 13개의 부티크 호텔을 거느린 '모건스 호텔 그룹(MHG, Morgans Hotel Group)'을 인수하면서 본격적으로 사업을 키웠다. 참고로 모건스 호텔 그룹은 '부티크 호텔'의 창시자인 이언 슈레이거(Ian Schrager)가 뉴욕에서 1984년에 설립한 세계적인 호텔 기업이다.

현재 모기업인 '아코르 그룹'이 에스비이 엔터테인먼트 그룹을 운영 중이며, 이 그룹의 자회사로는 '모건스 호텔 그룹'을 비롯하여 스시 레스토랑 '카츠야(Katsuya)', '클레오(Cleo)', 스페인 정통 레스토랑 '바자르(The Bazaar)', '우마미 버거(Umami Burger)' 등이 있다. 그밖에도 '아코르 홀딩(Accor holding)'과 함께 브랜드 건설 작업과 함께 향후 호텔 10개의 추가 론칭을 준비 중인 것으로 알려졌다.

Four Seasons Hotel Doha

수도 도하의 해변 휴양지, '포시즌스 호텔 도하'

포시즌스 호텔 도하의 전경

도하의 해안가를 따라서 돌다 보면 유명 해변 휴양지들을 많이 볼 수 있다. 아름다운 해변에서 펼쳐지는 낙원과도 같은 모습에 여행객들은 황홀경에 빠질 수도 있다. 그런 도하에서도 세계적인 휴양지로서 웅장한 그랜드호텔도 있다. '포시즌스 호텔 도하(Four Seasons Hotel Doha)'이다.

포시즌스 호텔 그룹의 5성급 럭셔리 호텔답게 아름다운 경관을 배경으로 최고의 휴양 시설과 파인 다이닝, 애프터눈 티가 세계 정상급이다. 특히 티 애호가들에게 이 호텔은 매년 베스트 5위권에 선정되고 있을 정도이다.

일식 전문 레스토랑 '누부 도하(Nobu Doha)'는 페루의 식재료들로 일식 요리를 창조해 선보이는 세계적인 셰프 마츠히사 누부유키(松久信幸, Nobuyuki Matsuhisa)의 '누부 레스토랑(Nobu Restaurant)'들 중에서도

해변가에 위치한 풀 그릴 레스토랑의 모습

세계에서 가장 큰 규모를 자랑한다. 브런치와 디너를 선보이는데, 특히 디너의 「알르카르테」 메뉴는 미식 수준이다.

시거너처 디시로 대구 유자 미소, 록 슈림프 덴푸라, 킹크랩 요리, 누부 스타일의 와규 비프 등은 한 폭의 그림과도 같은 모습에 맛도 일미여서 사람들의 눈길과 미각을 사로잡는다. 미식가라면 직접 방문하여 경험해 보길 바란다.

레스토랑 '엘리먼츠(Eliments)'에서는 브렉퍼스트에서부터 디너까지 국제적인 요리들을 선보이는데, 특히 중국 요리 전문가인 수석 셰프 딩(Ding)의 시거너치 디시는 해산물을 사용한 진미들로서 풍미가 일품이다.

'풀 그릴(Pool Grill)' 레스토랑에서는 시원한 해변을 바라보면서 런치와 디너를 경험할 수 있다. 이탈리아식 파스타, 피자를 비롯하여 양구이 요리와 농어, 왕새우 등의 해산물 구이는 결코 잊지 못할 경험을 선사할 것이다.

그런데 이 호텔은 수도인 도하에서도 프리미엄 티 서비스를 즐길 수 있는 곳들이 많아 티 애호가들에게 매년 '베스트 5위권'으로 선정되고 있다.

'아라비카 카페(Arabica Cafe)'에서는 푸른 바다를 바라다보면서 「버블리 애프터눈 티(Bubbly Afternoon Tea)」 메뉴의 색다른 풍미를 여유롭게 즐길 수 있다. 카타르의 250종류에 달하는 뜨거운 음료들과 프리미엄 티들,

시즌스 티 라운지의 실내

시그너처 스콘, 여러 다양한 별미들은 아마도 티 애호가들에게 군침을 돌
게 할 것이다.

또한 '시즌스 티 라운지(Seasons Tea Lounge)'는 브렉퍼스에서부터 디너
까지 기본 식사는 물론이고, 그랜드 스케일의 영국 정통 애프터눈 티를 선
보이는 곳으로서 세계적인 명소이다. 오후 시간대인 1시에서 7시 사이에
각종 케이크, 페이스트리, 스콘, 핑거 샌드위치, 최고급 블렌딩 티를 빅토
리아 시대의 베드퍼드 공작부인이 즐겼던 그 방식으로 만끽할 수 있다. 티
애호가에게 이곳은 '티 순례길의 성지' 중 한 곳으로 결코 놓칠 수 없다.

레스토랑인 '테라스(The Terrace)'에서는 유리창을 통해 푸르른 해변을
내다보면서 각종 해산물이 들어간 퓨전 요리와 다양한 음료들을 즐길 수
있다. 특히 티 애호가들은 이곳에서 매우 당황할지도 모른다. 뜻밖의 장
소에서 보석과도 같은 '모로칸 티(Morocan Tea)', '플레이버드 모히토
(Flavored Mojito)', '목테일'을 접하기 때문이다.

모로칸 티와 플레이버드 모히토는 맛도 훌륭하지만, 겉모습도 그림의 수
준이다. 특히 목테일인 '버군디(Burgundy)'는 히비스커스, 블랙커런트 블
렌딩 티에 석류가 들어 있어 강렬한 붉은 색채가 푸른 바다와 강한 대비를
이루어 보기만 해도 휴양이 될 정도이다. 플레이버드 모히토는 드래곤프

시즌스 티 라운지의 「애프터눈 티」의 서비스

루트, 라즈베리, 스트로베리, 오렌지, 진저를 믹솔로지하여 색, 향, 맛이 비할 데가 없다.

어느 하나 놓칠 것이 없지만, 티 애호가라면 모히토 한잔하러, 또는 목테일 한잔하러 갈 생각이면 이곳 '테라스' 레스토랑의 해변에 한가로이 누워 여유를 즐겨 보자.

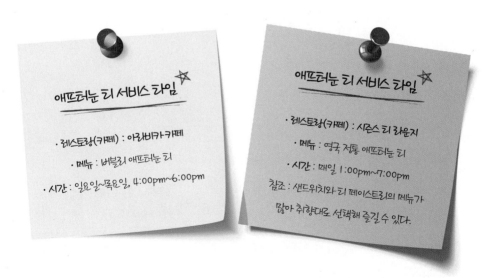

애프터눈 티 서비스 타임 ☆
· 레스토랑(카페) : 아라비카 카페
· 메뉴 : 버블리 애프터눈 티
· 시간 : 일요일~목요일, 4:00pm~6:00pm

애프터눈 티 서비스 타임 ☆
· 레스토랑(카페) : 시즌스 티 라운지
· 메뉴 : 영국 전통 애프터눈 티
· 시간 : 매일 1:00pm~7:00pm
참조 : 샌드위치와 티 페이스트리의 메뉴가 많아 취향대로 선택해 즐길 수 있다.

아프리카의
호레카(HoReCa) 속
티(Tea) 명소

I

북아프리카

이집트
튀니지
알제리
모로코

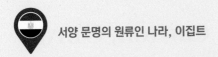

수에즈운하로 '티 무역'에 혁명을 불러온 이집트

이집트의 수도 카이로 인근의 기자 피라미드

아랍, 중동국의 정치적, 경제적 중심지인 이집트. 나일강을 끼고 찬란하게 발달한 고대 이집트 문명은 고대 그리스와 함께 서양 문화의 양대 원류로 손꼽힌다.

특히 마케도니아의 알렉산드로스 대왕이 이집트, 페르시아를 정복하고 프톨레마이오스 왕조(Ptolemaeos dynasty)가 계승되는 가운데, 고대 로마의 이집트 정복 등으로 서양 문화사에서 이집트는 결코 빼놓을 수가 없는 나라이다.

한편 이집트는 대항해 시대에 발견된 항로를 무색하게 만들 정도로 세계 무역 사상에서 일대 변혁을 일으킨 곳이다. 19세기 말 '수에즈운하(Suez Canal)'가 건설되어 해상 무역로를 단축하여 티, 설탕, 후추 중요 상품의 무역을 비롯해 동서양의 세계 무역 지도를 바꾼 것이다.

그런 이집트는 특히 홍해에서 지중해로 가는 티의 바닷길이었던 만큼, 오늘날에도 연간 티 소비량 9위, 1인당 티 소비량 13위로서 티를 많이 소비하는 나라이다. 북부와 남부에서는 지방적인 특색에 따라 각기 다른 양식으로 마시는 티 문화도 발달하였다.

여기서는 아프리카 북동부의 이집트에서 나일강을 따라 고대 유산들을 감상하면서 세계적인 호스피탈리티의 명소들을 중심으로 각종 휴양 시설과 파인 다이닝, 애프터눈 티를 즐길 수 있는 곳들을 소개한다.

The Nile Ritz-Carlton, Cairo

나일강의 럭셔리 호텔, '나일 리츠 칼튼 카이로' 호텔

나일 리츠 칼튼 카이로 호텔 전경

여행객들이 관광 명소들과 함께 나일강의 지류를 따라서 여행하다 보면, 이집트의 5성급 호텔들이 줄지어 있다는 사실을 알게 된다. 그중에는 세계적인 호스피탈러티 기업들의 호텔들도 있다. 메리어트 본보이 호텔 등급에서 럭셔리 등급인 '나일 리츠 칼튼-카이로(The Nile Ritz-Carlton, Cairo)'도 그중 한 곳이다.

이 호텔은 카이로의 다운타운가와 고대 도시의 역사적인 유적지와 인접하여 관광객들에게는 목적지에 대한 접근성이 훌륭하다. 또한 각기 개성을 지닌 레스토랑이 9개나 되고, 로비 라운지는 영국 정통 애프터눈 티의 명소로서 미식가들이나 티 애호가들에게도 널리 알려진 곳이다.

뷔페형 패밀리 레스토랑 '쿨리나(Culina)'는 브렉퍼스트, 런치를 중심으로 하고, 금요일에는 카이로에서도 내로라할 정도로 높은 수준의 해산물 요리들로 브런치 타임이 열린다. 여기에 프리미엄 마니티와 블러디 메리(Bloody Mary), 상그리아(Sangria)의 칵테일이나 블렌딩 음료들을 곁들인다면 어떨지 상상에 맡기기로 한다. 또한 재즈 음악 연주와 아이들을 위한 공연도 진행되며, 호텔 정원 너머로는 이집트 박물관의 모습도 볼

수 있어 전망도 훌륭하다.

그리고 '밥 엘샤르크(Bab El-Sharq)' 레스토랑에서는 야외에서 중동의 전통 요리들을 디너로 선보인다. 이 레스토랑을 대표하는 시거너처 디시로서 아니스를 비롯해 다양한 향신료들을 사용해 만든 중동 전통 전채 요리인 '메제'는 사람들의 구미에 큰 호기심을 불러일으킬 정도로 높은 수준이다. 직접 방문해 중동 스파이스 향미를 경험해 보길 바란다.

또한 이탈리아 시골풍의 정통 레스토랑인 '비보(Vivo)'는 나일 리츠칼튼 카이로의 시거너처 레스토랑이다. 런치와 디너에서 '팜 투 테이블(farm to table)(농장에서 식탁까지)'을 운영 철학으로 내세워 이탈리아 시골로부터 4계절의 유기농 식자재들을 이집트로 직접 들여와 요리하여 미식가들에게 현지의 맛을 고스란히 전달하기로 유명하다. 이에 겸하여 나일강의 운치와 '카이로 타워(Cairo Tower)'가 한눈에 보여 전망도 아름답다.

특히 저녁에는 옥상 라운지인 '녹스(Nox)'에서 전 세계의 요리들과 함께 이곳에서만 맛볼 수 있는 수제 칵테일들을 즐길 수 있다. 라운지명 '녹스'가 로마 신화에서 '밤의 여신'인 만큼, 나일강과 카이로의 랜드마크들이 야경의 운치를 더해 준다. 그리고 '바(The Bar)'에서는 전통 칵테일들을 가벼운 스낵들과 함께 맛볼 수 있으니 참조하면 좋다.

밥 엘샤르크 레스토랑의 운치 있는 모습

베이커리인 '스위트 부티크(Sweet Boutique)'에서는 지방색이 강한 페이스트리나 땅콩을 사용한 디저트와 함께 수제 초콜릿을 프리미엄 커피나 주스와 함께 선보인다. 카이로

영국 정통 애프터눈 티를 선보이는 로비 라운지

의 토속 음식들을 즐길 수 있는 공간이다.

한편, 티 애호가들은 앞서 소개한 다이닝 레스토랑보다 어쩌면 '로비 라운지(Lobby Lounge)'에 관심이 더 쏠릴지도 모른다. 이곳은 브렉퍼스트에서부터 디너까지 다양한 요리들을 선보일 뿐 아니라 카이로 내에서도 '애프터눈 티의 명소'이기 때문이다.

우아한 분위기를 자아내는 로비 라운지에서는 토요일마다 호텔의 시거너처 디시인 「영국 정통 애프터눈 티」의 메뉴를 서비스하는데, 라이브 음악이 흐르는 가운데 사치스럽게 선보이는 초콜릿들, 영국 테이블웨어의 대명사인 웨지우드의 찻잔 세트와 영국 정통의 애프터눈 티를 제대로 즐겨 보길 바란다. 특히 시거너처 칵테일과 이집트 브랜드의 와인과 샴페인의 메뉴를 더한다면 애프터눈 티의 풍미는 더욱더 깊어질 것이다.

이집트의 고대 유적지들을 여행하고 카이로를 방문할 일이 있다면, 이곳 나일 리츠칼튼 카이로 호텔의 로비 라운지에 앉아 애프터눈 티도 즐기고, 그 옛날 나그네에게 던졌던 '스핑크스의 수수께끼'도 떠올리며 지나간 인생을 잠시 돌아보는 것은 어떨까.

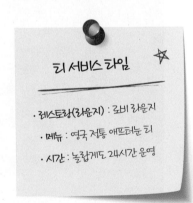

티 서비스 타임 ☆

• 레스토랑(라운지) : 로비 라운지
• 메뉴 : 영국 정통 애프터눈 티
• 시간 : 놀랍게도 24시간 운영

Sofitel Cairo El Gezirah

카이로의 도심 속 오아시스, '소피텔 카이로 엘 게지라' 호텔

소피텔 카이로 엘 게지라 호텔 전경

이집트 수도 카이로의 중심지는 여행객들에게 볼거리들이 풍성하다. 특히 카이로 한복판을 가로지르는 나일강에는 충적지로서 '게지라섬(Gezirah Island)'이 있다. 그 섬 북부의 자말렉(Zamalek) 지역은 카이로 내에서도 휴양의 중심지로서 여행객들은 발길이 잦은 곳이다. 그곳에서 섬을 휘도는 나일강을 따라 유람선과 요트들이 지나는 모습을 본다면 마음의 여유를 되찾을 수 있을 것이다.

이곳에서 여행객들이 잠시 쉬어갈 만한 휴양지로서 대표적인 곳으로는 프랑스의 세계적인 호스피탈러티 그룹인 '아코르(Accor)'의 5성급 호텔, '소피텔 카이로 엘 게지라(Sofitel Cairo El Gezirah)'가 있다. 아코르 호텔 체인 내에서도 '럭셔리' 등급에 해당해 각종 휴양 시설과 파인 다이닝 서비스가 앞서 소개한 호텔에 못지않다.

'라 팔머레 레스토랑(La Palmeraie Restaurant)'에서는 이집트 카이로에서 모로코의 마라케시(Marrakesh)까지 북아프리카의 오리엔탈 전통 요

리들을 선보인다. 모로코 정통 요리 전
문가인 셰프들이 강렬한 원색의 향신료
들을 넣은 휘황찬란한 모로칸 요리들은
눈길을 사로잡는다.

특히 북아프리카식 스튜인 타진(tagine),
깨알 모양의 파스타인 쿠스쿠스
(couscous), 모로코식 파이인 파스티야
(pastilla)와 함께 샐러드는 미식 수준이
다. 저녁에는 테라스에서 나일강의 한가
로운 모습을 즐기면서 모로코의 민트 티
와 다채로운 디저트를 직접 경험해 보길

라 팔메레 레스토랑의 모로칸 민트티와 요리

바란다. 여기에 나일강의 황혼과 함께 로맨틱한 모습도 즐겨 보자.

나일강의 레스토랑 중에서도 '카이로 톱 5위'에 선정될 정도로 초일류 레
스토랑도 있다. 실내 및 실외에서 진미들을 즐길 수 있는 레스토랑 '케밥
기 오리엔탈 그릴(Kebabgy Oriental Grill)'이다.

이곳에서는 양구이, 닭구이, 비둘기구이를 비롯해 각종 석쇠 구이들을
케밥과 함께 선보이는데, 케밥에 사용되는 피타 빵(pita bread)은 진흙에
서 전통적인 방식으로 직접 굽는데, 거의 예술적인 수준이다. 이곳을 찾
은 미식가들이라면 실내에서 오리엔탈 정통 요리를 즐긴 뒤 테라스에서
음악이 흐르는 가운데 중동식의 진한 '히비스커스 티'를 맛보길 바란다.

아마도 메마른 마음
속에서 '오아시스'가
생겨날 것이다.

카이로의 햇살 아래
에서 수영과 함께 칵
테일을 즐길 수 있는
명소도 있다. 바로 야
외 풀장 바인 '서니 바

야외 풀장의 서니 바

(Sunny Bar)'이다.
이곳에서 각종 열
대 과일류와 스낵
을 과일주스와 칵
테일과 함께 마시
면서 한가로운 시
간을 통해 마음을
재충전해 보길 바
란다.

라마들렌 카페

이 호텔의 로비에는 카이로 최고 권위의 프렌치 카페도 있다. '라 마들렌
(La Madeleine)'이다. 이집트 카이로에서 프랑스 전통의 케이크와 페이
스트리들을 비롯해 네스프레소 커피(Nespresso coffee), 식도락 수준의
마카롱, 풍성한 초콜릿들을 맛볼 수 있는 몇 안 되는 명소이다.

티 애호가들에게는 나일강을 유유히 항해하는 삼각돛의 범선인 펠루
카(feluccas)들을 바라보면서 즐거운 애프터눈 티를 즐길 수 있는 곳이
기다리고 있다. '윈도 온 더 나일 라운지 앤 바(Window On The Nile
Lounge & Bar)'이다. 애피타이저와 샐러드 그리고 프랑스식 별미들과
함께 갓 간 신선한 주스와 간단한 점심 식사 뒤 나일강의 전경을 보면서
애프터눈 티도 즐겨 보길 바란다.

애프터눈 티 서비스 타임 ☆
· 레스토랑(라운지) : 윈도 온 더 나일
  라운지 앤 바
· 메뉴 : 애프터눈 티
· 시간 : 예약 시간

윈도 온 더 나일 라운지의 프렌치 애프터눈 티

Royal Maxim Palace
Kempinski Cairo

도심으로 떠나는 럭셔리 여행지,
'로열 맥심 팰리스 켐핀스키 카이로' 호텔

로열 맥심 팰리스 켐핀스키 카이로 호텔 야경

카이로의 신시가지 한복판에는 약 120여 년의 역사를 자랑하면서 유럽
에서도 가장 오래된 호텔 그룹인 '켐핀스키 호텔스'의 5성급 호텔, '로열
맥심 팰리스 켐핀스키 카이로(Royal Maxim Palace Kempinski Cairo)'가
있다. 참고로 말하면 켐핀스키 호텔스는 세계 최대 '독립 호텔 브랜드'의
연합체인 '세계호텔연합(GHA, Global Hotel Alliance)의 창립 회원사이
기도 하다.

이 호텔은 카이로 국제 공항에 인접할 뿐만 아니라 카이로 페스티벌 시
티 몰과도 지리상으로 매우 가까워 여행객들에게 교통적으로 우수한 접
근성을 제공할 뿐만 아니라, 5성급 호텔인 만큼 그 휴양 시설과 파인 다
이닝, 티 라운지의 서비스도 세계 최고 수준급이다. 특히 연회장은 이집
트에서도 가장 큰 규모를 자랑한다.

'스테이트(The State)' 레스토랑은 유럽 전통 요리에 지역적인 요소들을
가한 요리들을 뷔페식 브렉퍼스트로 선보인다. 레스토랑의 이름은 영국

의 '버킹엄 궁전(Buckingham Palace)'에 있는 다이닝 룸의 이름이 붙은
것이다. 하루의 일과를 유럽풍의 미식 요리들로부터 시작해 볼 수 있다.
레스토랑 '루카(Lucca)'에서는 이탈리아 출신의 셰프가 지중해산 식자재
를 사용해 이탈리아 가정식의 레시피로 이탈리아 정통 풍미를 최고급 요
리로 선보인다. 미식가들이라면 이곳에 앉아 이탈리아의 그림들로 로맥
틱하게 조성된 분위기 속에서 런치와 디너를 경험해 보길 바란다.

이 호텔에는 카이로에서도 오리엔탈 요리가 최고로 손꼽히는 명소가 있
다. 레바논 정통 레스토랑인 '밥 알 카스르(Bab Al Qasr)'이다. 이곳은 온
가족이 디너에서 다양한 중동 요리를 즐길 수 있는 아랍식 패밀리 레스
토랑이지만, 특히 이집트와 레바논의 요리는 미식 수준으로 미식가들의
발길이 잦다. 이곳에 들러 아랍 정통의 호스피탈러티와 함께 즐거운 오
리엔탈 요리의 여행을 떠나 볼 것을 권한다.

물론 칵테일 마니아들을 위한 명소도 있다. '1897 The Bar'에서 전설적
인 칵테일류나 와인, 스리릿츠와 함께 밤에 라이브 음악을 즐기면서 노
스텔지어에 젖어 들 수 있는 공간이다. 이곳에 앉아 켐핌스키 호텔의 아
름다운 정원을 감상하면서 칵테일을 즐긴다면 카이로의 밤이 깊어 가는
줄도 모를 것이다. 단 라마단 시기에는 잠시 영업이 중단된다는 사실도
알아 두자.

티 애호가들은 이 호텔에서도 별도로 생각하는 명소가 있다. '바이브스

밥 알 카스르 레스토랑

바이브스 앤 테라스의 「애프터눈 티」 세팅

라운지 앤 테라스(Vibes Lounge & Terrace)'이다. 테라스를 낀 이 라운지
는 카이로에서 몇 안 되는 유럽식 커피 하우스로서 페이스트리, 베이커
리, 디저트를 다양하게 선보인다.

더욱이 실내 또는 테라스에서 매일 오후 시간대인 2시에서 5시 사이에
준비되는 화려한 「잉글리시 애프터눈 티(English afternoon tea)」와 「아
랍식 애프터눈 티(Arabic afternoon tea)」는 이 호텔의 하이라이트 요리
이다. 방대한 수의 플레이버드 티와 커피와 함께 고형크림을 얹은 스콘
과 우아한 샌드위치, 다양한 별미들로 갖춰진 3단 스탠드의 애프터눈 티
를 카이로에서 경험하고 싶다면 이곳을 가장 먼저 방문해 보길 바란다.

또한 저녁에는 자신의 기호
에 맞는 칵테일, 목테일, 위스
키, 와인 등과 함께 시샤를 테
라스에서 자유롭게 경험할 수
있다. 티 애호가들과 시샤 마
니아들에게는 꽤 선호도가 높
은 곳이다.

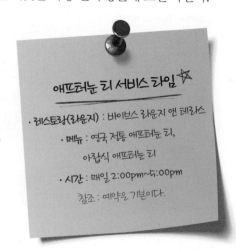

애프터눈 티 서비스 타임 ☆

· 레스토랑(라운지) : 바이브스 라운지 앤 테라스
· 메뉴 : 영국 전통 애프터눈 티,
  아랍식 애프터눈 티
· 시간 : 매일 2:00pm~5:00pm
  참조 : 예약은 기본이다.

Four Seasons Hotel Alexandria

이집트 피한지 해변에 화려한 매력의 '포시즌스 호텔 알렉산드리아'

해변의 포시즌스 호텔 알렉산드리아

이집트 북부에는 카이로에 이어 제2의 도시인 알렉산드리아가 있다. 이 곳은 알렉산드로스 대왕이 이집트 원정을 위해 기원전 331년에 나일강 하구에 건립한 항구 도시이자, 그로 시작된 프톨레마이우스 왕조 말기인 기원전 30년 클레오파트라 여왕에 이르러 멸망하기까지 고대 이집트의 수도였던 곳이다.

이곳은 세계적인 명소인 만큼 아름다운 휴양 시설도 들어서 있다. '산 스테파노 타워스(San Stefano Towers)'의 5성급 럭셔리 호텔인 '포시즌스 호텔 알렉산드리아(Four Seasons Hotel Alexandria)'이다. 이 호텔은 휴양 시설을 비롯해 파인 다이닝과 호스피탈러티 서비스도 초호화 수준이다.

중동 정통 레스토랑인 '시샤 라운지(Shisha Lounge)'에서는 지중해를 바라보면서 이집트와 모로코의 전통적인 요리들을 즐길 수 있다. 런치와 디너가 주력인 이곳에서는 모로코의 시거너처 디시와 음료들이 화려한데, 특히 훔무스, 루콜라 샐러드를 비롯해 할루미 치즈를 곁들이는 허브 샐러드 등 특산의 요리들을 모로칸 티, 버진 스토로베리 마르가리타, 피

존 오르조 수프 등과 함께 즐겨 보는 것은 어떨까.

뷔페식 패밀리 레스토랑 '칼라 레스토랑(Kala Restaurant)'은 온 가족이 지중해식 해산물 요리들을 맛볼 수 있는 아늑한 공간이다. 특히 뷔페식 브렉퍼스트에서는 신선한 지역의 식재료들로 조리한 국제적인 요리와 함께 지중해식 해산물 요리들을 미식 수준으로 즐길 수 있다. 시거너치 디시인 염장 농어 요리와 알렉산드리아식 메제는 미식가들이 놓치기에는 매우 아까운 진미들로서 직접 경험해 보길 바란다.

또한 '비블로스 레스토랑(Byblos Restaurant)'에서는 황금색의 레이스 커튼 너머로 푸른 지중해가 바라보이는 가운데 중동 전통 전채 요리인 메제(mezze)와 시리아와 레바논의 토속 요리들을 선보이는 우아하고도 화려한 공간이다. 꽃들과 양초들로 장식된 로맨틱한 분위기 속에서 디너의 순간을 만끽할 수 있다. 레스토랑 이름은 옛 페니키아에서 가장 오래된 도시인 비블로스(Byblos)에서 딴 것이다.

이 호텔에서는 지중해에 면해 있는 만큼 남지중해의 정통 요리들도 경험할 수 있다. '스테파노스 레스토랑(Stefano's Restaurant)'이다. 디너에서 비프 카르파초, 토마토 부루케스타를 시작으로 라비올리, 리조토 등을 이탈리아 남부 스타일로 선보인다.

로맨틱한 분위기 속에서 미식의 즐거움을 추구하는 사람들에게 권장

우아한 실내 장식의 비블로스 레스토랑

비치 레스토랑 앤 라운지의 전경

할 만한 자리도 있다. '비치 레스토랑 앤 라운지(Beach Restaurant & Lounge)'이다. 이곳은 탁 트인 해변의 테이블에서 태양이 수평선 아래로 지는 일몰의 광경을 감상하며 지중해식 해산물 요리들을 사람들과 함께 즐길 수는 있는 휴양의 공간이다.

우아하고 차분한 실내 분위기의 로비 라운지에서는 다이닝 서비스가 온종일 제공되고, 각종 음료와 애프터눈 티를 즐길 수 있다. 만약 알렉산드리아에 들를 일이 있다면 이 호텔의 로비 라운지에 들러 다이닝과 함께 애프터눈 티를 만끽해 보길 바란다. 여기에 비알코올 샴페인까지 곁들인다면 애프터눈 티의 묘미들 더해 줄 것이다.

밀려오는 지중해의 파도를 바라보며 클레오파트라 여왕과 안토니우스가 이곳을 세계 제국의 중심지로 만들려 했지만 실패로 돌아간 그 슬픈 역사도 그들을 기리면서 잠시 떠올려 보자.

영국 정통 애프터눈 티의 화려한 모습

애프터눈 티 서비스 라임
• 레스토랑(라운지) : 로비 라운지
• 메뉴 : 영국 정통 애프터눈 티
• 시간 : 매일 2:00pm~7:00pm
    참조 : 예약은 기본이다.

Sofitel Legend Old Cataract Aswan

추리소설 거장, 애거사 크리스티의 칵테일 단골집,
'소피텔 레전드 올드 캐트랙트 아스완' 호텔

소피텔 레전드 올드 캐트랙트 아스완 호텔의 전경

수도 카이로에서 남동쪽으로 약 900km 떨어진 아스완(Aswan)으로 가
면 나일강의 풍경이 아름답기로 유명한 곳들이 많다. 아스완은 실은 고
왕국 시대부터 이집트에서 문화의 중심지였던 곳으로서 고대 유적지들
이 많아 유명 셀럽들을 비롯하여 여행객들의 발길이 끊이지 않는다. 따
라서 이집트 남부 아스완주의 주도인 아스완에는 나일강 둑을 따라서 세
계적인 호텔들도 많이 진출해 있다.

아코르 호텔 그룹의 럭셔리 호텔 '소피텔 레전드 올드 캐트랙트 아스
완(Sofitel Legend Old Cataract Aswan)'도 그중 한 곳이다. 이 호텔은
19세기 후반 영국의 사업가이자 여행가인 토머스 쿡(Thomas Cook,

1808~1892)이 처음 설립한 데서 유래되었을 정도로 역사도 깊다. 또한 19세기 말~20세기 초 이집트 국왕 푸아드 1세(Fuad I, 1868~1936)가 내방한 장소이며, 영국의 추리작가 애거사 크리스티(Agatha Christie, 1891~1976)가 이곳에 묵으면서 칵테일을 즐겨 마셨던 장소로도 널리 알려져 있다. 물론 오늘날에도 5성급 호텔로서 파인 다이닝과 서비스가 최고 수준이다.

이곳에는 약 120년간 미식가들로부터 큰 사랑을 받아 왔던 앤티크 레스토랑이 있다. 시거너처 레스토랑 '1902 레스토랑(Restaurant)'이다. 이곳은 거대한 돔 형태의 레스토랑으로서 실내 디자인은 마치 이집트 제18왕조 제12대 왕인 투탕가멘(Tutankhamun, ?~?)의 황금마스크를 연상케 하여 고객들에게 이집트 왕족이 된 느낌을 선사한다. 이곳에서는 소믈리에가 최고급 와인으로 페어링을 연출한 프랑스 요리의 예술적인 진미들을 경험할 수 있다. 특히 소믈리에 추천한 식전주와 식후주의 와인과 레몬그라스로 가향한 생선 요리는 향미가 일품이다.

지역 특산의 신선한 식자재와 각종 허브, 향신료를 사용해 만든 중동 요리가 미식 수준인 레스토랑 '오리엔탈 케밥기(Oriental Kebabgy)'도 들

이집트 파라오 궁전을 연상시키는 1902 레스토랑의 화려한 모습

러 볼 것을 추천한다. 오리엔탈 요리 전문 셰프가 다양한 향신료들을 사용한 레바논 정통 요리는 미식 수준이다. 강렬한 색채와 향미의 향신료들과 훈제 고기, 허브가 사용된 쌀 요리 등의 향미에 잠시 복잡한 생각도 사라질 것이다.

고대 무어 제국의 왕궁을 연상시키는 실내 디자인의 레스토랑 '사라야 (Saraya)'에서는 실내 및 테라스에서 수제 파스타, 생선 요리 등 지중해식 요리를 독특한 미식 수준으로 즐길 수 있는 명소이다. 이곳은 고대 이집트 수도 아스완의 과거로 시대를 되돌아간 듯한 분위기를 자아낸다.

한편 레스토랑 '테라스(Terrace)'에서는 아스완에서도 가장 유명한 요리들을 선보이는데, 이곳에서의 티 또는 칵테일 한 잔과 함께 바라보는 노을의 광경은 방문객들에게 깊은 인상을 주어 이곳에서 '핫 테이블'로 통한다.

바인 '프롬네이드(promenade)'에서는 나일강이 유유히 흐르고 그 위로 삼각돛의 범선들이 오가는 광경을 지켜보는 가운데 다양한 샴페인 칵테일들을 즐길 수 있다. 어쩌면 이곳에 그 옛날 추리소설의 거장 애거서 크리스티가 칵테일을 마시면서 「나일강의 죽음(Death on the Nile)」(1937)의 영감을 떠올렸을지도 모른다. 추리소설 마니아라면 직접 방문해 답사해 보길 바란다.

티 또는 칵테일을 즐길 수 있는 테라스

나일강을 바라보며 「하이 티」를 즐길 수 있는 팜스 레스토랑

특히 나일강의 둑에서 일몰의 황혼을 즐기면서 「하이 티(High Tea)」도 즐길 수 있는 명소인 레스토랑 '팜스(Palms)'는 티 애호가들에게는 단연 인기가 높다. 이곳에서 스콘, 스트로베리, 크림, 미식 수준의 샌드위치, 감칠맛 나는 스낵들과 함께 영국의 전통적인 「하이 티」 메뉴를 경험한다면 영원한 추억을 남을 것이다.

티 애호가라면 이 호텔에 잠시 들러 석양을 보며 '하이 티'도 즐기면서 명탐정 포와르가 나일강을 무대로 활약하는 『나일강의 죽음』의 이야기도 떠올려 보라! 티 명소의 순례길에서 생긴 오랜 고생도 아무런 일도 없던 듯이 사라질 것이다.

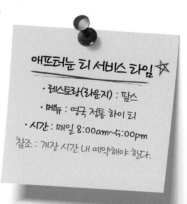

애프터눈 티 서비스 타임 ☆
· 레스토랑(라운지) : 팜스
· 메뉴 : 영국 전통 하이 티
· 시간 : 매일 8:00am~5:00pm
참조 : 개장 시간 내 예약해야 한다.

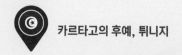

지중해의 휴양지, 튀니지

아프리카대륙 최북단의 튀니지는 고대 페니키아(Phoenicia) 사람들이 기원전 814년경에 오늘날의 수도인 튀니스만(Tunis)에 도시 국가 카르타고(Carthago)를 세워 이탈리아의 시칠리아를 점령해 서지중해 무역을 장악했던 나라이다. 또한 이탈리아반도를 점령해 로마를 공포에 떨게 하였던 세계적인 명장 '한니발 바르카(Hannibal Barca, B.C. 247~B.C.183)'의 나라이기도 하다.

대항해 시대에는 아프리카대륙과 스페인을 잇는 해상 교통의 요충지로서, 또한 오랫동안 프랑스의 지배에 놓여 있었던 만큼 유럽의 영향을 크게 받았던 곳이다. 1957년 프랑스로부터 독립한 뒤 오늘날에는 지중해 연안국에서도 휴양지로서 크게 성장하였다.

영토의 약 40%가 사막 지대인 이유로 인하여 사람들 대부분이 지중해 연안에 밀집해 거주하고 있지만 독특한 음식 문화가 발달해 있다. 음식에 다양한 향신료들을 사용하고, 특히 식사를 마친 뒤에는 다른 마그레브의 사람들과 마찬가지로 '민트 티'로 마무리한다.

그러한 역사적인 배경으로 튀니지는 알제리, 모로코와 함께 '마그레브 3국'으로서 모로코만큼 독특한 민트 티 문화도 발달해 있는데, 1인당 티 소비량은 세계 8위에 이른다. 여기서는 과거 '포에니(Poeni)'로 불렸던 카르타고의 후예인 튀니지(Tunis)에서도 수도 튀니스를 중심으로 세계적인 호스피탈러티 명소들을 소개한다.

Mövenpick Hotel du Lac Tunis

튀니지의 역사가 살아 숨 쉬는 '뫼벤피크 호텔 뒤 락 튀니스' 호텔

뫼벤피크 호텔 뒤 락 튀니스 호텔의 전경

튀니지의 수도인 튀니스로 여행을 떠나는 사람이라면 천연의 거대한 석호지로 경관이 훌륭한 튀니스 호수(Lake of Tunis)를 구경할 것이다. 오래전에는 항만으로 활용되었을 정도로 면적이 넓다. 이 호수와 튀니스만을 사이에 둔 지역은 관광 명소로서 사람들의 발길이 잦다.

이곳에도 크고 작은 다양한 호스피탈러티 시설들이 많이 진출해 있는데, 그중에서도 호텔 '뫼벤피크 호텔 뒤 락 튀니스(Mövenpick Hotel du Lac Tunis)'는 사람들에게도 인지도가 매우 높다.

수도 튀니스 다운타운에 위치한 이 호텔은 아코르 호텔 그룹의 5성급 럭셔리 호텔로서 실내 디자인이 튀니지의 전통 양식인 페니키아, 로마, 아랍 양식으로 장식되어 매우 화려하다.

이 실내 디자인은 튀니지가 페니키아의 강대국에서 로마에 복속되었다가 이슬람의 오스만투르크 제국의 통치를 받았던 역사적인 문화가 반영된 것이다. 이와 함께 호텔에서는 여러 문화권의 다양한 요리들을 선보

라 테이블 뒤 셰프 레스토랑

이는 것으로도 유명하다. 또한 아코르 호텔 그룹의 정책 차원에서 '지속
가능성'을 유지하기 위한 시스템도 갖추고 있다.

레스토랑 '라 테이블 뒤 셰프(La Table du Chef)'는 런치부터 디너, 그리
고 밤늦게까지 운영된다. 튀니스에서 최고의 구이 전문 레스토랑으로서
셰프가 요리하기에 앞서 고객들에게 취향을 문의한 뒤 주문을 통해 미
트 커트와 생선, 가금류 등을 직접 요리하여 테이블에 내는 점이 큰 특
징이다. 디너에는 바텐더가 과학과 예술을 혼합시킨 경지의 비알코올성
칵테일(목테일)과 음료들을 만들어 고객들에게 선사하는 것으로 이름
이 높다.

'르 그랑 레스토랑(Le Grand Restaurant)'에서는 브렉퍼스트에서 디너까
지 뷔페로 온종일 가족들이 원하는 시간대에 식사를 즐길 수 있다. 특히
테라스에서도 주위 경관을 감상하면서 이 호텔의 상징인 스위스 요리들
을 즐길 수 있는 곳이다. 주말에는 특별 브런치 타임이 놓칠 수 없는 기회
이기도 하다. 한마디로 이 호텔의 대표 레스토랑이다.

특히 티 애호가들은 특별 브렉퍼스트 메뉴 「익스프레스 오(The Express
Ô)」를 시작으로 런치 메뉴와 그리고 정오에서 애프터눈 티타임, 그리고
저녁에 비알코올성 목테일의 믹솔로지로 코스가 이어지는 '알 다이완(Al

알 다이완 레스토랑의 튀니지 전통 민트 티

Daiwan)' 레스토랑을 기억해 두자.

정오에서 해가 질 무렵까지 애프터눈 티타임에서는 페이스트리 코스에서 우아한 별미들을 선택하여 광범위한 종류의 티 메뉴와 함께 행복한 순간을 보낼 수 있다.

특히 저녁에는 신선한 재료들이 조화를 이루면서 색상과 맛이 조화를 이루어 거의 환상으로 평가를 받는 비알코올성 목테일을 마셔 보라. 아마도 카르다고의 영웅 한니발이 로마 시민의 상상력에 초격차를 두고 알프스를 넘는 광경이 머릿속에 그려질 수도 있을 것이다.

알 다이완 레스토랑의 애프터눈 티 서비스

Anantara Sahara Tozeur
Resort & Villas

사하라 사막의 오아시스,
'아난타라 사하라·토죄르 리조트 앤 빌라' 호텔

호텔의 레스토랑 아라비안 나이트

수도 튀니스에서 남서부로 약 430km 거리의 사하라 사막 지대에는 그 옛날 로마 시대의 전초 기지이자, 카라반들이 티 무역을 위해 왕성하게 드나들던 '토죄르(Tozeur)' 지역이 있다.

이 황량한 사하라 사막에 뜻밖에도 여행과 함께 휴양도 즐길 수 있는 명소가 있으리라고 그 누가 상상이나 할 수 있을까? '아난타라 사하라-토죄르 리조트 앤 빌라(Anantara Sahara Tozeur Resort & Villas)' 호텔이다.

이 호텔은 비록 황량한 사막에 있지만, 호스피탈러티, 레스토랑 업계에서는 알 만한 사람은 다 아는 유명 브랜드이다. 1978년 태국 파타야에서 '로열 가든 리조트(Royal Garden Resort)'로 호텔업을 시작한 뒤 오늘날 세계적인 호스피탈러티 업체로 성장한 '마이너 호텔스(Minor Hotels)'의 브랜드이기 때문이다. 그런 만큼 이 호텔은 사막의 패키지 여행을 마친 뒤 레스토랑과 라운지에서 최고 수준의 요리들과 티 서비스를 즐길 수 있다. 아마도 사막에서 만난 신기루와도 같은 오아시스의 느낌일 것이다.

이 호텔에는 토죄르에서도 가장 유명한 레스토랑인 '사라브(Sarab)'가 있다. 이곳에서는 요리의 종류가 너무도 다양하여 뷔페 수준의 커피와 주스와 함께 갓 구워 낸 빵으로 브렉퍼스트를 즐긴 뒤, 점심에는 오리엔탈과 서양의 각종 요리들을 즐길 수 있다. 특히 디너에서는 세계적으로 이름난 미식 요리들을 맛볼 수 있다.

아시아 요리 전문점 '메콩(Mekong)' 레스토랑에서는 중국 남부에서 베트남, 태국으로 이어지는 메콩강 지역의 향신료를 사용한 각종 미식 요리들을 경험해 볼 수 있는 곳이다. 창가에 야자수로 둘러싸인 풀장을 바라보면서 이국적인 아시아 요리들을 경험해 보길 바란다.

또한 중동 정통 레스토랑인 '아라비안나이트(Arabian Nights)'에서는 북아프리카의 사막을 가로질러 아라비아반도에 이르는 광대한 산지의 향신료와 식자재들로 준비한 진귀한 요리들을 체험할 수 있다. 그 요리의 가짓수가 중동 전역의 레스토랑을 뛰어넘는 수준으로 미식가들에게 이곳은 낙원일 것이다.

이왕 향신료 요리를 맛보았으면, 레스토랑 '스파이스 수푼스(Spice Spoons)'에도 들러 북아프리카 지중해 연안의 토착민인 베르베르족(Berber)의 토속 향신료 요리도 즐겨 보길 권한다. 북아프리카의 진정한 향미를 느낄 수 있다.

이 호텔에는 그 이름이 매우 재미있고, 또 다양한 메뉴로 위스키 애호가들의 넋을 빼놓을 만한 바도 있다. 수도 튀니스에서도 최고의 바인 '위스키피디어(Whiskipedia)'이다. 이곳에는 고요한 거실 분위기 속에서 방대한 위스키 컬렉션을 선보인다. 의자에 앉아 싱글 몰트 위스키와 함께 타

메콩 레스토랑

'사막의 오아시스'를 이루는 호텔의 배치도

레스토랑 아라비안 나이트의 향신료

파스나 스낵을 즐기면 쿠바산 시거도 맛을 보라. 이외에도 튀니스의 태양 아래에서 칵테일과 와인, 맥주를 감칠맛 나게 들이켜면서 피자나 리조토 또는 파스타를 맛볼 수 있는 테라스형 바인 '오아시스(Oasis)'도 매우 훌륭한 장소이다.

한편, 그 누가 사하라 사막 한복판에서 '애프터눈 티'를 즐길 수 있으리라 쉽게 상상할 수 있을까? 이 호텔의 '로비 라운지(Lobby Lounge)'에 가 보면 생각도 달라질 것이다. 이 로비 라운지는 튀니지 최고 수준의 카페로서 매우 이국적인 「아난타라 애프터눈 티」를 선보이는데, 영국식 스콘과 페이스트리 대신에 프렌치 타르트, 튀니지 페이스트리, 그리고 홍차 대신에 대추와 민트 티가 나오는 것이 큰 특색이다.

이곳에서 티 한잔을 마셔 보라. 머나먼 옛날 카라반들이 낙타와 함께 사막을 가로질러 물품을 운송하면서 티 한 잔에 잠시 고단함을 풀었던 모습들이 자연스레 떠오를 것이다.

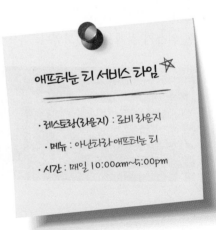
애프터눈 티 서비스 타임 ☆

· 레스토랑(라운지) : 로비 라운지
· 메뉴 : 아난타라 애프터눈 티
· 시간 : 매일 10:00am~5:00pm

호텔, 레스토랑, 아울렛계의 전설적인 기업,
'마이너 인터내셔널'

방콕에 본사를 둔 '마이너 인터내셔널 PCL(Minor International PCL)'은 1967년 미국 출신의 태국 사업가 윌리엄 하이네케(William E. Heinecke)가 17세의 나이로 광고 대행사 '인터아시안 퍼블리시티(Inter Asian Publicity)'와 청소 회사인 '인터아시안 엔터프라이즈(Inter Asian Enterprises)'의 두 회사를 설립하면서 시작되었다.

그 뒤 1978년 '로열 가든 리조트(Royal Garden Resort Co., Ltd)'를 설립한 뒤 첫 호텔로서 '로열 가든 리조트 파타야(Royal Garden Resort Pattaya)'의 문을 열고 호텔 사업을 시작한 것이다.

1970년 인터아시안 퍼브릴리시티와 인터아시안 엔터프라이즈를 '마이너 홀딩스(Minor Holdings)' 산하에 두면서 '마이너(Minor)' 브랜드의 전설이 시작되었다. 1980년 태국에 피자 프랜차이즈 브랜드의 사업을 시작한 뒤 주식 시장에 '로열 가든 리조트(RGR, Royal Garden Resort Public Co.)', '피자(PIZZA, The Pizza Public Co.)', '마이너(Minor, Minor Coporation Co., Limited)'의 세 기업으로 분리 공시하고, 2000년에 'RGR'과 'PIZZA'는 합병하여 '민트(MINT)'라는 새로운 브랜드로 운영하였다. 그리고 마이너는 첫 럭셔리 호텔 브랜드로서 '아난타라(Anantara)'를 시작으로 호스피탈리티 사업에도 본격적으로 뛰어들었다.

마이너는 인터내셔널은 호텔 운영 사업에 진출하고 동시에 세계적인 레스토랑 브랜드에 대한 투자 사업도 진행하면서 호주의 대표적인 호스피탈리티 기업인 '오크스 호텔 앤 리조트(Oaks Hotels & Resorts)'를 인수하였다. 그로부터 잠비아, 보츠와나, 나미비아, 모잠비트 등에서 호텔들을, 2018년 'NH 호텔 그룹(NH Hotel Group)'을 인수하면서 세계적인 호스피탈터티 그룹으로 성장하였다.

오늘날 호스피탈러티 분야는 '마이너 호텔스(Minor Hotels)', 식품 분야는 '마이너 푸드(Minor Food)', 라이프스타일 분야는 '마이너 라이프스타일(Minor Lifestyle)'이 사업을 진행하고 있다.

마이너 호텔스는 아난타라, NH의 두 호텔 브랜드로 전 세계 65개국에 530개 이상의 호텔 등을 운영 및 투자하고 있고, 마이너 푸드는 아시아에서 가장 큰 레스토랑 기업으로 27개국에 2300개의 레스토랑을, 마이너 라이프스타일은 전 세계에 470개 이상의 소매점을 운영하고 있다.

프랑스의 세계적인 독립 호텔 연합체,
'샤르메 앤 카락터'

프랑스에 본사를 두고 2016년 설립된 '샤르메 앤 카락터(C&C, Charme & Character)'는 단기간에 급속히 성장한 개인 및 독립 호텔들의 국제적인 연합체이다. C&C는 창립 당시에 프랑스 남부에서 55개 호텔들이 가입한 것을 시작으로 2017년 40개국의 200개 호텔, 2018년 4개의 호텔 브랜드와 60개국의 500개의 호텔, 2020년 기준 6개의 브랜드와 80개국에 800개의 호텔들을 회원사로 두고 있다. 프랑스에서는 호텔의 20%가 이 C&C에 가입이 되어 있을 정도이다.

한편, 전 세계 회원사들 중에서 '환경 책임제(Eco-responsible)'를 실시하는 호텔은 150곳이나 되고, 스파 업체는 200곳에 이른다. 이처럼 단기간에 급속히 성장한 호텔 연합체는 호스피탈리티 역사상에서도 매우 드물다.

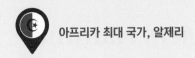

프랑스 지성계 거성들의 출현지

알제리는 아프리카 북서부 원주민 베르베르족의 고향으로서 그 역사가 기원전으로 거슬러 올라간다. 북으로는 지중해 연안, 남으로는 아틀라스산맥과 광활한 사막, 서로는 모로코, 동으로는 튀니지, 리비아와 인접한다.

이곳은 고대 페니키아인이 세운 카르타고의 경제 중심지였고, 로마 시대에는 '로마의 수라간'으로 불렸을 정도로 미식이 유명한 나라였다. 그리고 이슬람의 오스만투르크 제국 치하에서 19세기 중반 프랑스령이었다가 20세기 초에 독립하였다.

이와 같은 역사적인 배경으로 알제리의 곳곳에는 로마에 대항하기 위해 원주민들이 세운 카스바(요새)나 이슬람권의 모스크 유적지, 그리고 프랑스 식민의 유적지들이 많다. 그러함에도 알제리는 현대의 철학, 예술 분야에서 세기의 명사들이 탄생하거나 영향을 준 곳으로 유명하다.

알제리는 19세기 프랑스 상징주의 선구자, 아르튀르 랭보(Jean Nicolas Arthur Rimbaud)의 부친이 해군 장교로 근무한 곳으로서, 부친에게 버림을 받은 랭보가 뿌리를 찾아 이곳을 여행하면서 '감성적 영향(복수심 등)'을 받은 곳으로도 유명하다. 또한 프랑스 구조주의 철학자 루이 알튀세르(louis althusser, 1918~1990), 해체주의 철학자 자크 데리다(Jacques Derrida, 1930~2004), 실존주의 철학자 알베르 카뮈(Albert Camus, 1913~1960) 등 현대 철학의 거장들이 탄생, 성장한 나라이다.

이같이 알제리는 고대의 유적들을 찾는 여행객뿐만 아니라 거장들의 발자취를 뒤쫓는 사람들에게도 매우 뜻깊은 성지이다. 티 애호가들에게는 골머리를 썩이는 '철학'보다 머리를 식히는 '휴양'과 함께 '마그레브 티(Maghreb tea)'를 즐길 수 있는 순례길 중 한 곳이지만…….

여기서는 알제리에서도 고대 유적들을 관람하고 최고의 호스피탈리티를 즐길 수 있는 명소들을 소개한다.

Hotel Sofitel Algiers Hamma Garden

카뮈의 『이방인』 속 무대인 알제의 패키지 여행은
'호텔 소피텔 알제 함마 가든'에서

바 오아시스 라운지

수도 알제(Algiers)는 고대 카르타고 시대에는 '이코심(Icosim)', 로마 시대에는 '이코시움(Icosium)'으로 불린 지중해 무역의 요충지였다. 오늘날에도 알제리 최대 항구 도시로서 지중해 무역의 중심지이다. 이곳은 프랑스 실존주의 철학자 카뮈가 성장하고 자란 고향이자, 그의 소설 『이방인(L'Etranger)』(1942)의 무대였던 곳이다. 지중해성 기후로 여름에는 고온건조하고, 겨울에는 온난다습해 실제로도 햇살이 매우 따갑다.

여행객들이 따가운 햇볕 아래에서 『이방인(L'Etranger)』의 무대를 걸으며 명소들을 구경하다가 어느덧 해안가에 이르면 북아프리카 제1의 도시답게 유럽식 호텔과 관광 시설들이 밀집된 스카이라인을 볼 수 있다. 그 스카이라인 중에는 아코르 호스피탈러티 그룹의 5성급 프렌치 럭셔리 호텔, '호텔 소피텔 알제 함마 가든(Hotel Sofitel Algiers Hamma Garden)'도 있다.

이곳의 하루는 레스토랑 '디파(The Difa)'에서 브렉퍼스트로 시작한다면 그날의 여행은 순조로울 것이다. 뷔페식의 요리들을 즐긴 뒤 진한 향미를 풍기는 머신 커피의 한 잔과 함께 알제의 여행을 떠나 보길 바란다.

레스토랑 '가든 비스트로(Garden Bistro)'

할랄 요리로 유명한 엘 모르잔 레스토랑

에서는 싱그러운 식물들로 장식된 실내에서 이 고장 특산의 지중해식 요리를 즐길 수 있다. 최고급 요리의 메뉴인 「어부의 광주리(fisherman's basket)」에서 칵테일을 곁들이는 해산물구이는 가히 일품이다. 이곳은 고객들이 메뉴 주문에 앞서 저칼로리, 저염으로 선택할 수 있는 것이 특색이다.

알제리 지역의 토속 요리들을 선보이는 '엘 모르잔(El Mordjane)' 레스토랑은 미식가들에게 추천될 정도로 그 수준이 알제리에서도 으뜸이다. 무어 양식으로 디자인된 공간에서 할랄 요리로 선보이는 스페셜 메뉴들을 여행객들이 경험해 본다면 그날에 생기를 불어넣어 주지 않을까?

이 호텔에는 수도 알제에서도 이탈리아 요리를 대표하는 최고의 레스토랑이 있다. '아주로 레스토랑(Azzurro restaurant)'이다. 이곳은 미식가들에게 손꼽히는 명소로서 스페셜 메뉴들을 할랄 요리들로 선보인다. 원색의 극렬한 채색 대비를 이루는 테이블 세팅은 시각의 자극과 함께 마음 속에 신선한 활기를 불어넣어 줄 것이다.

한편, 티 애호가들은 우아한 아르데코 실내 장식이 돋보이는 호텔 로비의 '바 오아시스(Bar Oasis)'가 관심사이다. 이곳에서는 4계절의 그랑크뤼급의 과일류로 직접 만든 칵테일류를 선보이며, 다음 날 아침에는 원하는 취향의 알제리식 티와 커피로 여행에 지친 몸과 마음을 잠시 달랠 수 있기 때문이다.

Royal Hotel Oran - MGallery

카뮈의 『페스트』 무대, 오랑의 슈퍼 럭셔리 호텔,
'로열 호텔 오랑-엠갤러리'

로열 호텔 오랑-앰갤러리 정문

알제리에서 수도 알제 다음으로 큰 제2의 항구 도시인 '오랑(Oran)'으로
가면 19세기 프랑스의 건축 유적들을 많이 볼 수 있다. 이곳은 카뮈의 소
설 『페스트(La Peste)』(1947)의 무대 장소이기도 하다.

오랑 지역의 프랑스 문화 유적과 지중해의 에메랄드빛 해변을 둘러본 뒤
여장을 풀고 휴양을 즐기려는 사람들이라면 아마도 풍경이 훌륭한 해
변의 호텔을 선호할 것이다. 그렇다면 '로열 호텔 오랑-엠갤러리(Royal
Hotel Oran-MGallery)'에 들러 보는 것도 좋다.

이 호텔은 '아코르 그룹'에서도 프리미엄 등급인 '엠갤러리(MGallery)'
브랜드의 5성급 '부티크 호텔'로서 실내가 앤티크 가구와 예술 작품들로
장식되어 있어 그 호사롭고 고풍스러운 분위기가 방문객들의 마음을 녹
여서 곧바로 체크인에 들어갈 것이다.

르파샤 알제리 민트 티　　　　　　　　　　　　레 앙바사되르 레스토랑

이곳은 오랑 지역에서도 슈퍼 럭셔리 호텔이지만 레스토랑이 단 두 곳밖에 없다. 그러나 그곳의 요리들은 세계적인 호텔 브랜드의 위용을 자랑하듯이 하나같이 미식가들을 위한 수준이다.

벽에 내걸린 아름다운 명화와 도자기, 그리고 따뜻한 갈색 톤의 내부 장식으로 실내 분위기가 매우 호화롭고 세련된 레스토랑인 '레 앙바사되르(Les Ambassadeurs)'는 수용 규모가 100여 명이나 된다. 전 세계의 요리들과 오랑 지역의 토속 요리들을 융합한 요리들은 모두 미식가들을 위하여 세심하게 준비한 것이다. 또한 아페리티프와 디제스티프, 와인, 칵테일을 비롯한 다양한 음료들은 미식가들의 미감을 한층 더 촉진해 줄 것이다.

'알함브라 레스토랑(Alhambra restaurant)'은 뷔페 브렉퍼스트가 전문인 패밀리 레스토랑으로서 「알라카르트」 메뉴와 오랑 지역의 토속 요리들도 선보인다. 특히 어린이들을 위한 요리들도 많이 준비되어 있다. 주문에 따라서는 「특별 메뉴」, 「무염 메뉴」, 「할랄 메뉴」도 서비스된다.

티 애호가들의 관심은 아무래도 레스토랑이 아닌 별도의 장소에 있을 것이다. 이곳 라운지인 '르 파샤(Le Pacha)'이다. 이 라운지는 부티크 호텔답게 우아한 분위기의 실내 장식으로 인해 편안한 마음으로 사람들을 만나 '알제리식 민트 티'를 즐길 수 있다.

티 애호가라면 이 호텔 라운지 앉아 알제리식 민트 티를 음미하면서 카뮈의 소설 『페스트』의 이야기를 잠시 떠올려 본다면 여행의 묘미는 더해 갈 것이다.

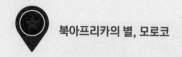

영화 '카사블랑카', '모로칸 티'로 더 유명한 나라

모로코는 지브롤터해협을 사이에 두고 스페인과 마주하고, 서로는 대서양, 동으로는 지중해와 인접해 고대로부터 그리스, 로마와 무역이 오래 전부터 성행하여 오늘날에는 지중해의 다양한 미식 요리들이 풍부하게 발달한 나라이다.

모로코 원주민들의 기원은 선사시대 베르베르족(Berber)들로부터 시작되었을 정도로 역사가 깊다. 실제로도 오늘날 모로코에는 전 세계 베르베르인의 대부분이 거주하고 있다. 그러나 아쉽게도 그 고대의 역사는 제대로 밝혀져 있지 않다.

그런 모로코는 지브롤터해협의 관문인 만큼 지정학적인 요인으로 인해 기원전 3세기부터 카르타고를 시작해 로마, 오스만투르크, 스페인, 프랑스까지 끊임없이 지배를 받아 온 역사를 간직하고 있다. 제2차 세계대전 이후 1956년 프랑스로부터 독립한 뒤 오늘날에는 입헌군주국인 모로코 왕국을 유지하고 있는데, 대표적인 도시로는 수도 '라바트(Rabat)', 경제 무역의 도시 '카사블랑카(Casablanca)', 상공업의 도시 '마라케시(Marrakesh)'를 들 수 있다.

특히 마그레브 3국에서 최대의 도시인 카사블랑카는 할리우드의 동명 영화 「카사블랑카」(1942)의 무대 배경을 그린 장소로 유명하다. 또한 프랑스 소설가 앙투안 드 생텍쥐페리(Antoine-Marie-Roger de Saint-Exupéry, 1900~1944)가 제2차 세계대전 당시 카사블랑카와 세네갈의 수도 다카르(Dakar)를 오가는 정기 항공우편 조종사로서 야간 항공우편의 비행을 시작한 곳으로 널리 알려져 있다.

여기서는 수도 라바트와 최대의 무역 경제 도시 카사블랑카, 상공업의 도시 마라케시를 중심으로 파인 다이닝과 티 서비스가 훌륭한 호텔 명소들을 찾아서 떠나 본다.

La Tour Hassan Palace

모로코 호텔 산업계의 플래그십, '라 투르 하산 팰리스' 호텔

무어-안달루시아 건축 양식인 라 투르 하산 팰리스 호텔의 정문

모로코에서 대서양 해안에 있는 수도 라바트는 아프리카대륙에서도 가장 아름다운 도시로 불린다. 이곳은 모로코의 정치, 외교, 학문의 중심지로서 왕궁을 비롯해 주요 대사관들과 대학들이 밀집해 있다.

기원전 4세기 고대 로마 시대에 건설된 이 도시에는 카르타고, 로마, 아랍의 유적지들이 곳곳에 많이 남아 있어 관광객들에게도 볼거리가 풍성하다. 특히 이슬람교 사원에 스페인의 무어 양식으로 높이 44m로 세워진 '하산 타워(Hassan Tower)'는 비록 미완성의 건축물이지만 수도 라바트의 상징이다.

여행객들이 이러한 명승지들을 구경한 뒤 여장을 풀고 휴식을 취하길 원

한다면 모로코 호텔 산업계의 상징인 5성급 럭셔리 호텔 '라 투르 하산 팰리스 호텔(La Tour Hassan Palace Hotel)'에 들러 보길 바란다.

이 호텔은 1912년 '무어-안달루시아(Moorish-Andalusian)'

무어-안달루시아 실내 양식

양식으로 건축되어 그 모습이 매우 화려하고도 장엄하며, 서비스에서는 모로코 양식의 호스피탈러티와 생활의 예술을 선보여 모로코 내에서도 최고의 비즈니스, 레저 호텔로 손꼽힌다. 그런 만큼 최고의 다이닝 서비스를 보이는 레스토랑들도 있다.

모로코 호스피탈러티의 전체 역사를 소개할 때 항상 언급되는 레스토랑 '메종 아라베(The Maison Arabe)'는 오리엔탈 카페트, 청타일, 모자이크 벤치 등 아늑한 분위기 속에서 브렉퍼스트에서부터 디너까지 다양한 요리들을 선보인다. 요리의 수준은 모로코 전통 요리의 유산이자 결정체로서 궁극의 미식이라는 평가를 받고 있다.

이곳은 북아프리카 전통 요리 쿠스쿠스, 전통 스튜인 타진(tagine) 등 모로코 순수 예술의 미식은 최고를 자랑한다. 미식가라면 아랍의 설화집 『아라비안나이트』에서도 배경이 된 그 요리들을 경험해 보길 바란다. 궁극의 미식을 경험할 수 있는 훌륭한 장소가 될 것이다.

프랑스어로 식도락을 뜻하는 레스토랑 '에피퀴리엥(The Epicurien)'은 테이블이 생활의 예술을 떠올리듯이 세련되고, 갈색 톤이 전체적으로 우아한 실내 분위기를 내는 가운데 아름다운 안달루시안 정원(Andalusian Gardens)을 바라보면서 런치와 디너를 즐길 수 있다. 프랑스 브라스리 요리의 전문인 셰프가 영감을 받아 선보이는 생선과 육류 요리들을 거의 미식 수준이다. 레스토랑 이름 그대로 미식가들을 위한 장소이다.

모로코칸 스타일의 실내 디자인과 건축 조형이 지역색을 물씬 풍기는 뷔페 레스토랑 '임페리얼(The Impérial)'은 브렉퍼스트 전문으로서 아침에

선보이는 찬란한 요리들로 이
곳에 들른 사람들에게 깊은 인
상을 준다. 모로코 전통 요리에
유럽적인 요소들을 가하여 창
조한 세련된 요리들의 테이블
은 환상적인 모습이다. 물론 테
라스에서 식사를 안달루시안

임페리얼 레스토랑 모로코 전통 음식

정원을 감상하면서 즐길 수도 있다.

또한 세자르(The César) 레스토랑에서는 브렉퍼스트와 디너를 선보이는
데, 우아한 분위기 속에서 세심하고 정갈하게 준비된 요리들을 즐기면서
일과의 시작과 끝을 경험해 보길 바란다.

한편 재즈인들이나 칵테일 마니아들을 위한 '재즈 바(The Jazz Bar)'도 있
다. 이곳에서는 재즈 피아노의 음률이 흐르는 가운데 바텐더가 선보이는
최고급 칵테일과 주스를 맛볼 수 있다. 전통적인 모습의 기둥들이 대칭
을 이루는 가운데 현대의 디자인이 융합된 편안한 분위기 속에서 모히토
등의 칵테일과 샴페인, 그리고 완벽한 주스들을 경험해 보길 바란다.

끝으로 트렌디 라운지에서는 저녁에 사람들과 만나 자유롭게 대화를 나
누면서 간단한 별미들과 함께 샴페인이나 음료들을 즐길 수 있다. 특히
테라스에서는 밤하늘을 응시하면서 스페인 요리인 타파스와 최고급 샴
페인 그리고 와인을 경험할 수 있다. 모로코의 별들을 감상하면서 늦은
시각에도 조용히 자유로운 시간을 가질 수 있는 명소이다.

트렌디 라운지 테라스에서의 「애프터눈 티」 서비스

Le Casablanca Hotel

여행객의 추억에 스토리텔링을 선사하는 '르 카사블랑카 호텔'

르 카사블랑카 호텔 전경

모로코의 최대 도시이자 마그레브 3국에서도 제일의 도시인 카사블랑카
는 아마도 전 세계 여행객들의 버킷리스트일 것이다. 포르투갈어로 '하
얀 집'을 뜻하는 카사블랑카는 모로코에서 무역, 경제, 관광 산업의 중심
지이기도 하지만, 마치 남유럽에 온 듯한 유럽풍 도시의 풍광도 사람들
에게 깊은 인상을 남기기 때문이다. 물론 영화 「카사블랑카」의 무대 배
경이기도 하고, 프랑스 소설가 생텍쥐페리가 야간 비행 업무를 수행한
귀착지였기도 하여 사람들에게 널리 알려진 이유도 있다.

이런 카사블랑카에는 관광 명소들이 많은데, 특히 국왕 하산 2세가 1980
년대 해안에 세운 이슬람 사원인 '하산 II 모스크(Hassan II Mosque)'의
첨탑인 '미나레트(minaret)'는 높이 200m로서 모스크 첨탑으로서는 세
계에서 가장 높다. 한마디로 모로코의 건축 기술과 양식을 대표하는 건
물이다.

또한 1930년대 조성된 시가지인 '하부스 메디나(The Habous Medina)'
에서는 모로코 전통 방식의 티를 즐길 수 있을 뿐만 아니라 티 액세서리,
전통 페이스트리, 카펫 등의 기념품들을 살 수 있다. 여행객들이 카사블
랑카의 명소들을 둘러본 뒤 모로코 스타일로 휴식을 취하고 싶다면, '르

카사블랑카 호텔(Le Casablanca Hotel)'에서 여장을 풀고 쉬는 것이 어떨까. 카사블랑카 라이프스타일의 현대적인 버전을 추구하는 이 호텔은 실내 디자인이 아르데코 스타일로 꾸며져 매우 세련되었으며, 여행객들에게도 편안함을 안겨다 준다.

브렉퍼스트 뷔페 레스토랑인 '파빌리온(The Pavilion)'은 매일같이 바뀌는 메뉴로 신선하고도 풍부한 요리들을 선보여 여행객들의 아침을 일찍 깨울 것이다. 시원한 풀잘을 바라보면서 신선하고도 생기 넘치는 식재료로 풍부하게 선보이는 미식 요리들을 다양하게 경험할 수 있다.

특히 시그너처 레스토랑인 '브라스리 뒤 불바르(The Brasserie du Boulevard)'에서는 수석 셰프와 함께 런치와 디너에서 미식 여행을 떠날 수 있는 테이블이다. 아르데코 양식의 세련된 실내 분위기 속에서 최상품의 식재료로 창조적으로 선보이는 미식 요리들을 경험해 보길 바란다. 맛의 향연이 펼쳐질 것이다.

레스토랑인 '테라스 재스민(Terrasse Jasmin)'은 풀장과 정원에 인접하여 가족들이나 친구들과 함께 브렉퍼스트에서부터 디너까지 차분하면서도 세련된 분위기 속에서 즐길 수 있다. 참고로 말하면, 이곳은 오후 4시부터 '티 룸' 타임이 시작된다.

이 호텔의 '가든 라운지 바(The Garden Lounge Bar)'도 둘러볼 만한 곳

테라스 재스민

테라스 재스민에서 즐기는 애프터눈 티 서비스

이다. 벚꽃이 필 무렵이
면 저녁 6시부터 정원
의 문이 열리고 가든 라
운지 바의 칵테일 타임
에서 스페인 요리인 타
파스와 별미들을 음악이
흐르는 가운데 즐거운
밤을 보낼 수 있기 때문
이다. 어쩌면 벚꽃에서

아르데코 양식의 라운지 바

잉잉거리는 버징 소리가 칵테일의 묘미를 더해 줄지도 모른다.

또한 스완 바(Swan Ba)에서는 밤에 실내의 '블랑 앤 누아르(blanc & noir)'의 색채 대비로 깔끔하면서도 세련된 공간에 재즈 음악이 흐르는 가운데 디너 전후에 수석 셰프가 선보이는 다양한 종류의 시거너처 칵테일을 타파스와 함께 즐겨 보길 바란다.

그밖에도 아르데코 실내 장식이 돋보이는 호텔의 '라운지 바(The Rounge Bar)'는 여행객들이 따스하고도 편안한 분위기 속에서 시거너처 칵테일이나 아페리티프나 샴페인을 즐기면서 사람들과 함께 대화를 나누기에 훌륭한 장소이다. 카사블랑카에서 사람들과 함께 추억에 남길 스토리텔링을 만들어 보길 바란다.

Royal Mansour Marrakech

모로코 전통을 간직한 최고의 궁전, '로열 만수르 마라케시' 호텔

호텔 내 르 자르댕 바 레스토랑 마라케시의 전경

카사블랑카에서 남부의 아틀라스산맥 쪽으로 여행을 하다 보면 모로코 제3의 도시 '마라케시(Marrakech)'에 도달한다. 이곳은 북서아프리카에서 이슬람 문화의 중심지로서 옛 무역 상인 카라반들이 알제리로 넘어가는 길목이기도 하다. 오늘날에는 아틀라스산맥의 산기슭에 위치하여 스키 장소로도 유명하여 관광객들이 몰려드는 명소이다.

특히 마라케시의 구시가지인 메디나 '광장(Medina Square)' 내의 시장 구역이자 중심지인 '젬마 엘 프나(Jemaa el-Fnaa)' 광장은 유네스코 세계 문화유산으로 지정된 곳으로서 모로코의 전통이 고스란히 살아 숨을 쉬는 명소로 여행객들이라면 반드시 들리는 곳이다.

이곳에는 모로코의 전통 건축 양식으로 설계되어 모로코에서도 가장 아름다운 궁전이자 호텔이 있다. '로열 만수르 마라케시(Royal Mansour Marrakech)' 호텔이다. 이 호텔 내에는 모로코 전통 가옥인 리아드(Riad)와 함께 전통 양식의 정원들이 있어 모로코인들의 생활 예술을 고스란히 경험할 수 있다.

이 호텔은 5성급 럭셔리 호텔 중에서도 '마라케시 최고의 호텔'인 만큼

그 실내 장식이 호화롭기로 유명하고 레스토랑의 요리와 애프터눈 티도 세계 정상급이다.

프랑스 정통 브라스리인 '라 타블레(La Table)' 레스토랑에서는 브렉퍼스트에서 디너까지 미식 요리를 즐기면서 마음의 회복도 취할 수 있는 공간이다. 프랑스 출신의 〈미쉐린 가이드〉 3성 셰프인 야닉 알레노(Yannick Alléno)가 프랑스 미식 요리의 재해석을 통해 시거너처 메뉴로 선보이는 프랑스 요리와 모로칸식 호스피탈러티로 경험할 수 있다. 또한 티 애호가들에게에게는 오후 3시에서 6시 사이의 '티 타임'이, 와인 마니아들에게는 특별 룸에서 선보이는 '소믈리에의 테이블'이 기다리고 있다.

마라케시의 시그너처 모로칸 레스토랑인 '라 그랑 타블르 마로카니(La Grande Table Marocaini)'는 마치 아랍의 궁전에 들어온 듯한 느낌이 들 정도로 화려하고 웅장하다. 이곳은 마라케시 지역 문화에 뿌리를 둔 호스피탈러티를 경험할 수 있는 대표적인 곳이다.

야닉 알레노 셰프가 런치와 디너를 통해 현지의 다양한 채소들과 스파이스로 선보이는 모로코 전통 요리는 최고 미식 수준으로서 아프리카대륙에서도 '최고의 모로코 정통 레스토랑'으로 평가를 받고 있다.

그리고 '르 자르댕 바 레스토랑 마라케시(Le Jardin Bar Restaurant Marrakech)'는 '요리의 지상 낙원'이라는 평가를 받을 정도이며, 아랍-안달루시안 전통의 다양한 향미의 요리들을 미식 수준으로 즐기면서 기쁨을 느낄 수 있다. 또한 아시아에서 지중해식 요리까지 전 세계의 요리들을 서비스하여 관광객들의 선택적인 폭을 넓혀 주는데, 특히 런치 타임이 주력이다.

라 그랑 타블르 마로카니 레스토랑

한편 마라케시에는 이탈리아 요리의 '친선 대사격'인 정통 레스토랑도 있다. '세사모(SESAMO)'이다. 이곳에는 '이탈

라 타블레 레스토랑의 「애프터눈 티」 서비스

리아 요리계의 모차르트'라 불리는 수석 셰프 마시밀리아노 알라즈모 (Massimiliano Alajmo)가 신선한 식재료를 사용해 카푸치노, 리조토, 비프 카르파초, 시거너처 디저트 등 최고의 미식 요리들을 선보인다. 아마도 '이탈리아 요리의 왕'을 선보일지 궁금한 미식가라면 직접 방문해 안목을 넓혀 보길 바란다.

역시 티 애호가들에게는 애프터눈 티가 최대 관심사이다. '라 타블르' 레슐랑에서 매일 오후 3시에서 6시까지 서비스되는 애프터눈 티는 영국 본토에 못지않게 최상급 수준이다. 특히 푸아그라 브리오슈, 훈제 연어, 바닐라 크림, 아몬드 캐러멜 쿠키, 계절별 제철 과일과 세계의 페이스트리 등 애프터눈 티에 요구되는 거의 모든 별미들을 갖추고 있어 티 애호가들에게는 인기가 높은 명소이다.

아틀라스산맥의 기슭에서 유럽보다 더 세련되고도 화려한 애프터눈 티를 접하리라고도 누구도 상상하지 못할 것이다. 티 애호가라면 모로코에서도 이 호텔만큼은 절대로 그냥 지나치지 않기를 기대한다.

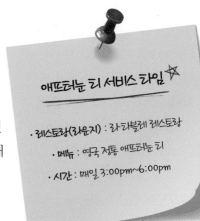

애프터눈 티 서비스 타임 ☆

· 레스토랑(라운지) : 라 타블레 레스토랑
· 메뉴 : 영국 전통 애프터눈 티
· 시간 : 매일 3:00pm~6:00pm

La Mamounia Marrakech

세기의 정치인, 록스타, 무비 스타들의 안식처,
'라 마무니아 마라케시' 호텔

풀 파빌리온 레스토랑에서 선보이는 「애프터눈 티」 서비스

마라케시는 붉은색으로 칠해진 가옥들이 많아 여행객들에게 깊은 인상을 주어 관행적으로 '붉은 도시'라고 불린다. 이러한 도시 분위기 속에서도 마라케시의 중심가에는 모로코 생활 예술의 절정을 보여주는 럭셔리 궁전이 있다. 중동, 아프리카를 비롯해 유럽의 유명 인사들에게도 세계 최고 휴양지로 꼽히는 5성의 럭셔리 호텔, '라 마무니아 마라케시(La Mamounia Marrakech)'이다.

이 호텔의 기원은 18세기 술탄 시디 압달라흐(Sidi Mohammed Ben Abdallah)가 자신의 왕자인 알 마문(Al Mamoun)에게 이곳의 대지를 혼수품으로 준 데서 시작되었다. 1929년 프랑스 건축가 앙리 프로스트(Henri Prost), 앙투앙 마르치키시오(Antoine Marchisio)가 모로코 건축 양식과 아르데코 양식을 융합해 이 대지에 럭셔리 호텔을 건축해 세계적인 호텔이 탄생한 것이다.

1935년 영국 수상 윈스턴 처칠의 단골 휴양지가 되면서 이곳의 바는 훗날 이름이 '처칠(Churchill)'로 바뀌었다. 또한 그의 권유로 미국 대통령 프랭클린 루스벨트도 재충전을 위해 자주 들른 곳이다.

영화계의 거장 알프레드 히치콕(Alfred Hitchcock)의 「나는 비밀을 알고 있다(The Man Who Knew Too Much)」(1934)의 무대가 된 곳으로 알려진 뒤, 영국 코미디언, 영화감독 찰리 채플린, 이탈리아 무비 스타 마르첼로 마스트로야니(Marcello Mastroianni), 프랑스 영화감독 클로드 를루슈(Claude Lelouch), 미국 스릴러 거장 프랜시스 코폴라(Francis Ford Coppola) 등 세기의 무비 스타들이 줄줄이 방문해 일약 '마라케시의 아이콘'으로 떠오른 '명소 중의 명소'이다.

과거 세기의 명사들이 즐겨 찾았던 휴양지인 만큼, 오늘날에도 중동, 아프리카대륙, 세계에서도 최고급 호텔로 언론에 종종 소개되고 있다. 따라서 각종 휴양 시설과 파인 다이닝, 티 서비스도 초호화급이다.

레스토랑 '이탈리안 바이 장 조르주(The Italian by Jean-Georges)'는 프랑스의 세계적인 셰프 장 조르즈 본게리슈텐(Jean Georges Vongerichten)이 이탈리아식 간편 식당 '트라토리아(trattoria)'를 재창조한 곳이다. 모로코 전통 양식과 이탈리아의 가죽 제품들로 실내가 장식된 이곳에서는 이탈리아 정통 요리의 진수를 맛볼 수 있다. 허브를 사용한 연어 요리를 메인으로 시작해 장작으로 구운 피자, 이탈리아 가정식 파스타, 각종 허브와 향신료를 곁들인 이탈리아 요 미식 수준이다.

그리고 풀장식 레스토랑인 '풀 파빌리온(The Pool Pavilion)'에서는 5성급 호텔에서도 톱 수준의 뷔페를 즐길 수 있는데, 브렉퍼스트와 런치가 주력 서비스이다. 이곳의 풀장 옆 또는 실내에서 다양한 요리들을 선보이는데, 실내에서는 모로칸 민트 티와 함께 애프터눈 티도 간단히 즐길 수 있다.

물론 모로코 마라케시의 토속 요리를 즐길 수 있는 레스토랑 '모로칸(The Moroccan)'은 모로코 전통의 다양한 향신료들로 조리된 요리를 선보이는 디너로 이곳을 찾은 여행객이나 미식가들의 넋을 빼놓을 정도로

마라케시 토속 요리로 유명한 모로칸 레스토랑

호평이 나 있다.

이곳은 바가 네 곳이나 된다. 특히 마라케시에서 활동한 프랑스 출신의 20세기 오리엔탈 화가 자크 마조렐(Jacques Majorelle)의 이름이 붙은 '마조렐 바(The Majorelle Bar)'에서는 송아지고기 스튜인 블랑케트(blanquette)에서부터 게 샐러드, 아보가도·그레이프푸르트 등과 함께 마라케시 스타일의 칵테일들도 다채롭게 선보인다.

또한 호텔 중심부의 미술관 옆에 위한 '처칠 바(The Churchill Bar)'는 바텐더가 계절마다 예술적인 디자인으로 선보이는 칵테일로 유명하여 칵테일 애호가들에게는 성지 순례길이다. 물론 다이닝 룸도 6개나 되어 훈

티 룸 바이 피에르 에르메

티룸 바이 피에르 에르메의 프렌치 애프터눈 티 서비스

제 생선, 캐비어, 알라카르트 스낵을 즐길 수 있다.

한편, 세계 유명 스타들의 휴양지였던 만큼 최고급 티룸도 두 곳이나 된
다. 프랑스의 저명 파티시에이자 셰프인 피에르 에르메(Pierre Hermé)가
운영하는 '멘제 바 피에르 에르메(The Menzeh by Pierre Hermé)'에서는
빙과류, 페이스트리를 비롯해 모로코 전통 민트 티, 이색적으로 창조한
'차이 칵테일(Chai Cocktail)'을 선보인다. 화려한 채색의 실내 디자인은
프랑스 픽처레스크풍이다.

아울러 미식가들을 위한 럭셔리 티룸도 있다. '티룸 바이 피에르 에르메
(The Tea Room by Pierre Hermé)'이다. 피에르 에르메가 창조한 메뉴인
프랑스 토스트와 거의 모든 종류
의 케이크, 샌드위치, 마들렌, 시
거너처 마카롱으로 「프렌치식 애
프터눈 티」를 즐길 수 있다. 마라
케시에서 「프렌치 애프터눈 티」
를 즐기고 싶다면 이곳을 방문해
보길 바란다.

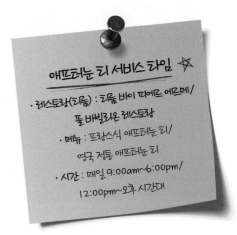

애프터눈 티 서비스 타임 ☆
• 레스토랑(티룸) : 티룸 바이 피에르 에르메/
  풀 바빌리온 레스토랑
• 메뉴 : 프랑스식 애프터눈 티/
  영국 전통 애프터눈 티
• 시간 : 매일 9:00am~6:00pm/
  12:00pm~오후 시간대

세계 유명 인사들의 휴양지,
마라케시와 페스

모로코에는 수도 라바트와 제2의 도시 카사블랑카 외에도 아름다운 경관으로 세계적인 인사들이 찾는 휴양지들이 많다. 대표적인 곳이 '붉은 도시'라는 뜻의 '마라케시(Marrakech)'와 고대 왕국의 중심지인 '페스(Fez)'가 대표적이다.

그중 모로코 제3의 도시로 세계적인 휴양지인 마라케시는 아틀라스산맥 천혜의 자연경관으로 세기의 정치인, 영화배우, 영화감독, 록스타, 패션디자이너들이 단골 휴양지로 삼았던 곳이다. 이곳에는 모로칸 스타일의 요리뿐만 아니라 티의 명소들도 많다.

그리고 옛 이슬람 문화권 중심지이자 모로코 옛 왕조의 수도인 페스에서는 고대 이슬람 성지 메디나를 관광하며 베르베르인의 고대 요리와 모로칸 전통 티도 즐길 수 있다. 여기서는 처칠, 루스벨트, 채플린, 히치콕, 롤링스톤스, 생로랑, 폴 메카트니, 코폴라 감독 등의 단골 휴양지 마라케시와 모로코의 위대한 여행가 이븐 바투타(Ibn Battuta)의 출발지 페스에서 세계적인 호스피탈러티 기업을 중심으로 티 명소들을 찾아 떠난다.

붉은 도시 마라케시

The Sheherazade Palace

마그레브 3국의 옛 중심지 '페스'의 '셰헤라자드 팰리스' 호텔

셰헤라자드 팰리스 호텔 풀

수도 라바트에서 동쪽으로 이동하면 마그레브 3국에서 이슬람문화의 성
지이자 모로코 이드리시드 왕조(Idrīsid dynasty)의 9세기 수도인 '페스
(Fez)'가 있다. 이 페스는 대서양 연안에서 지중해 연안으로 카라반들이
무역을 위해 이동하던 교통 요충지로서 크게 융성한 곳이다.

특히 14세기 이슬람권 최고의 여행가 이븐 바투타(Ibn Battuta,
1304~1368)가 이곳 페스를 출발해 사하라 사막을 횡단해 아프리카 북
부의 이집트를 지나 아라비아반도의 메카를 거쳐, 인도, 자바, 중앙아시
아, 중국에 도착한 뒤 다시 페스로 되돌아오는 약 30여 년에 이르는 이슬
람 순례의 대장정에서 출발지이자 귀착지에 해당하는 명소이기도 하다.

페스는 지금도 모로코에서는 마라케시 다음으로 제4의 도시로서 세계적
인 관광지로서 유명하다. 특히 이곳에는 9세기에 설립된 세계에서 가장
오래된 대학인 '알카라윈 대학교(Al Quaraouiyine University)'가 남아 있
고, '메디나(Medina)'로 불리는 고대 성지의 시가지의 골목길은 세계에

호텔에서 본 메디나의 전경

서도 가장 복잡한 미로로 유명하여 오늘날에는 유네스코(UNESCO) 세계
문화유산으로 등재되어 있다. 따라서 고대 도시 페스는 '미로의 도시'로
도 불린다. 이러한 유산을 배경으로 페스에서는 할리우드 영화 〈미션 임
파서블 5〉에서 액션 장면이 연출되기도 하였다.

이곳 메디나에서는 모로칸 티를 비롯해 다양한 전통 요리를 곳곳에
서 맛볼 수 있다. 또한 여행객들을 위하여 다양한 관광 프로그램들이
운영되는 호텔들이 곳곳에 들어서 있는데, '셰헤라자드 팰리스(The
Sheherazade Palace)' 호텔도 그중 한 곳이다. 이때 셰헤라자드는 아랍
설화집 『아라비안나이트(The Arabian Nights)』에 등장하여 폭군인 술탄
에게 천일 밤 동안 이야기를 들려주는 지혜로운 왕비의 이름이다.

이 호텔의 건축물은 19세기 아랍-안달루시안 양식의 궁전을 복원한 것
으로 전 세계의 시인, 건축가, 예술가들이 영감을 불러일으키기 위해 이
곳을 찾고 있다. 호텔 및 리조트 부문에서 권위를 자랑하는 '아메리칸 아
카데미 오브 호스피탈리티 사이언스(AAAS, The American Academy of
Hospitality Sciences)'에서 '5성급 다이아몬드 어워드', '파이브 스타 얼
라인스(Five Star Alliance)'에서 〈월드 베스트 호텔〉(2016), 〈럭셔리 레스
토랑〉(2016) 등으로 선정된 곳인 만큼 레스토랑도 파인 다이닝이 훌륭하

기로 유명하다.

특히 모로코의 미식 레
스토랑인 '레 자르댕 드
셰헤라자드(Les Jardins
de Sheherazade)'는 이
호텔의 시그너처 레스
토랑으로서 실내 장식이
앤티크 가구와 아랍-안
달루시안 디자인으로 인
해 여행객들을 마치 『아
라비안나이트』의 '셰헤
라자드'가 재밌는 이야
기를 속삭이는 그 '천일
밤'으로 인도하는 느낌

호텔 내부의 모습

레 자르댕 드 셰헤라자드 레스토랑의 테라스

을 준다. 또한 페스 지방의 고대 요리와 모로코 미식 문화의 진수를 보여
주는 디너는 매우 유명하다. 그런데 티 애호가들에게는 역시 이 호텔의
'에스-라운지(S-Lounge)'가 더 좋을 것이다. 모로코의 역사적인 중심지
인 페스에서 19세기 궁전의 라운지에 술탄처럼 앉아 세계문화유산인 메
디나를 내려다보며 최고급 와인과 칵테일, 그리고 전통 모로칸 티를 즐
길 수 있는 공간이기 때문이다.

더 나아가 이곳은 비단
티 애호가뿐 아니라 소
설가, 시인, 화가 등 전
세계의 예술인들이 지금
도 찾고 있는 명소 중의
명소이기도 때문에 이곳
을 그냥 지나친다면 후
회할지도 모른다.

모로칸 민트 티

II

동아프리카

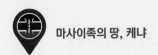

홍차 수출 1위의 티 강국

동아프리카에서 서로 빅토리아
호(Lake Victoria)를 접하고, 동
으로는 인도양을 면한 케냐는
투루카나호(Lake Turkana) 인
근에서 약 250만 년 전 인류의
선조인 호모하빌리스(Homo
habilis)에서부터 호모에렉투

케냐 국립공원의 야생 얼룩말

스(Homo erectus), 그리고 현생 인류인 선조인 호모사피엔스(Homo
sapiens)들이 거주하였던 인류의 기원지로 유명하다.

그런 케냐는 사바나 기후 열대 초원에서 야생동물들이 내달리고, 맹수들
을 피해 가축들을 고원을 누비며 몰고 다녔던 동아프리카의 소수민족 마
사이족(Maasai)의 땅이기도 하다. 아프리카 제2의 고봉인 케냐산(Mount
Kenya)의 이름에서 국명이 유래된 케냐는 19세기 말 영국의 보호령이었
다가 20세기 중반 독립한 뒤 몸바사(Mombasa)와 오늘날의 수도 나이로
비(Nairobi)를 중심으로 경제가 발달하였다. 또한 고원 지대의 나이로비
국립공원은 야생 동식물의 생물학적인 다양성이 풍부하여 오늘날에는
세계적인 자연 보호 구역으로 지정되어 있어 사파리 여행 등 다양한 관
광 산업도 발달하였다.

그 누가 알았을까? 지금 케냐는 세계 티 생산 3위, 홍차 수출 1위로 세계
의 티 시장을 주도하는 강대국이다. 여기서는 지평선 너머로 열대우림
의 '정글'이 아니라 '차나무'가 광활하게 펼쳐지는 동아프리카 티 산지의
No.1, 케냐에서 휴양 시설과 함께 '애프터눈 티', '하이 티'로 유명한 호스
피탈러티 업체들을 소개한다.

The Villa Rosa Kempinski Nairobi

'태양 아래 초원의 도시', 나이로비의 '빌라 로사 켐핀스키 나이로비' 호텔

빌라 로사 켐핀스키 나이로비 호텔 전경

케냐 중남부의 해발고도 약 1600m 고원 지대의 수도 나이로비(Nairobi). 마사이족의 언어로 '차가운 물'이라는 뜻을 지닌 이 도시는 연평균 기온 약 18도로 매우 서늘한 기후를 보인다. 예로부터 마사이족의 터전이었던 이곳은 19세기 영국 식민지로서 각종 철도와 관공서가 들어서고 전초 기지가 되면서 동아프리카 최대의 중심 도시로 성장하였다. 오늘날에는 '태양 아래 초원의 도시'로 불리며, 동아프리카의 관문이기도 하다.

나이로비 '조모 케냐타 국제 공항(Jomo Kenyatta International Airport)' 에 내려서 케냐의 초원, 나이로비 국립공원을 여행한 뒤 동아프리카에서 도 휴양을 즐기고 싶은 사람은 이곳에 들러 보길 바란다. '빌라 로사 켐핀 스키 나이로비(The Villa Rosa Kempinski Nairobi)' 호텔이다.

이 호텔은 세계적인 호스피탈러티 그룹, '켐핀스키 호텔스(Kempinski Hotels)'의 5성급 럭셔리 호텔로 '유럽식 호화로움'에 '케냐식 호스피탈 러티'를 융합한 최고의 서비스를 제공한다. 그런 만큼 다이닝 레스토랑 과 티 라운지도 세계 정상급이다.

호텔 1층 시그너처 레스토랑 '카페 빌라 로사(Cafe Villa Rosa)'는 패밀리 레스토랑으로서 케냐 토속 요리와 국제적인 요리들을 뷔페식 브렉퍼스트로 선보인다. 물론 미식가들을 위한 「알라카르트」 메뉴도 선보인다. 특히 빅토리아호에서 갓 잡힌 민물돔인 틸라피아((Tilapia)의 껍질 구이 요리는 시그너처 디시로서 미식가라면 직접 경험해 보길 바란다.

이탈리아 간편 식당 트라토리아(Trattoria) 스타일의 정통 레스토랑 '루카(Lucca)'에서는 런치를 중심으로 서비스하며, 이탈리아 특유의 세련되고 감칠맛 나는 향미를 선보인다. 이탈리아식의 안티파스티를 시작으로 샐러드, 주파, 메인 디시, 사이드 디시, 피자, 리조토, 파스타를 즐기면서, 특히 와인 마니아들이라면 샴페인을 비롯하여 「소믈리에 실렉션 메뉴」를 통해 최고급의 다양한 와인들을 그러한 요리들과 함께 페어링해 보길 추천한다. 아마도 입가에 미소가 번질 것이다.

또한 일요일의 12시 30분에서 4시 30분까지의 특별 브런치 타임은 빼어나다. 칵테일, 소프트 드링크, 맥주, 와인, 주스와 함께 오후에 즐기는 특별 요리에 이어 일본의 스시, 중국의 예술 요리, 레바논, 멕시코, 이탈리아, 페루, 인도, 케냐 등 세계 각국 요리들은 뷔페식으로 즐길 수 있다.

옥상 레스토랑 겸 라운지인 '탕부랭(Tambourin)'에서는 이 호텔에서도 가장 인상적인 디너를 경험할 수 있다. 세계에서도 가장 유명한 아프리

카페 빌라 로사 레스토랑

루카 레스토랑 선데이 브런치

카의 일출과 일몰의 장관을 바라보면서 시리아계 그리스인 셰프인 라미 (Rami)가 선보이는 레바논과 인도의 수라상급 진미를 즐길 수 있기 때문이다. 특히 저녁 9시 15분~9시 30분에 진행되는 벨리댄스 공연은 예술적인 수준이다. 만약 여행객들이 시간대가 맞지 않아 탕부랭의 「알라카르트」 메뉴를 맛보지 못한 경우, 루카 레스토랑에서 다음 날 런치로 즐길 수도 있다.

한편 바와 라운지는 티와 커피, 그리고 칵테일의 서비스가 출중하기로 유명하다. 이 호텔에서 가장 넓고 큰 '케이 라운지(K Rounge)'는 손님들의 사랑방과도 같은 장소로서 다양한 종류의 스낵에서부터 샌드위치, 버거와 함께 '애프터눈 티'를 즐길 수 있는 케냐의 티 명소이다. 최고급 티, 알라카르트 수준의 메뉴와 함께 편안한 시간을 가져 보길 권한다.

이 라운지에서 오후 3시~6시에 선보이는 영국식 초호화 애프터눈 티의 패키지에서는 스콘, 크림, 잼, 페이스트리, 수제 샌드위치를 비롯해 다양한 싱글 티와 커피를 선택할 수 있으며, 특히 샴페인과 와인은 옵션이다. 특히 애프터눈 티와 커피는 풀 바인 '아쿠아스(Aquos)'에서도 각종 건강 요리들과 함께 주문해 즐길 수 있다.

물론 칵테일 애호가들을 위한 장소도 있다. 저녁에 호텔의 시그너처 바인 '발코니(The Balcony)'에서 샴페인을 음미하면서 일몰을 즐기는 모습은 호스피탈러티의 압권이다.

K 라운지의 실내 모습

이곳의 믹솔로지 전문가들은 콤부차를 비롯해 지역 특산의 꽃이나 허브들로 방대한 레시피의 칵테일을 예술적 수준으로 창조해 고객들에게 선사한다. 아마도 티와 커피, 그리고 칵테일의 애호가라면 누구라도 좋아할 명소일 것이다.

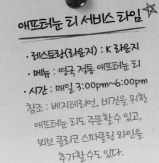

애프터눈 티 서비스 타임 ☆

• 레스토랑(라운지) : K 라운지
• 메뉴 : 영국 전통 애프터눈 티
• 시간 : 매일 3:00pm~6:00pm
참조 : 베지테리언, 비건을 위한 애프터눈 티도 주문할 수 있고, 뵈브 클리코 스파클링 와인을 추가할 수도 있다.

애프터 눈 티

Hemingways Nairobi

'퍼스트 나이트 인 케냐'를 꿈꾸는 '헤밍웨이스 나이로비' 호텔

호텔 정문

나이로비는 19세기부터 동아프리카의 상공업, 관광, 휴양의 중심지인 외에도 '야생 동식물의 보고'라는 나이로비 국립공원의 사파리 여행으로 인해 관광객들에게 흡인력이 큰 장소이다. 여행객들이 사파리 여행을 즐긴 뒤 피로에 젖어 잠시 여장을 풀고 잠시 쉬어갈 만한 장소를 찾는 일은 그다지 어렵지 않다. 이곳에는 세계적인 호스피탈러티 기업들이 진출해 있기 때문이다.

그중에는 '아메리칸 익스프레스 파인 호텔 앤 리조트 프로그램(American Express Fine Hotels & Resorts Program)' 회원으로서 세계적인 브랜드 카드인 '아메리칸 익스프레스([American Express)'와 연계해 혜택을 주는 5성급 부티크 호텔도 있다. '헤밍웨이스 나이로비

(Hemingways Nairobi)' 호텔이다.

이 호텔명에 대해 잠시 말하면, 미국의 소설가 어니스트 헤밍웨이(Ernest M. Hemingway, 1899~1961)는 실제로도 동아프리카 여행을 즐겼는데, 그의 두 번째 작품 『아프리카의 푸른 언덕(Green Hills of Africa)』(1935) 도 동아프리카에서 그의 아내와 사파리 여행을 즐긴 뒤 탄생한 것으로 알려져 있다. 호텔명은 아마도 그런 헤밍웨이를 기린 것이 아닐까.

여행객들이 이 호텔을 처음 접하면 마치 방갈로에 휴양을 온 듯하다. 아기자기하고 매우 작은 규모의 방갈로들이 다닥다닥 붙어 있는 모습이지만, 5성급 럭셔리 호텔인 만큼 실내로 들어서는 순간 깜짝 놀란다. 미국 할리우드풍의 실내 장식, 레스토랑과 바의 서비스도 최고 수준이다.

이 호텔의 레스토랑 '브라스리(Brasserie)'에서는 브렉퍼스트, 런치, 디너에서 유럽과 동남아시아의 현대적인 요리와 함께 세계적인 요리들을 선사한다. 여행객들은 4계절의 제철 과일과 건강식 시리얼, 생과일 주스, 수제 페이트리 등의 뷔페식 브렉퍼스트로 하루를 시작할 수 있다. 미식가들은 아마도 훈제 연어 베이글과 베이컨 구이 등의 「알라카르트」 메뉴에 눈길이 갈 것이다.

런치는 응공 힐스(Ngong Hills)를 바라보면서 광범위한 레시피의 수프류와 애피타이저, 건강식 샐러드, 샌드위치를 즐길 수 있다. 그 뒤에는 티애호가들에게 즐거운 시간이 기다리고 있다. 테라스(The terrace)에서 매

레스토랑 브라스리의 런치

레스토랑 테라스의 애프터눈 티

일 오후 시간대인 3시~5시에 선보이는 영국의 정통 애프터눈 티 서비스
이다.

티 애호가들이 이곳의 수제 미니 케이크, 미니 에클레르, 과일 타르틀레
트, 핑거 샌드위치, 영국식 스콘, 고형크림, 수제 딸기 잼과 레몬 커드 등
이 3단 케이크 스탠드에 올려진 모습을 보고 있으면, '동아프리카에서
애프터눈 티를 정녕 이렇게까지…'라는 느낌을 가질 것이다. 아마 티에
관심이 없는 사람도 그런 티 애호가를 곁에서 본다면 '애프터눈 티에는
정말 진심인 것 같아'라는 생각이 들지도…….

한편 나이로비국립공원의 사파리를 여행한 뒤 허기진 여행객들에게 준
비된 디너는 상상을 초월한다. 몸바사 지역의 향신료 새우 카레인 '와타
무 프론 마살라(Watamu prawn masala)', 진저 크랩, 시그너처 스테이
크, 수제 파스타, 일본 스시, 나이
로비 치즈 등은 굳이 미식가뿐 아
니라 일반인들의 무뎌진 미각도 새
롭게 되살릴 것이다.

하루의 마지막 코스로 테라스 바인
'헤밍웨이스 바(Hemingways Bar)'
에 조용히 앉아 시그너처 칵테일과
전 세계의 햇와인을 음미하며 푸른

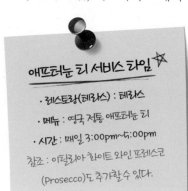

애프터눈 티 서비스 타임 ☆
• 레스토랑(테라스) : 테라스
• 메뉴 : 영국 전통 애프터눈 티
• 시간 : 매일 3:00pm~5:00pm
참조 : 이탈리아 화이트 와인 프로세코
(Prosecco)도 추가할 수 있다.

헤밍웨이스 바

헤밍웨이스 바의 화려한 칵테일들

언덕 응공 힐스를 보며 복잡한 마음을 내려놓는다면 여유로움에 그 옛날 헤밍웨이도 부럽지 않을 것이다.

The Lord Erroll

비운의 '에롤 백작'을 기린 나이로비 제일의
프렌치 미식 레스토랑, '로드 에롤'

로드에롤 레스토랑의 전경

여행객이 나이로비에서 정통 미식 요리와 하이 티를 즐기고 싶다면 프리
미엄 레스토랑 '로드 에롤(The Lord Erroll)'을 들러 보길 바란다.

레스토랑의 이름은 1924년 청년의 나이에 케냐로 건너와 정착한 뒤 백
작 작위를 받고 훗날 케냐의 국방장관 재임기인 1941년 나이로비 응
공 힐스에서 의문의 죽음을 당한 영국 제22대 백작 에롤 경(Lord Erroll,
1928~1941) 기리기 위해 이름이 붙었다.

1980년에 설립된 이 레스토랑은 미식가들에게 명소로 통할 정도로 요리
의 수준이 5성급 호텔에 못지않다. 〈오트 그랑데르 글로벌 레스토랑 어
워드(Haute Grandeur Global Awards)〉(2020), 〈월드 럭셔리 레스토랑
어워드(World Luxury Restaurant Awards)〉(2018), 〈레스토랑-글로버 어
워드(Global Award Winner-Restaurant of the Year)〉(2017) 등을 수상
해 레스토랑에서는 세계에서도 톱 수준이다.

파티와 디너를 위한 '클레어몬트(The Claremont)' 룸은 빅토리아 시대의
전통적인 '클럽 룸(Club Room)'을 복원한 듯 마호가니 목재로 실내가 마

애프터눈 티와 디너 요리

레이디 인디아 테라스

감되어 고풍스럽다. 각종 전시나 세미나, 그리고 오찬 장소로 쓰이는데, 요리의 수준은 격조가 높다. 전통적인 '하일랜드 라운지(The Highlander Lounge)'는 1930년대 에롤 경 시대의 분위기를 연출해 분위기가 매우 우아하다. 점심, 디너 직전의 아페르티프를 즐기기 위한 완벽한 장소로 평가를 받는다. 온 가족이 함께 즐길 수 있는 식당이기도 하다.

또한 '레이디 인디아 테라스(The Lady Idina Terraces)'에서는 런치와 디너를 비롯하여 '영국 정통 애프터눈 티'를 즐길 수 있는 곳으로도 명성이 자자하다. '레이디 인디아'는 에롤 백작의 부인을 기리기 위해 이름이 붙었다.

티 애호가라면 정원과 테라스의 연못가에 앉아 조경이 매우 깔끔하고 정돈된 분위기 속에서 스콘, 고형 크림, 딸기 잼을 비롯해 레몬 케이크, 벨기에 초콜릿, 마카롱, 바닐라 쇼트 케이크 등이 3단 스탠드와 접시에 제공되는 애프터눈 티는 상상만 해도 즐거울 것이다.

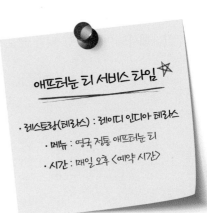

애프터눈 티 서비스 타임 ☆
· 레스토랑(테라스) : 레이디 인디아 테라스
· 메뉴 : 영국 정통 애프터눈 티
· 시간 : 매일 오후 〈예약 시간〉

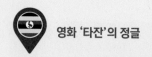

'루웬조리산지국립공원'의 우간다

우간다는 북으로 수단, 동으로 에티오피아, 케냐, 서로는 DR 콩고 사이에 있는 '한반도' 규모의 작은 나라이다. 그러나 남부 빅토리아호를 수원으로 백나일강이 가로지르고, 지구 규모의 협곡인 '대지구대(Rift Valley)', 할리우드 영화 「타잔(Tarzan)」의 원작인 애드거 버로(Edgar R. Burroughs. 1875~1950)의 소설 『유인원 타잔(Tarzan of the Apes)』의 배경인 열대 우림의 정글, 유네스코 세계문화유산 '루웬조리산지국립공원(Rwenzori Mountains National Park)'이 있어 세계적인 관광 명소이다.

아프리카 제3의 고봉인 해발고도 5109m의 마르게리타봉(Margherita Peak)의 만년설이 녹아 형성된 호수들과 산의 표고차에 따라 다양한 스펙트럼을 보이는 야생동식물들로 인해 세계적인 휴양 시설들이 들어서 있다.

빅토리아호 북단의 수도 '캄팔라(Kampala)'는 영국이 19세기 식민지 건설을 위해 '동아프리카회사(IBEAC, The Imperial British East Africa Company)'를 처음으로 설립하였으며, 케냐의 몸바사까지 철도를 부설해 오래전부터 우간다의 정치, 경제, 문화의 중심지였던 곳이다.

그런데 이런 우간다가 티 산지인 사실을 아는 사람은 많지 않다. 사실 우간다는 케냐에 비할 바는 못되지만, 티의 연간 생산이 6만 3411톤(FAOSTAT 2022)으로 아프리카 대륙에서도 상위권에 속한다. 그런 티의 산지인 만큼 우간다에서도 여행-휴양-티를 즐길 수 있는 명소들을 찾아볼 수 있다.

Kampala Serena Hotel

수도 캄팔라의 오아시스 정원, '캄팔라 세레나 호텔'

세세 파티시에 레스토랑

우간다의 수도 캄팔라는 빅토리아호 인근에 있어 경치가 훌륭한 곳이 많다. 많은 관광객이 캄팔라를 찾는 이유이기도 하다. 만약 여행객이 세계 2대 호수로 거의 바다 수준인 빅토리아호를 관광한 뒤 여장을 풀고 휴식을 취하고 싶다면 '캄팔라의 오아시스 정원'을 지향하는 이곳을 들러 보길 바란다. 영국 브랜드의 5성급 럭셔리 호텔로 우간다 호스피탈러티의 선두인 '캄팔라 세레나 호텔(Kampala Serena Hotel)'이다. 이 호텔에는 로비 라운지와 4개의 레스토랑, 그리고 2개의 바가 있어 여행객들이 다양한 즐거움을 누릴 수 있다.

테라스를 갖추고 모자이크 타일의 기둥이 돋보이는 '레이커스 레스토랑(The Lakes Restaurant)'에서는 이 호텔이 자랑거리인 '수상 정원'을 바라보면서 브렉퍼스트와 디너를 뷔페식으로 즐길 수 있다. 특히 디너에서는 「알라카르트」 메뉴로부터 우간다 전통 요리를 통해 미각의 환희를 맛볼 수 있다.

'세세 파티시에(the Ssese Patisserie)' 레스토랑에서는 아프리카 우간다의 커피와 지역 특산의 허브티, 수제식 마카롱, 페이스트리, 타르트, 수제

식 커피를 테라스에 앉아 즐길 수 있어 운치가 매우 좋다.

수상 정원 옆의 이탈리아 정통 레스토랑 '엑스플로레르 이탈리안 비

레이커스 레스토랑 테라스에서의 칵테일

스토로(Explorer Italian Bistro)'는 사파리 공예품과 아프리카 초기 탐험 시대풍의 세피아 색상으로 실내를 통일하여 매우 이색적인 분위기이다. 호텔 차원에서는 스티븐 스필버그 감독의 할리우드 영화인 「인디아나 존스 시리즈」의 제1편 「레이더스(the Raiders of the Lost Ark)」(1981)에서 정글로 뒤덮인 폐허를 연상시킬 것이라 소개하고 있다. 인디아나 존스가 등장할 것 같은 이곳 레스토랑에서 이탈리아 정통 요리와 와인, 맥주, 스피릿츠를 즐겨 보길 바란다. 아마도 「레이더스」의 모험담이 절로 머릿속에 떠오를 수도 있다.

그리고 '펄 레스토랑 앤 샴페인 바(The Pearl Restaurant & Champagne Bar)'에서는 피아노 연주가 흐르는 가운데 우간다, 캄팔라, 세계의 요리들을 메뉴를 통해 선택해 다양한 스타일로 경험할 수 있다. 특히 테라스에 앉아 분수대를 감상하면서 즐기는 여유로움은 지친 여행객들에게 웰니스를 안겨다 줄 것이다.

'밤바라 레지던트 라운지(Bambara Residents' Lounge)'에서는 베두인 스타일의 테라스에서 다양한 카페 서비스를 즐길 수 있는데, 티 애호가들이라면 이곳에서 잠시 앉아 티 한 잔을 즐기면서 담소를 나눠 보길 바란다.

한편, 이 호텔에는 수도 캄팔라에서도 사람들에게 가장 인기가 높은 장소도 있다. '미스트 바(the Mist Bar)'이다. 이곳은 우간다에서도 가장 유명한 고릴라 서식지이자, 할리우드 영화 「고릴라(Gorillas in the Mist)」(1988)의 무대를 연상시키는 장소로 소개되는 곳이다. 다양한 음료들과 함께 이곳의 분위기도 느껴 보길 바란다.

Sheraton Kampala Hotel

우간다 호스피탈러티의 유산, '쉐라톤 캄팔라 호텔'

쉐라톤 캄팔라 호텔 전경

캄팔라의 엔테베 국제공항(Entebbe International Airport)에 내린 비즈니스 여행객들이 센트럴 비즈니스 구역에서 용무를 마친 뒤 짧은 시간이지만 깊은 휴식과 함께 다음의 목적지로 떠날 계획이라면 교통이 편리한 호텔을 찾는 것이 바람직할 것이다. 더욱이 그들이 티 애호가라면 적극적으로 추천할 만한 곳이 있다.

캄팔라에서도 최고 수준의 티를 서비스하기로 유명한 '쉐라톤 캄팔라 호텔(Sheraton Kampala Hotel)'이다. 이 호텔은 메리어트 본보이 'S 쉐라톤(Sheraton)' 등급으로서 4성급 프리미엄 호텔이다. 따라서 휴양 시설과 파인 다이닝이 매우 훌륭하다.

호텔 로비에 위치한 '템프테이션스 베이커리 앤 페이스트리 숍(Temptations Bakery and Pastry Shop)'에서는 갓 구운 신선한 페이스트리와 20종류나 되는 케이크들을 선택해 맛볼 수 있고, 특히 생일 등 기념일의 연회 장소로 많이 쓰인다.

이 호텔의 레스토랑 '빅토리아 브렉퍼스트 룸(Victoria Breakfast Room)'에서는 약 4ha 규모로 잘 조성된 정원을 내다보면서 영국 등 구라파

세븐 시스 레스토랑의 야외 가든

스타일의 브렉퍼스트와 함께 격조 높은 런치와 디너를 즐길 수 있다.

또한 정원 내의 생기 넘치는 식물원에 들어선 '패러다이스 그릴 레스토랑(Paradise Grill Restaurant)'에서는 피자, 숯불구이와 함께 다양한 메뉴의 뷔페 요리들을 선보인다. 그 요리들은 미식 수준으로서 사람들이 군침을 돌게 할 정도이다.

'세븐 시스 레스토랑(Seven Seas Restaurant)'에서는 촛불을 밝힌 테이블에서 디너를 즐기면서 사랑하는 사람들과 로맨틱한 분위기 속에서 완벽한 시간을 가질 수 있는 명소이다. 4코스의 디너 메뉴로 다양한 미식들을 경험해 보길 바란다.

특히 '파크스퀘어 카페(Parksquare Café)'에서는 갓 볶은 신선한 커피와 스낵을 즐기면서 가벼운 만남을 가질 수 있으며, 여기에 최고급 와인을 더한다면 더욱더 뜻깊은 장소가 될 것이다.

한편 '이퀘이터 바(Equator Bar)'에서는 전 세계의 맥주는 기본이고, 믹솔로지 전문가들이 예술적인 칵테일을 창조해 선보이면서 여행객들의 별이 빛나는 밤을 더욱더 빛내 줄 것이다.

칵테일 마니아라면 우간다의 수도 캄팔라의 이곳에서 밤을 빛낼 예술작인 티 칵테일을 마셔 보라. 어떤 사람에게는 「타잔」의 하울링이, 또 어떤 사람에게는 비틀스의 노래 「Lucy In The Sky With Diamonds」가 떠오를지도 모른다.

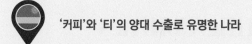

르완다

르완다는 아프리카 중부 내륙에서도 서부의 DR 콩고에서 우간다, 탄자니아, 부룬디 순으로 시계 방향을 둘러싸인 조그만 국가이다. 동아프리카 대지구대에 놓여 평균 해발고도 1500m인 고지대로서 연평균 기온이 19도로 서늘하고, 연평균 강수량은 1270mm로 차나무의 재배에 적당한 기후이다. 이곳은 20세기 중반까지 벨기에의 식민지였다가 1961년 독립한 뒤 지속적인 내전과 정치적인 불안정으로 오늘날에는 아프리카에서도 최빈국에 속한다. 국내 총생산에서 농업이 대부분을 차지하며, 그중 커피, 티가 주요 산물이다.

티(Tea)는 1961년 외화벌이를 목적으로 상업용 작물로 도입한 뒤 1965년 북부 지방의 '물린디 티팩토리(Mulindi Tea Factory)'에서 홍차를 본격적으로 생산하기 시작해, 오늘날에는 티 산업의 규모가 2020년 기준 차나무 재배면적이 2만 1128ha, 연간 생산량이 3만 3645톤이나 되고(FAOSTAT 2022), 티 산업계의 종사자 수는 약 5만 3000명 이상으로 거대하게 성장하였다.

또한 티는 세계 커피 시장이 포화하여 수출이 급락하자 커피를 대신해 국가 전체 수출액의 34%를 차지하는 중요 수출 품목이 되었다(르완다 티관리국/Rwanda Tea Authority).

Hotel des Mille Collines

르완다 호스피탈러티의 전설, '호텔 데 밀 콜리네'

라테라스 뷔페 블랙퍼스트

르완다의 수도로 인구 약 100만 명의 도시 키갈리(Kigali)의 교외로 나가면 아프리카 야생 생태계를 구경할 수 있는 명소들이 많다. 나일강의 원류인 '아카게라 국립공원(Akagera National Park)', '볼케이노 국립공원 산지(Volcanoes National Park Mountains)', '키부호(Lake Kivu)' 등이다. 여행객들이 이러한 사파리 여행을 마친 뒤 키갈리로 돌아와 여장을 풀고 휴식을 취할 만한 훌륭한 장소가 있다. 약 40년의 역사를 배경으로 '르완다 호스피탈러티의 전설'이라 일컬어지는 '호텔 데 밀 콜리네(Hotel des Mille Collines)'이다.

유럽의 기량과 르완다식 호스피탈러티를 완벽하게 접목한 이 호텔은 르완다 내에서 휴양 시설은 물론이고, 파인 다이닝을 최고의 수준으로 선보인다. 특히 주말의 특별 브렉퍼스트, 런치 서비스는 초호화 수준이다. 야외 레스토랑 '레거시 테라스(Legacy Terrace)'에서는 정원의 아름다운 신록을 감상하면서 유럽과 아프리카의 미식요리들을 브렉퍼스트에서 디너까지 온종일 즐기며 휴식을 취할 수 있다.

키갈리에서도 최고의 미식 요리를 경험할 수 있는 호텔 4층의 시그너처

르 라파노라마 레스토랑 뷔페

레스토랑 '르 파노라마(Le Panorama)'에서는 우아하고도 로맨틱한 분위기 속에서 키갈리 시내의 스카이라인을 바라보며 런치에서 디너까지 미식 요리들을 경험할 수 있다. 미식가들이라면 이곳에서 르완다 최고의 미식을 놓치지 않을 것이다.

프리미어 라운지 바인 '레거시 라운지(Legacy Lounge)'에서는 최신 유행의 실내 디자인과 편안한 분위기 속에서 사람들과 함께 저녁에 샴페인과 와인을 즐길 수 있는 조용한 장소이다.

풀 바 레스토랑인 '뢰드비(Lieu de Vie)'는 마치 아프리카 원주민 촌락의 원두막을 옮겨놓은 듯한 분위기 속에서 다양한 메뉴들을 즐길 수 있는 호텔 속에서도 휴양지이다. 이곳에서는 유럽 정통 요리와 범아프리카의 다양한 풍속 요리들을 메뉴로 선보이는데, 하나같이 미식 수준이다.

여행객들이 뢰드비에 앉아 칵테일을 즐기면서 밤하늘의 별을 보고 있으면 여행의 피로는 마치 유성처럼 어느새 사라질 것이다.

레거시 라운지의 테라스

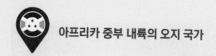
브룬디

아프리카 중부 내륙의 브룬디(Burundi)는 20세기 초 르완다와 함께 벨기에의 식민지였지만, 1962년 르완다에서 분리, 독립한 신생 국가이다.

최대 도시는 현재의 수도 '기테가(Gitega)'가 아니라 탕가니카호 북서부의 무역 중심지로 2019년까지 옛 수도였던 '부줌부라(Bujumbura)'이다. 이 부줌부라는 세계 2위의 담수호인 탕가니카호(Lake Tanganyika)의 연안에 위치하여 탄자니아와 무역이 이루어지는 항구 도시로서 아프리카 내륙의 문화 중심지이기도 하다.

브룬디는 국내 산업의 90% 이상이 농업 경제이며 그중 최대 산물이 커피와 티이다. 이 두 작물이 오늘날 외화 수입원의 약 80%를 차지하고 있다. 특히 티는 2020년 기준 재배 면적이 1만 1603ha, 연간 생산량이 1만 6337톤이다 (FAOSTAT 2022). 이것이 아프리카 중부의 오지인 브룬디를 여행하면서도 티를 여유롭게 즐길 수 있는 이유이다. 여기서는 브룬디 최대의 도시인 부줌부라의 유명 호텔을 소개한다.

Hotel Club du Lac Tanganyika

대탐험가 '리빙스턴'의 조난지, 부줌부라의
'호텔 클럽 뒤 락 탕가니카'

호텔 클럽 뒤 락 탕가니카 호텔의 전경

브룬디 최대의 도시 '부줌부라((Bujumbura)'는 19세기 영국의 탐험가 데
이비드 리빙스턴(David Livingstone, 1813~1873년)이 아프리카 탐험 중
에 열병에 걸려 생사를 오갈 때 경쟁자였던 탐험가 헨리 모턴 스탠리 경
(Sir. Henry Morton Stanley, 1841~1904)이 극적으로 구조하였던 역사적
인 고장이다.

여행객들이 그런 부줌부라를 여행하다 보면 원주민 특유의 민속 문화와
유럽 열강의 문화 유적들을 동시에 구경할 수 있어 관광객들에게는 매력
적인 요소들이 많다. 또한 탕가니카호 인근에는 휴양과 함께 여장을 풀
호텔들도 많아 매우 편리하다.

그중에서도 부룬디에서 최대 호텔 복합 시설인 '호텔 클럽 뒤 락 탕가니
카(Hotel Club du Lac Tanganyika)'는 여행을 마친 뒤 꼭 들러 볼 만하다.
이 호텔은 4성급 호텔로서 탕가니카호반에 위치해 전망이 훌륭하고, 각
종 레저 시설과 다이닝은 부줌부라에서도 손꼽힐 정도이다.

레스토랑 '그릴라드(The Grillade)'는 육류, 가금류, 어류 등의 다양한 구

이 요리를 실내에서는 물론 테라스에서 아름다운 호수의 경관을 감상하면서 즐길 수 있다. 특히 뷔페식 브렉퍼스트에서는 각종 시리얼, 주스, 수제 잼과 케이크, 페이스트리, 열대과일을 비롯해 현지에서 생산된 최상급 프리미엄급의 티와 커피가 제공되며, 런치와 디너는 부룸부라 최고의 셰프가 알라카르트 수준의 메뉴를 선보인다.

'풀 바(he pool bar)'에서는 탕가니카호의 드넓은 수평선을 바라다보며 주스나 칵테일 또는 커피나 카푸치노를 스낵들과 함께 즐기면서 휴식을 취할 수 있다.

시야가 탁 트인 '라운지 바 앤 테라스(Lounge Bar and Terrace)'에서는 디너에서 다양한 요리들과 함께 탕가니카호 아래로 지는 일몰을 보는 즐거움도 있어 사람들에게 인기가 많다.

특히 야자나무들로 둘러싸인 호반의 '비치 바(Beach Bar)'에서는 콩고의 산지와 탕가니카호의 거대한 수평선을 바라보면서 다양한 음료들을 즐길 수 있다. 이곳에서는 따스한 햇볕의 일광을 즐기되, 그 옛날 대탐험가 리빙스턴처럼 열사병에 걸리지 않으려면 차가운 음료나 칵테일을 반드시 들고 나가길 바란다.

라운지 바 앤 테라스

416

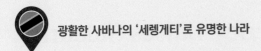

탄자니아

동아프리카에서도 '야생동물의 보고(寶庫)'이자, '동물의 왕국'인 탄자니아. 북으로는 아프리카 최고봉인 킬리만자로산, 서로는 아프리카 2대 호수인 빅토리아호(Victoria Lake), 탕가니카호(Lake Tanganyika),

킬리만자로산

동으로는 인도양의 해안국으로 광활한 초원인 사바나를 품고 있다.

특히 건기, 우기에 따라 누 떼들이 줄지어 무리를 이루며 초지를 찾아 서부로 횡단하는 대이동은 그야말로 장관을 이루고, 이를 뒤쫓는 사자나 하이에나, 그리고 강물의 누 떼를 공격하는 악어의 모습이 펼쳐지는 '세렝게티 국립공원(Serengeti National Park)'은 전 세계 사파리 여행객에게는 '버킷리스트 No. 1'이다.

20세기 초 영국의 식민지던 탄자니아는 1964년 독립해 지금은 국내 산업의 약 50%를 농업이 차지하고 '커피'와 '티' 등의 주요 산물을 수출하고 있다. 그중 티 산업은 1940년대 티 생산과 재배를 위해 '탕가니카티재배인협회(TTGA)'를 결성해 커피나무보다 차나무를 더 많이 재배한 결과, 지금은 2020년 기준 재배 면적이 2만 1813ha, 연간 총생산량이 4만 6058톤으로 아프리카 제3위의 티 생산국이다.

수도는 중부 내륙의 '도도마(Dodoma)'이지만, 최대 도시는 역시 최대 무역항이자 상공업 중심지로서 옛 수도였던 다르에스살람(Dar es Salaam)이다. 내륙의 사파리 여행을 마치고 인도양의 항구 도시 '다르에스살람'으로 떠나 휴양을 즐겨 보자.

Hyatt Regency Dar es Salaam, The Kilimanjaro

동아프리카 핵심 항구 도시의
'하얏트 리전시 다르에스살람 킬리만자로' 호텔

하얏트 리전시 다르에스살람 킬리만자로 호텔의 야경

옛 수도 다르에스살람(Dar es Salaam)은 탄자니아의 최대, 동아프리카 의 핵심 항구 도시인 만큼 세계적인 호스피탈러티 그룹들이 진출해 있 다. 미국의 다국적 호스피탈러티 기업 '하얏트 호텔스 앤 리조트(Hyatt Hotels & Resorts)'의 5성급 럭셔리 호텔인 '하얏트 리전시 다르에스살 람, 킬리만자로(Hyatt Regency Dar es Salaam, The Kilimanjaro)' 호텔도 그중 한 곳이다.

이 호텔은 '줄리어스 니에레레 국제공항(Julius Nyerere International Airport)'과 매우 가깝고, 탁 트인 인도양과 항구의 모습을 한눈에 볼 수 있는 장소에 위치해 지리적 입지 조건이 최적인 곳이다. 물론 5성급 호텔 인 만큼 여행객들을 위한 휴양 시설이나 파인 다이닝도 정상급이다.

'팜 브라스리(The Palm Brasserie)'는 패밀리 레스토랑으로서 고객의 안전 제일주의를 지향하며 최고의 웰빙 요리들을 선보인다. 4계절 제철 과일과 함께하는 브렉퍼스트, 뷔페식 런치, 고품격 디너를 알라카르트 수준의 요리들로 선보이는데, 베트남 치킨구이 샐러드, 인도 야채 사모사의 애피타이저로 시작해 메인 코스의 탄자니아, 인도, 이탈리아의 전통요리를 선택해 맛의 기쁨을 즐길 수 있다. 또한 남아프리카공화국 화이트 와인, 이탈리아 레드 와인, 샴페인 로즈, 스파클링 와인 시그너처 티, 목테일 등 다양한 음료를 취향에 따라 골라 마실 수 있다. 특히 일요일의 브런치 뷔페는 미식가들에게는 인기가 높다.

중국에서 태국, 일본, 베트남에 이르는 아시아 국가의 요리를 디너에서 전문으로 선보이는 레스토랑 '오리엔털(The Oriental)'에서는 스시, 사시미, 딤섬 등 스페셜 요리들을 남아프리카공화국 와인과 즐기는 새로운 미감을 경험할 수 있다. 음료는 칵테일, 목테일, 샴페인, 와인, 허브티, 카푸치노에서 각각 「시거너처」와 「스페셜 티」 등의 메뉴로 일반 음료와 구분해 제공해 눈길을 끈다. 특히 음료의 메뉴는 그 가짓수가 많기로 유명하다.

이 호텔에서 숲처럼 조성된 '플레임 트리 라운지(Flame Tree Lounge)'에서는 국제적인 요리와 음료 등이 수많은 종류로 준비되어 메뉴를 처음

판 브라리스 레스토랑

보는 여행객들은 놀라움을 금치 못할 것이다. 야외 테라스에서는 카푸치노, 허브 티와 함께 별미들을 즐기거나 「하이 티 다르에스살람(High Tea Dar es Salaam)」의 메뉴를 경험할 수 있어 티 애호가들에게는

하이 티를 선보이는 플레임 트리 라운지

반길 만한 장소이다. 또한 밤에는 칵테일을 마시면서 휴식을 취하기에 훌륭한 장소이다.

브렉퍼스트 특별 주문 메뉴로 카푸치노와 티를 내세우는 풀 바인 '키트루스(Citrus)'에서는 수영과 함께 칵테일, 과일주스, 아이스티 등 다양한 음료들을 즐기면서 휴식을 취할 수 있다.

옥상 바인 '레벨(Level) 8'에서는 이국적인 시거너처 칵테일이나 목테일 등들을 마시면서 다르에스살람의 시가지와 스카이라인, 그리고 항구의 일몰 광경을 360도 방향으로 바라보면서 감상해 보자. 칵테일 마니아들에게는 잊을 수 없는 경험을 제공할 것이다.

플레임 트리 라운지의 「하이 티」

애프터눈 티 서비스 타임 ☆
· 레스토랑(카페) : 플레임 트리 라운지
· 메뉴 : 하이 티 다르에스살람
· 시간 : 매일 오후 〈예약 시간〉

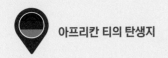

말라위

말라위는 세계 10대 호수인 말라위호를 사이에 두고 동으로는 탄자니아, 모 잠비크와 국경을 이루는 작은 국가이다. 19세기 영국의 식민지였던 말라위 는 1964년 독립과 함께 영국 연방국이 되었다.

말라위는 대지구대에 위치해 평균 해발고도가 약 1000m에 이르고, 아열대 성 몬순 기후로 우기와 건기가 뚜렷하고 연평균 강수량도 많아 차나무의 재 배에 최적지이다. 이러한 테루아로 말라위는 약 100년 전 식민지 시대부터 차 나무가 심겨 아프리카 최초로 차나무를 상업적으로 재배한 곳이다.

오늘날에는 2020년 기준 재배면적 1만 8108ha, 연간 총생산량 4만 7865톤 으로(FAOSTAT 2022), 아프리카대륙 총생산량의 10%를 차지해 케냐에 이어 아프리카 제2위의 티 생산국이다(말라위티협회/Tea Association of Malawi). 이러한 배경으로 아프리카 최빈국인 말라위에서도 휴양지에서 티를 쉽게 접 할 수 있다.

말라위는 릴롱궤(Lilongwe)가 수도이지만, 최대의 도시는 역시 가장 오래된 도시로 상공업 중심지인 '블랜타이어(Blantyre)'이다.

지명 '블랜타이어'는 대탐험가 리빙스턴의 고향인 스코틀랜드의 '블랜타이 어'에서 유래되었다고 전해진다. 이 지역의 인근에는 아프리카에서도 가장 오래된 차나무의 재배지인 해발고도 3000m의 '물란제산(Mount Mulanje)' 이 있다. 따라서 이곳에는 다원 관광을 즐길 수 있는 힐링 시설이나 럭셔리 호텔들이 들어서 있다.

Huntingdon House

아프리카 다원 개척 시대의 '노스탤지어', '헌팅턴 하우스' 호텔

헌팅턴 하우스 호텔 전경

말라위의 최대 도시인 블랜타이어 인근의 물란제 산지에는 티 애호가들에게 아프리칸 티 성지의 순례길이 있다. 1920년대 아프리카 최초로 차나무가 재배되었던 '티욜로 구역(Thyolo district)'이다. 이곳은 지금도 말라위 티 산지의 중심지로서 가장 아름다운 명소로 손꼽힌다.

1920년대 스코틀랜드인 맥클린 케이(Maclean Kay)가 조성해 말라위에서 가장 오래된 다원 중 하나인 '사템와 다원(Satemwa Tea Estate)'에는 1930년 중반에 방갈로로 건축된 '헌팅턴 하우스(Huntingdon House)' 호텔이 있다.

이 호텔은 케이 일가가 당시 커피나무와 차나무를 재배하기 위해 지은 농가 그대로의 모습을 지금도 온전히 간직하고 있어 르완다를 넘어 아프리카에서도 기념비적인 장소로 티 애호가라면 반드시 둘러보아야 할 티 명소이다.

다원과 함께 케이 일가가 4대째 운영하는 이 호텔은 식민지 시대풍의 모

헌팅턴 하우스 티 서비스

습이 다원의 녹음과 어우러져 여행객들에게 아프리카 다원 개척 시대에
대한 노스탤지어를 불러일으킨다.

특히 사템와 다원에서는 여행객들이 티 테이스팅을 비롯해 티 칵테일과
함께 다양한 종류의 케이크를 맛볼 수 있다. 헌팅턴 하우스 호텔은 투숙
객들을 위해 5개의 방과 레스토랑을 운영하고 있으며, 갓 구운 비스킷을
비롯한 다이닝과 산지의 신선한 티가 조화를 이루어 맛이 일품이다.

더욱이 역사적인 티 명소인 이 호텔의 가든에서 '사템와 티(Satemwa
Tea)'나 '커피 칵테일(Coffee Cocktail)'과 함께 갓 구운 스콘과 케이크,
샌드위치, 비스킷들로 선보이는 '애프터눈 티'는 티 애호가들에게는 최
고의 선물로서 직접 경험해 보길 바란다.

애프터눈 티 서비스 타임 ☆

- 레스토랑(바) : 가든
- 메뉴 : 애프터눈 티
- 시간 : 매일 오후 〈예약 시간〉

참조 : '애프터눈 티'에서는 말라위에서
가장 오래된 다원인 사템와 다원에서
생산된 신선한 '사템와 스페셜 티'와
'커피 칵테일'을 선보인다.

모잠비크

모잠비크는 동아프리카 대지구대의 남단에서 인도양에 접한 해안국으로서 마다가스카르섬(Madagascar)과 모잠비크해협(Mozambique Channel)을 사이에 두고 마주 보고 있다. 15세기 포르투갈의 항해가인 바스쿠 다가마 (Vasco da Gama, 1469?~1524)가 1497년 포르투갈 국왕의 원조로 리스본을 떠나 희망봉을 돌아 인도의 코지코드(Kozhikode)에 이르는 인도 항로의 개척길에서 1498년 기항하면서 서양에 처음 소개된 뒤로 포르투갈의 식민지가 되었다.

모잠비크해협은 이집트의 수에즈운하가 개통되기 전까지 대항해 시대부터 유럽과 아시아를 오가는 해상 무역의 중요 항로로서 수많은 선박이 오가던 곳이었다. 지금도 페르시아만과 유럽을 오가는 유조선들의 중요 길목이다.

그러한 해상 무역의 중요 기항지였던 모잠비크는 20세기 중반까지 포르투갈의 해외령이었다가 1975년 독립하였다. 오늘날에는 전체 경제를 농업에 크게 의존하고 있다. 특히 커피와 티는 중요 작물인데, 티 2020년 기준 재배 면적 4만 4746ha, 연간 생산량 3만 3592톤으로 아프리카대륙에서 제5위의 규모이다(FAOSTAT 2022).

오늘날에는 항만 도시인 수도 마푸토(Maputo)를 중심으로 경제가 발달하여 각종 유명 관광 휴양 시설이 밀집되어 있다.

Polana Serena Hotel

식민지 유풍 호스피탈러티의 클래식, '폴라나 세레나 호텔'

폴라나 세레나 호텔 전경

인도양의 항구 도시이자 모잠비크의 수도인 마푸토(Maputo)는 드넓은 푸른 바다를 배경으로 해안 곳곳에 야자수들이 자라고 있어 해변의 풍광이 아름답기로 유명한 휴양 도시이다. 그러나 16세기에는 포르투갈 상인들이 아프리카 노예와 상아를 수출하던 악명이 높았던 곳이었다.

당시 해상 무역을 통해 세계 제국을 처음으로 건설한 포르투갈의 탐험가인 로렌초 마르케시(Lourenço Marques)가 1544년 이곳의 강가에 정착촌을 건설하고 포르투갈인들이 이주하면서부터 아프리카 노예와 상아 무역이 발달한 것이다. 이때 포르투갈의 국왕 주앙 3세(João III, 1502~1557)가 도시의 최초 건설자인 로렌초 마르케시를 기리는 차원에서 도시명을 '마르케시'로 정하였다.

1975년 포르투갈로부터 독립한 뒤 수도가 된 마르케시는 오늘날의 마푸토로 개칭하고 모잠비크의 정치, 문화, 경제의 중심지로서 성장하였다. 이러한 역사적이 배경으로 도시 곳곳에는 포르투갈 식민지의 유적들을 쉽게 찾아볼 수 있다. 또한 비즈니스나 휴양을 위해 찾은 여행객들을 위한 유명 호스피탈러티 기업들이 곳곳에 들어서 있는데, '폴라나 세레나 호텔(Polana Serena Hotel)'도 그중 한 곳이다.

1922년 식민지 시대에 첫 문을 열어 지금까지 역사와 식민지 유풍 호스피탈러티의 클래식으로 유명한 이 호텔은 인도양의 해안가를 따라 들어서 아름다운 풍경을 배경으로 식민지 시대의 건축물에 들어서 있다. 그리고 이 호텔은 동아프리카, 남아시아 등에서 각종 휴양 시설을 소유한 세계적인 호스피탈러티 그룹 '세레나호텔스 앤 리조트(Serena Hotels & Resorts)'의 5성급 브랜드 호텔인 만큼 레스토랑과 바의 수준이 마푸토에서도 최고의 수준이다.

'바란다 레스토랑(Varanda Restaurant)'은 실내에서는 아름다운 정원을 감상하면서, 야외에서는 마푸토만을 바라보면서 뷔페식으로 브렉퍼스트에서부터 디너까지 즐길 수 있는 곳이다. 런치에서는 향신료를 사용한 국제적인 요리들을, 디너에서는 알카르테 수준의 요리들을 선보인다. 이곳은 예약이 권장되는 레스토랑으로서 미식가들에게는 훌륭한 방문지가 될 것이다.

런치와 디너를 전문으로 선보이는 '델라고아 레스토랑(The Delagoa Restaurant)'에서는 모잠비크 현지의 식재료를 프랑스 정통 요리에 융합시킨 독특한 진미를 우아한 실내 디자인의 룸이나 항만을 볼 수 있는 야외 테라스에서 경험할 수 있다.

델라고아 레스토랑 내부의 '레지던츠 라운지(Residents Lounge)'에서는 디너 전에 아페리티프로 티, 커피, 와인을 가벼운 과자류와 함께 즐길 수 있다.

바란다 레스토랑

'아쿠아리스 바 앤 레스토랑(Aquarius Bar & Restaurant)'은 테라스에서 마푸토만의 드넓은 전경을 바라볼 수 있어 전망이 훌륭할 뿐만 아니라 티, 위스키, 와인, 열대과일 칵테일

폴라나 바

에서부터 신선한 샐러드, 스시, 사시미, 샐러드, 미식 수준의 샌드위치 등의 방대한 메뉴를 즐길 수 있다. 디너에서는 재즈 음악이 흐르는 가운데 다양한 요리들과 함께 밤의 열기를 느껴 보길 바란다. 일요일에는 풍성한 브런치도 기다리고 있다는 사실을 체크해 두는 것도 좋다.

이 호텔에는 수도 마푸토에서도 가장 인기 있는 만남의 장소가 있다. 고전적이면서도 식민지풍의 분위기를 자아내는 '폴라나 바(Polana Bar)'이다. 클래식 칵테일, 코냑, 와인을 비롯해 깜찍한 페이스트리나 별미와 함께 오후의 「하이 티(High Tea)」 메뉴도 동시에 즐길 수 있는 명소이다. 모잠비크를 방문한 티 애호가들에게는 훌륭한 안식처가 될 것이다.

폴라나 바의 「하이 티」

애프터눈 티 서비스 타임
· 레스토랑(바) : 폴라나 바
· 메뉴 : 하이 티
· 시간 : 매일 오후 〈예약 시간〉

아프리카 여행 전문 호스탈러티 그룹,
'세레나 호텔 그룹'

케냐에 본사를 둔 '세레나 호텔 그룹(The Serena Hotels Group)'은 1970년대에 '여행 진흥 서비스(TPS, Tourism Promotion Services Serena)'라는 이름으로 여행, 레저 사업을 시작해 호피스탈러티 업계에 처음으로 진출하였다.

그 뒤 스위스의 국제적인 금융 개발 기관인 '경제개발·아가칸펀드(Aga Khan Fund for Economic Development SA)'의 스위스 기업인 '세레나 투어리즘 프로모션 서비스(STPS SA, Serena Tourism Promotion Services SA)'가 세레나 호텔 그룹을 소유 및 운영하면서 세계적인 호스피탈러티 그룹으로 성장하였다.

세레나 호텔 그룹은 오늘날 동아프리카, 남아시아 등에서 35개의 럭셔리 호텔과 리조트, 사파리 산장, 캠프 등의 휴양지를 운영하면서 숙박, 홀리데이 휴양, 독특한 문화유산 관광 및 모험 여행의 프로그램을 운영하고 있다.

또한 창업 모티브가 여행이었던 만큼 세계에서도 가장 흥미로운 여행 호스피탈러티를 즐길 수 있는 곳으로도 유명하다. 사업의 주요 무대가 다양한 야생 동식물들이 서식하는 아프리카대륙인 만큼 호텔의 모든 시스템을 자연과 함께 지속 가능한 발전을 위한 방식으로 운영하고, 야생 생태 보호를 위한 자연환경의 보전 사업에도 많은 노력을 기울이고 있다.

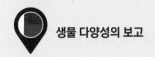
마다가스카르

아프리카대륙 연안의 인도양에는 마치 인도아대륙 연안의 스리랑카와도 같이 거대한 섬이 있다. 세계에서 4번째로 큰 섬인 '마다가스카르(Madagascar)'이다. 이곳은 19세기 위대한 생물학자이자, 탐험가인 찰스 로버트 다윈(Charles R. Darwin, 1809~1882)이 비글호(Beagle)를 타고 탐험에 나선 곳이다.

다윈은 그의 진화론을 뒷받침하는 '공진화'의 개념을 이 지역의 희귀식물을 보고 탄생시켰다고 한다. 공진화는 여러 생물종들이 서로 영향을 주면서 진화하는 생물학적인 현상이다. 수분을 매개로 번식하는 꽃식물의 유형에 맞춰 곤충의 입 모양도 적합하도록 발달한 것이 대표적이다.

이곳은 아프리카대륙과 오랫동안 고립되어 야생동식물들이 진화를 거듭한 끝에 오늘날에는 '지구 생물 다양성의 보고'가 되고 있다. 그런 마다가스카르는 19세기 영국, 프랑스의 식민지였다가 1960년 독립하였는데, 인도양에 위치한 지리적인 이유로 인도네시아계, 아프리카계의 사람들이 특히 많이 거주하고 있다.

오늘날에는 수도 안타나나리보(Antananarivo)를 중심으로 농업이 발달해 다양한 특용 작물들을 재배하고 있다. 그중에 티 산업은 2020년 기준 재배면적이 1729ha, 연간 생산량이 382톤(FAOSTAT 2022)으로 매우 적은 규모이지만, 동아프리카 티무역협회 회원국으로서 꾸준히 활동하고 있다.

바오밥 나무들

Carlton Hotel Madagascar

수도 안타나나리보의 '칼튼 호텔 마다가스카르'

칼튼 호텔 마다가스카르의 야경

여행객들이 해양생물의 보고이자 희귀 야생 동식물로 유명한 마다가스카르로 향한다면 첫 관문인 수도 안타나나리보의 공항에 내려야 할 것이다. 이 안타나나리보는 세계적인 인지도가 있는 마다가스카르의 수도인 만큼 여행객을 위한 럭셔리 호텔들도 진출해 있다.

그중의 한 곳인 '칼튼 호텔 마다가스카르(Carlton Hotel Madagascar)'는 수도 최초의 호텔로서 마다가스카르에서도 5성급으로 여행객을 위한 최고의 시설과 다이닝 서비스를 제공하는 것으로 유명하다.

시그너처 레스토랑인 '레드 아일랜드 레스토랑(Red Island Restaurant)'에서는 미식 요리를 지향하는 만큼 최고 수준이다. 셰프들이 이 지역의 신선한 식재료로 선보이는 미식 요리들을 테라스에서 풀장을 바라보면서 즐기는 브렉퍼스트는 결코 잊을 수 없는 경험이 될 것이다. 그리고 런치와 디너에서는 셰프들이 새롭게 창조한 현대적인 요리들을 접할 수 있다. 마다가스카르에서 미식의 즐거움을 느껴 보길 바란다.

아노지 호수(Lake Anosy)가 바라보이는 테라스에 둥지를 튼 '비스트로 뒤 칼튼(Bistro du Carlton)'에서는 저녁에 바텐더들이 창조적으로 선보이는 다양한 칵테일과 최고급 와인의 향연을 경험할 수 있다. 특히 인도양의 옥빛 바다색을 연상시키는 듯한 색상의 칵테일과 열대 과일의 강렬한 원색을 살린 칵테일들은 매우 환상적이다.페이스트리 미식가들을 위한 레스토랑도 있다. '페이스트리 레클레르(Pastry

비스트로 바의 모습과 화려한 칵테일

L'Eclair)'이다. 이 레스토랑은 페이스트리에서는 섬나라 마다가스카르에서도 최고 수준이다. 테라스 또는 다이닝 룸에서 새롭게 창조된 페이스트리와 아이스크림, 샌드위치와 함께 신선한 주스를 마시면서 활기를 되찾아 보길 바란다.

풀장 레스토랑 '오아시스 오브 타나(Oasis of Tana)'에서는 열대 지방의 하늘색이 투영된 아름다운 풀장에서 수영을 즐긴 뒤 칵테일, 피자, 스낵을 비롯해 미식 수준의 샐러드와 구이 요리들을 맛볼 수 있어 인기가 높다.

칼튼 호텔 마다가스카르는 역시 티보다는 칵테일이 더 훌륭한 명소임을 기억해 두자. 물론 티나 커피는 기본적으로 라운지, 레스토랑에서 즐길 수 있다.

III

남아프리카

남아프리카공화국

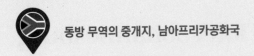

'황금'과 '루이보스'의 산지

남아프리카공화국(이하 남아공)은 '최초의 인류들'이 거주한 곳이다. 약 17만 년 전 현생 인류의 화석뿐만 아니라 그 선조 영장류의 화석들이 발견되어 유네스코 세계문화유산으로 지정된 곳들이 많다.

이러한 남아공은 15세기 대항해 시대를 연 포르투갈 '항해왕((O Navegador)' 엔히크(Henrique de Avis, 1394~1460)가 당시 금보다 비쌌던 향신료를 찾기 위한 인도 항로의 개척에 실패한 뒤 탐험가 바르톨로뮤 디아스가 인도양과 대서양의 분기점 '희망봉'을 발견해 서양에 처음 소개되었다. 그리고 이 희망봉은 수에즈운하가 개통되기 전까지 동양 무역의 필수 기항지로 성장하게 된다.

19세기 영국령이었다가 1961년 독립한 남아공은 오늘날 금(요하네스버그), 다이아몬드(킴벌리), 우라늄 등 광물 자원이 풍부한 나라이며, 또한 세더버그산맥(Cederberg Mts.)의 고지대는 세계적인 디카페인 음료인 '루이보스(Rooibos)'의 원산지로도 유명하다. 티 또한 적지만 생산하는 나라로 2020년 기준 재배 면적이 1064ha, 연간 생산량이 2153톤 정도 된다(FAOSTAT 2022). 이러한 남아공의 정치, 경제, 문화의 제일 도시 '요하네스버그', 희망봉 인근의 최고(最古) 항구 도시 '케이프타운', 식민 도시 '파를(Paarl)' 등에는 관광객들의 발길이 끊이지 않으면서 휴양을 위한 호텔 앤 리조트들도 많이 들어서 있다.

The Saxon Hotel Johannesburg

남아공 럭셔리 여행의 화려한 출발지, '색슨 호텔 요하네스버그'

색슨 호텔 요하네스 버그의 풀 전경

남아프리카 최대의 도시 요하네스버그(Johannesburg)는 1886년 금광이 발굴되면서 사람들이 몰려들어 상공업이 발달하였다. 오늘날에는 세계 금 생산량의 약 60%를 차지하는 남아공의 금광 중심지이자 '세계의 골든 도시'이다. 그런 만큼 입법 수도 케이프타운(Cape Town), 정치, 행정의 수도 '프리토리아(Pretoria)'보다 더 크게 오래전부터 융성하였다.

이곳은 17세기 네덜란드, 19세기 영국의 식민지였던 만큼 서양의 문물들이 일찍부터 유입되어 오늘날 곳곳에는 그 유적들이 산재해 있다. 물론 애프터눈 티, 하이 티 문화도 그와 함께 전파되었다.

한때 백인 우월주의로 흑인에 대한 인종 차별에 대항하여 인권 운동을 벌였던 세계 인권 운동의 상징적 인사이자 남아공 최초의 흑인 대통령 넬슨 만델라(Nelson Rolihlahla Mandela, 1918~2013)를 기리기 위한 '넬슨 만델라 광장'을 비롯하여 아프리카 최고 높이의 방송 타워인 '센테크 타워(Sentech Tower)', 초호화 쇼핑 센터 등 관광 명소들이 많다.

이러한 곳들을 둘러본 여행객들이 여장을 풀고 휴식을 취할 만한 숙소를 찾는다면 쉽게 찾을 수 있을 것이다. 남아공 최대의 도시인 만큼 세계적인 호스피탈러티 기업들이 진출해 있기 때문이다. 리딩 호텔스 오브 디 월드(The Leading Hotels of the World, Ltd)'의 5성급 럭셔리 호텔인 '색슨 호텔 요하네스버그(The Saxon Hotel Johannesburg)'가 대표적이다. 이 호텔은 10에이커의 거대한 정원 가운데 풍요로운 역사와 현대의 양식이 융합된 최고의 서비스를 제공하여 '아프리카 톱 5선 럭셔리 호텔'에 속하는 만큼, 화려한 외관에 걸맞게 휴양 시설과 다이닝 앤 바의 서비스도 최상이다. 특히 프랑스식 모닝 티와 영국식 애프터눈 티의 문화도 경험할 수 있는 명소이다.

〈월드 컬리너리 어워드(World Culinary Awards)〉에서 〈2021 아프리카 베스트 파인 다이닝 호텔 레스토랑(Africa's Best Fine Dining Hotel Restaurant 2021)〉를 비롯해 다수의 수상 기록을 세워 요하네스버그에서도 톱 레스토랑인 '쿠누(Qunu)'는 남아공 최초의 흑인 대통령이자, 세계 인권 운동가의 거성인 넬슨 만델라(Nelson Rolihlahla Mandela, 1918~2013)를 기리기 위해 그의 출생지명을 붙인 것이다.

이 레스토랑에서는 현지의 제철 식자재로 만든 예술적 수준의 요리에 '소믈리에'가 직접 와인을 페어링하여 미식가들을 위한 장소이다. 브렉 퍼스트에서부터 디너까지 다양한 요리들을 선보이는데, 특히 「5코스 테이스팅」 메뉴와 「쿠누 알라카르트」 메뉴에서 연어, 푸아그라, 와규 필렛

쿠노 레스토랑

테라스 레스토랑

등의 요리는 미식가라면 꼭 경험해 보길 바란다. 특히 일요일의 브런치에서는 셰프가 직접 스페셜 요리를 선보여 미각과 시각을 일깨워 줄 것이다.

야외 레스토랑인 '테라스(The Terrace)'에서는 정원 가운데 연못가에서 아름다운 경치를 감상하면서 자체 농원에서 재배한 허브와 채소들을 식재료로 사용하여 창조한 다양한 요리들을 경험할 수 있다. 버프 버거에서부터 샌드위치, 다채로운 해산물 요리에 이르는 다양한 메뉴의 요리들을 브렉퍼스트에서부터 디너까지 선보인다.

'와인 셀러스(Wine Cellars)'에서는 와인 리스트를 끊임없이 갱신하는 '와인 프로그램'을 기반으로 방대한 지식과 경륜을 갖춘 베테랑 소믈리에가 추천하는 와인과 함께 즐기는 맞춤식 다이닝은 일반인들까지도 미식의 세계로 인도할 것이다.

특히 요하네스버그에서도 최고의 '하이 티'를 자랑하는 색슨 호텔의 스페셜티 레스토랑인 '모닝 앤 애프터눈 티(Morning and Afternoon Tea)'는 티 애호가들의 초관심사일 것이다.

이곳에서는 얼그레이 홍차와 함께 광범위한 종류의 페이스트리, 스콘, 과자류 등 간식을 선보이는 '프렌치 모닝 티, '프렌치 애프터눈 티'는 고객들에게 완벽한 즐거움을 선사한다.

특히 모닝 티는 「모닝 티」, 「베지테리언 모닝 티」, 「비건 모닝 티」메뉴로, 애프터눈 티도 「애프터눈 티」, 「베지테리언 애프터눈 티」, 「비건 애프터

눈 티」메뉴로 세분
해 선보여 고객들이
취향에 맞게 완벽하
게 즐길 수 있다.
티 애호가라면 황금
의 도시 '요하네스버
그'에서도 프랑스 정

모닝 앤 애프터눈 티 티룸과 애프터눈 티 서비스

통 모닝 티와 프랑스식 애프터눈 티를 이곳에서 경험해 보길 바란다.

애프터눈 티 서비스 타임

- 레스토랑(바) : 모닝 앤 애프터눈 티 레스토랑
- 메뉴 : 애프터눈 티, 베지테리언 애프터눈 티,
  비건 애프터눈 티
- 시간 : 매일 1:30pm~3:30pm
  참조 : 이곳의 애프터눈 티는 영국식이
  아니라 프랑스식이다. 평일보다
  주말에 가격이 약간 더 높다.

모닝 티 서비스 타임

- 레스토랑(바) : 모닝 앤 애프터눈 티 레스토랑
- 메뉴 : 모닝 티, 베지테리언 모닝 티,
  비건 모닝 티
- 시간 : 월요일~토요일/9:30am~11:30am
  참조 : 이곳의 모닝 티는 프랑스식이다.

Mount Nelson
A belmond Cape Town

희망봉, 테이블마운틴의 명승지 케이프타운의
'마운트 넬슨 어 벨몬드 호텔'

마운트 넬슨 어 벨몬드 호텔의 전경

케이프타운은 20세기 초 이집트의 수에즈 운하가 개통되기 전까지 대서양에서 인도양으로 넘어가는 동양 무역의 중개지(해양 실크로드, 티로드)로서 주요 항구 도시였다. 오늘날에는 남아공 입법 수도로 제2의 도시이자, 해발고도 1087m의 수직 탁상형 암벽 산으로 경관이 장엄한 '마운틴테이블(Mount Table)'과 인근의 '희망봉'으로 인해 남아공의 대표적인 휴양지로 꼽힌다. 따라서 여행객들이 휴양을 위하여 찾는 유명 럭셔리 호텔들이 많다.

마운틴테이블산 아래에 위치한 분홍색의 건물인 '마운트 넬슨 어 벨몬드 케이프타운(Mount Nelson A belmond Cape Town)' 호텔은 케이프타운 5성급 럭셔리 호텔 중에서도 최고로 꼽힌다. 1918년 평화의 상징으로 분홍색으로 외벽이 칠해진 뒤, 영국 수상 '윈스턴 처칠', 비틀스의 '존 레논', 남아공 전 대통령 '넬슨 만델라'가 휴양을 취하였던 명승지이다.

케이프타운 국제공항과는 12km 거리에 있어 교통이 편리할 뿐 아니라, 레스토랑, 플래닛 바, 셰프의 테이블, 오아시스 비스트로, 애프터눈 티 라

운지, 가든 피크닉은 오래전부
터 그 명성이 높았다.

그런데 티 애호가들의 관심사
는 다른 곳에 있을 것이다. '애
프눈 티 앤 라운지(Afternoon
Tea & Lounge)'이다. 수요일에
서 일요일까지 오후 시간대인
12시부터 3시까지 30년 역사를
자랑하는 이 호텔의 명물인 애
프터눈 티를 즐길 수 있기 때문이다.

애프터눈 티 앤 라운지

이 라운지에서는 '남아프리카식 밀크 타르트'와 '아삼 블렌드 홍차'를 베
이스 티로 로스트 비프가 풍성한 핑거 샌드위치, 훈제 연어, 크리미 에그
마요네즈, 초콜릿케이크, 레몬 머랭, 갓 구운 스콘과 크림류 등과 함께 풍
성한 애프터눈 티를 즐긴 뒤에 알라카르트 수준의 디너도 즐길 수 있다.
티 애호가나 미식가들이나 일반인들에게도 아주 매혹적인 장소이다.

우아한 실내 장식에서 최고의 디너를 즐길 수 있는 명소인 '로드 넬슨 레
스토랑(Lord Nelson Restaurant)'과 브렉퍼스트와 함께 '애프터눈 칵테
일(afternoon cocktail)'의 메뉴를 즐길 수 있는 '오아시스 비스트로(Oasis
Bistro)'는 현재 코비드 19 팬데믹으로 운영하지 않지만, 포스트 코로나
의 그 날이 오면 방문을 잊지 말길 바란다.

애프터눈 티 서비스

애프터눈 티 서비스 타임 ★
· 레스토랑(바) : 애프터눈 티 앤 라운지
· 메뉴 : 애프터눈 티
· 시간 : 수요일~일요일 / 12:00pm~3:00pm
참조 : 오아시스 비스트로 레스토랑에서
'애프터눈 칵테일'도 경험해 볼 것을 권장한다.

The Table Bay Hotel

대서양 항만, V&A 워터프론트의 '테이블 베이 호텔'

테이블 베이 호텔 야경

뒤로는 케이프타운시, 테이블마운틴을 배경으로 하고, 앞으로는 대서양이 펼쳐져 아프리카에서도 아름답기로 유명하여 한 해에만 2300만 명의 관광객이 발길을 잇는 곳이 있다. 케이프타운 테이블만 항구의 빅토리아 & 앨프레드 워터프론트(The Victoria & Alfred Waterfront) 복합 단지이다.

이곳에는 세계적인 관광 명소인 만큼 세계 유수의 호스피탈러티 업체들이 진출해 있다. 그중에는 1997년 넬슨 만델라 대통령 시절에 첫 문을 연 '테이블 베이 호텔(The Table Bay Hotel)'도 있다.

1967년에 설립된 남아프리카 최대의 호스피탈러티 그룹인 '선 인터내셔널 호텔스(Sun International Hotels Limited)'의 럭셔리 브랜드 호텔인 이곳에서는 5성급의 국제 표준 서비스를 준수하며, 각종 다이닝과 시설들이 세계 최고의 수준이다. 특히 라운지는 테이블만 최고의 '하이 티'를 선보이는 곳으로도 유명하다.

레스토랑 '애틀랜틱(The Atlantic)'에서는 그림과도 같은 풍경을 지닌 항구 도시의 전경과 함께 스타일리시한 실내 인테리어 속에서 브렉퍼스트를 즐길 수 있다. 브렉퍼스트 메뉴에는 「풀 브렉퍼스트(Full Breakfast)」와

애틀랜틱 레스토랑 전경

「컨티넨탈 브렉퍼스트(Continental Breakfast)」의 두 종류가 있으며, 취향대로 선택해 즐길 수 있다.

'시바 레스토랑(Siba The Restaurant)'에서도 워터프런트와 마운틴테이블의 전경을 바라보면서 5성급 호텔 다이닝의 진수를 맛볼 수 있다. 아프리카 출신의 셰프가 예술적인 솜씨를 발휘하여 4코스 테이스팅 메뉴로 선보이는 세계적인 요리들은 미식가들에게도 깊은 호기심을 불러일으킬 것이다. 여기에 와인 곁들인다면 더할 나위 없이 훌륭할 것이다. 이곳은 테이블만에서도 독특한 미식 요리의 목적지로 평가되는 곳이기 때문에 미식가들이라면 반드시 체크해 두는 것도 좋다.

'풀바(Pool Bar)'에서는 수영을 즐긴 뒤 대서양을 내려다보면서 시그너처 칵테일을 즐기면서 휴식할 수 있는 곳으로 '케이프타운의 라이베리아'로 불린다. 수제 버그와 메제, 오픈 샌드위치, 샐러드는 일품이다.

실내 디자인이 목재로 조성되어 매우 우아한 품격이 느껴지는 '유니언 바(Union Bar)'는 이 지역에 선박을 운항하였던 유서 깊은 영국의 운항사 '유니언 캐슬 운항사(the Union-Castle shipping line)'(1900~1977)로부터 이름이 유래된 칵테일 바이다.

아몬드 향미의 이탈리아 리큐어인 '아마레토(Amaretto)'와 'KWV 브랜디'를 창조적으로 믹솔로지한 '케이프 커넥션(Cape Connection)'이나 크랜베리주스, 보드카, '트리플 섹(Triple Sec)', '그라함 벡 브뤼(Graham

Beck Brut)'의 레드 와인을 믹솔로지한 '오스카 스파클링 코스모(Oscar Sparkling Cosmo)'와 같은 테이블만을 대표하는 시그너처 칵테일과 함께 사람들과 편안한 대화를 나눠 보길 바란다.

특히 이 호텔의 라운지(The Lounge)는 전망이 좋기로 유명하여 사람들의 만남이 많아 '테이블만 사람들의 허브'로 꼽힌다. 이곳에서는 영국 정통 하이 티(애프터눈 티)와 셰프의 스페셜 요리는 물론이고 테라스에서는 칵테일도 즐길 수 있다.

특히 금요일에서 일요일 사이에 오후 시간대인 2시~3시 30분, 4시~5시 30분의 2회 선보이는 하이 티는 1, 2, 3, 4코스의 총 네 코스로 구성되어 있으며, 각 코스별로 치즈, 케이크, 잼 등이 다른 특징으로 티 애호가들의 마음에 매우 신선한 바람을 불어넣어 줄 것이다.

티 애호가라면 테이블만의 사람들로부터 사랑을 받는 이곳에서 마운틴 테이블과 대서양의 수평선 너머로부터 테이블로 시선을 돌린 뒤 테이블만 최고의 애프터눈 티도 경험해 보길 바란다. 아마도 티 한 잔에 인권과 자유의 투사, 넬슨 만델라의 일대기를 다룬 영화 「만델라 : 자유를 향한 머나먼 여정」(2013)의 장면이 떠오를지도 모른다.

하이 티 서비스

애프터눈 티 서비스 타임 ✩
• 레스토랑(바) : 라운지
• 메뉴 : 하이 티 1, 2, 3, 4코스
• 시간 : 금요일~일요일/2:00pm~3:30pm,
4:00pm~5:30pm 2회
참조 : 영국 정통 애프터눈 티의 구성이지만,
별미들이 코스별로 다소 바뀌거나 추가되는
메뉴 구성이다.

남아프리카 선두 리조트 호텔 체인,
국제적인 카지노 관광지,

'선 인터내셔널 호텔스'

Sun
International

남아프리카공화국 요하네스버그에 본사를 둔 '선 인터내셔널 호텔스(Sun International Hotels Limited)'는 1967년 남아공 출신의 기업가 불리는 솔로몬 커즈너(Solomon Kerzner, 1935~2020)가 창립한 호스피탈러티 기업이다.

솔로몬 커즈너가 1983년 세계적인 호스피탈러티 그룹인 '서던 선 호텔스'의 지분을 '남아프리카맥주사(South African Breweries)'에 매각하고 세운 카지노 리조트 호텔 기업이다. 1984년에 남아공의 투자 전문 기업인 '커사프 인베스트먼트(Kersaf Investments Limited)'의 투자를 시작으로 카지노 리조트 사업 부문 외에도 영화, 레스토랑, 쇼핑, 레저 분야로 사업을 확장하였다.

그런데 2004년에 커사프 인베스트먼트가 서던 선 호텔스로부터 지분을 전량 매입하면서 선 인터내셔널 호텔스를 완전히 합병하였다. 오늘날에는 카지노, 호스피탈러티, 엔터테인먼트 분야에서 전설적인 기업으로 성장하여 현재는 5성급을 비롯해 19개의 호텔을 소유하거나 운영하고 있고, 카지노, 프리미엄 리조트 등도 운영하고 있다.

대표적인 럭셔리 호텔로는 케이프타운의 '팰리스 오브 더 로스트 시티 호텔(The Palace of The Lost City Hotel)'과 '선 시티 리조트(Sun City Resort)', '테이블 베이 호텔(The Table Bay Hotel)'이 있다. 특히 선 시티 리조트에서는 세계적인 골프 대회인 '네드뱅크 골프 챌린저(Nedbank Golf Challenge)'를 주최하는 것으로 유명하다. 물론 카지노 분야에서는 지금도 남아프리카의 선두일 뿐만 아니라 세계 정상을 유지하고 있다.

The Grand Roche Hotel

파를 암벽산 아래 포도원의 '그랑 로슈 호텔'

그랑 로슈 호텔의 전경

남아공 웨스턴케이프주의 도시 '파를(Paarl)'에는 유명 암벽산 '파를록 (Paarl Rock)'이 있다. 거대한 바위가 산을 이루는 암벽산인 파를록은 관광객들에게도 매우 인기가 높은데, 이곳에는 여행객들이 등산한 뒤 여장을 풀고 애프터눈 티를 즐길 만한 곳이 있다. 파를록 아래 포도원에 위치한 '그랑 로슈 호텔(The Grand Roche Hotel)'이다. 호텔명 '그랑 로슈'는 프랑스어로 '거대한 바위'라는 뜻이다.

이 호텔은 오래전 '그랑 로슈 재배단지(Grande Roche Estate)'를 소유하였던 지방의 영주가 거주한 장원을 개조한 곳으로 규모는 매우 작지만, 주위에 아름다운 포도원과 정원이 펼쳐지는 5성급의 럭셔리 호텔이다. 룸 시설이나 다이닝 레스토랑이 아기자기하면서 매우 호화롭다. 이 호텔에서 레스토랑이 '에토스(Ethos)'로 단 한 곳뿐이지만 하이 티는 최고 수준이다. 그리고 브렉퍼스트에서 런치, 디너, 하이 티, 와인, 음료, 칵테일

포도원 전경

까지 거의 모든 요리들을 서비스할 뿐만 아니라 요리 수업까지도 진행하고 있다. 특히 하이 티는 금요일에서 일요일 사이에 오전 10시부터 12시, 오후 4시부터 6시까지 하루 2회씩 선보이는데, 케이크, 타르트, 스콘, 잼, 크림, 도넛, 토스트 등과 함께 커피, 티, 아이스티를 선택하여 오전, 오후의 원하는 시간대에 「하이 티」 메뉴를 즐겨 보길 바란다. 이 「하이 티」 메뉴는 별미들이 다른 두 종류로 다시 세분화된다.

여행가이면서 미식가라면 그랑 로슈 암벽에 오른 뒤 하산길에 마치 동화에나 나올 법한 이곳 5성급 호텔에 여장을 푼 뒤 최고 수준의 요리와 와인, 그리고 「하이 티」를 즐겨 보길 바란다.

하이 티 서비스

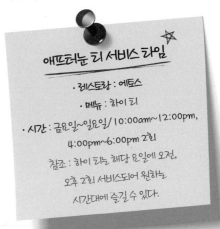

애프터눈 티 서비스 타임

· 레스토랑 : 에토스
· 메뉴 : 하이 티
· 시간 : 금요일~일요일 / 10:00am~12:00pm,
　4:00pm~6:00pm 2회
　참조 : 하이 티는 해당 요일에 오전,
　오후 2회 서비스되어 원하는
　시간대에 즐길 수 있다.

부록

참조 문헌(링크) 및
사진 출처 사이트

19	한국티소믈리에연구원
20~21	WWW.THERITZLONDON.COM
23	https://en.wikipedia.org/wiki/Titanic#/media
24~25	https://www.thesavoylondon.com/
29	https://palm-court.co.uk
30~31	https://www.langhamhotels.com/en/the-langham/london/
33	https://www.langhamhotels.com/en/the-langham/london/
34~35	https://www.landmarklondon.co.uk/
37	https://www.lhw.com/corporate/about-us
38~39	https://milestonehotel.com/
42	https://en.wikipedia.org/wiki/Forbes_Travel_Guide
43~45	https://egertonhousehotel.com/
46	https://egertonhousehotel.com/
47~49	https://www.onealdwych.com/
50~51	https://chesterfieldmayfair.com
52~53	https://41hotel.com
54~56	https://www.royallancaster.com
57	https://en.wikipedia.org/wiki/Preferred_Hotels_%26_Resorts, https://www.royallancaster.com
58	한국티소믈리에연구원, https://en.wikipedia.org/wiki/Fanny_Kemble
59~60	https://www.corinthia.com/london
61~63	https://ampersandhotel.com
64	https://slh.com/, https://ampersandhotel.com
65~67	https://www.the-connaught.co.uk, https://www.maybourne.com/
68	https://en.wikipedia.org/wiki/Hilton_Hotels_%26_Resorts
69~71	http://www.shangri-la.com/london/shangrila
72	WWW.BETTYS.CO.UK
73	WWW.THISISLEAF.CO.UK
75~77	https://www.doylecollection.com/hotels/the-westbury-hotel
78	https://en.wikipedia.org/wiki/Cond%C3%A9_Nast_Traveler
79~80	https://www.hilton.com/en/hotels/dubhcci-conrad-dublin/
81~82	https://www.thewestinhoteldublin.com/
83	https://www.facebook.com/TeagardenDublin/, https://www.teagarden.ie/
85~86	https://www.marhall.com/
87~88	https://inverlochycastlehotel.com
89~91	https://www.thetorridon.com
92~93	https://www.theaa.com/hotel-services/ratings-and-awards, https://www.thetorridon.com
94~96	https://gleneagles.com
97	『세계 티의 이해』(한국티소믈리에연구원)
98~100	https://www.ihg.com/regent/hotels

101   https://www.ihgplc.com/en/about-us/our-history, https://en.wikipedia.org/wiki/
         IHG_Hotels_%26_Resorts
102~104 https://breidenbacherhof.com/en/
105~107 https://www.althoffcollection.com/de/althoff-grandhotel-schloss-bensberg
108~111 https://schlosshotel-kronberg.com/
112~113 https://brhhh.com/falkenstein-grand
114~115 https://www.hotel-muenchen-palace.de/
116   https://www.kuffler.de/en/about-us.php
117~119 https://www.kempinski.com/en/munich/hotel-vier-jahreszeiten
120~121 https://www.mandarinoriental.com/munich/
122   https://www.mandarinoriental.com, https://en.wikipedia.org/wiki/Mandarin_
         Oriental_Hotel_Group
123~124 https://www.eaton-place.de/
125   https://www.eaton-place.de/
126   https://independenttravelcats.com/french-tea-time-guide-afternoon-tea-paris/
127~129 https://www.dorchestercollection.com/en/paris/le-meurice/
130~131 http://www.hoteldanielparis.com/
132~134 https://www.dorchestercollection.com/en/paris/hotel-plaza-athenee
135~137 http://www.shangri-la.com/paris/shangrila/
138~139 https://www.oetkercollection.com/hotels/le-bristol-paris/the-hotel/
140   https://www.oetkercollection.com
141~143 http://www.fourseasons.com/paris/
144   http://www.fourseasons.com, https://en.wikipedia.org/wiki/Four_Seasons_
         Hotels_and_Resorts
145~147 https://www.rosewoodhotels.com/en/hotel-de-crillon
148   https://www.lartisien.com/our-talents?cur=KRW
149   https://guide.michelin.com/, https://guide.michelin.com/kr/ko
150~151 https://www.angelina-paris.fr/fr/lhistoire-de-la-maison, https://www.eutouring.
         com/angelina_tearoom_history.html
152~153 WWW.MARIAGEFRERES.COM
154~155 WWW.LADUREE.COM
156   WWW.DAMECAKES.FR
157   https://en.wikipedia.org/wiki/Portugal
158~159 https://www.valverdehotel.com
160~162 https://www.ritzcarlton.com/en/hotels/europe/penha-longa/dining/b-lounge
163~165 https://www.fourseasons.com/lisbon/dining/lounges/almada_negreiros_lounge/
166~168 https://www.belmond.com/hotels/europe/portugal/madeira/belmond-reids-
         palace/about, https://www.belmond.com/
169   https://en.wikipedia.org/wiki/Belmond_Limited
171   『영국 찻잔의 역사·홍차로 풀어 보는 영국사』(한국티소믈리에연구원), https://
         en.wikipedia.org/wiki/Netherlands

172~173 https://www.hilton.com/en/hotels/amswawa-waldorf-astoria-amsterdam/
dining/

174~175 https://www.ihg.com/intercontinental/hotels/gb/en/amsterdam/amsha/
hoteldetail#scmisc=nav_hoteldetail_ic

176~179 https://www.hoteldesindesthehague.com/

180~181 https://www.karelv.nl/

182~184 https://www.engelenburg.com/

185~186 https://www.hotelhaarlem.nl/

187 https://www.valk.com/en, https://www.vandervalk.de/en

188 https://www.danishteaassociation.com/english/

189~191 https://www.dangleterre.com/en/gallery

192~194 https://www.nimb.dk/da/

195~196 https://www.radissonhotels.com/en-us/hotels/radisson-collection-copenhagen/
restaurant-bar/cafe-royal-copenhagen

197 https://en.wikipedia.org/wiki/Radisson_Hotel_Group

199~201 https://www.roccofortehotels.com/fr/hotels-and-resorts/hotel-amigo/, https://
kiwilifeandstyle.com/afternoon-tea/chocolate-afternoon-tea-at-hotel-amigo-
brussels/, https://www.facebook.com/HotelAmigoBrussels/photos/chocolate-
afternoon-tea-at-bar-amigoserved-daily-from-230pm-to-530pmenjoy-our-
ch/950181725051613

202~203 https://www.juliana-brussels.com/en/luxury-hotel-belgium-brussels

204~206 https://1898thepost.com/en

207~209 https://www.hotelorangerie.be/, http://orangerie.hotel-in-bruges.com/en/#main

211 https://en.wikipedia.org/wiki/Peter_the_Great, ⟨Region⟩ Vol. 3, No. 2 (2014), pp.

195-218 "From Kiachta to Vladivostok: Russian Merchants and the Tea Trade"(Chinyun Lee)
Published By: Slavica Publishers

212~214 https://metropol-moscow.ru/, https://www.tripadvisor.com/Hotel_Review-
g298484-d299869-Reviews-Hotel_Metropol_Moscow-Moscow_Central_Russia.
html

215~216 https://chekhoffhotel.com/

217~218 https://www.fourseasons.com/stpetersburg/

219~221 https://www.kempinski.com/en/st-petersburg/hotel-moika-22/

223~226 https://www.lottehotel.com/stpetersburg-hotel/ru/, 롯데호텔앤리조트

227~229 https://www.roccofortehotels.com/hotels-and-resorts/hotel-astoria/

230 https://bridgetomoscow.com/time-gap-perlov-tea-house

222 https://www.kempinski.com/en/hotels/about-us/history/, https://en.wikipedia.
org/wiki/Kempinski

231 https://en.wikipedia.org/wiki/Poland

232~234 https://www.marriott.com/en-us/hotels/wawlc-hotel-bristol-a-luxury-
collection-hotel-warsaw/

235~236　https://www.raffles.com/warsaw/

237~239　https://copernicus.hotel.com.pl/hotel-copernicus/

240　　　https://www.relaischateaux.com/

241~243　https://www.dobratea.eu/our-history/, www.cajovna.cz

244~245　http://www.dharmasala.cz/wp/teahouse-dharmasala/

250~252　https://www.afternoonteareviews.eu/2016/12/afternoon-tea-four-seasons-istanbul-bosphorus/

253~254　https://www.pierrelotitepesi.com/

255　　　Bahar Narenj Cafe

257~258　https://hotelrespina.com/

259~260　http://international.espinashotels.com/

261　　　Azadegan Teahouse

262　　　https://www.instagram.com/toranj_house/

263　　　https://en.wikipedia.org/wiki/Kashef_as-Saltaneh, https://www.unicornsinthekitchen.com/how-to-brew-persian-tea-at

264　　　https://www.aljazeera.com/features/2015/12/27/the-teahouse-that-holds-the-history-of-iraqs-erbil

265~266　https://www.rotana.com/rotanahotelandresorts/iraq/baghdad/babylonrotana

267　　　https://www.facebook.com/cupway/?ref=page_internal

268~269　https://www.aljazeera.com/features/2015/12/27/the-teahouse-that-holds-the-history-of-iraqs-erbil

270　　　https://threeteaskitchen.com/tea-traditional-iraqi-chai/, https://www.sadiasteaparty.com/category/around-the-world-in-tea/

271　　　https://www.cpc.gov.ae/en-us/theuae/Pages/LateSheikhZayed.aspx

272　　　https://en.wikipedia.org/wiki/Abu_Dhabi

273~274　https://abudhabi.intercontinental.com/

275~276　https://www.ritzcarlton.com/en/hotels/uae/abu-dhabi/

277~278　https://www.marriott.com/en-us/hotels/auhrx-the-st-regis-abu-dhabi/

279　　　https://www.facebook.com/marriottinternational/, https://www.marriott.com/

280~281　www.rosewoodhotels.com, https://www.lartisien.com/hotel/rosewood-abu-dhabi/https://www.rosewoodhotels.com/en/abu-dhabi

282　　　https://www.rosewoodhotels.com/en/about/story

283~285　http://www.shangri-la.com/abudhabi/shangrila/, https://experienceabudhabi.com/afternoon-tea-is-here-at-shangri-la-abu-dhabi-in-collaboration-with-ixora/

286　　　https://www.shangri-la.com/, https://en.wikipedia.org/wiki/Shangri-La_Hotels_and_Resorts

287~289　https://www.hilton.com/en/hotels/auhetci-conrad-abu-dhabi-etihad-towers/, https://www.bayut.com/mybayut/best-places-afternoon-tea-abu-dhabi/#OBSERVATION-DECK-AT-300

290~292　https://www.mandarinoriental.com/abu-dhabi/emirates-palace/

295~297 https://www.addresshotels.com/en/hotels/palace-downtown/rooms-and-suites

298~299 https://www.dubaifestivalcityhotels.com/choix

300~302 https://www.palazzoversace.ae/

304~306 https://www.raffles.com/dubai/

307 https://www.raffles.com/about-raffles/

308~310 https://www.jumeirah.com/en

311 https://www.jumeirah.com/en/jumeirah-group/about-jumeirah, https://www.
jumeirah.com/en/article/stories?destinationId=allCity&categoryId=allCategory

312~313 http://www.atmosphereburjkhalifa.com/, https://www.facebook.com/
atmosphereburjkhalifa/photos/1958545334177875, https://www.facebook.com/
atmosphereburjkhalifa

314~315 https://www.fourseasons.com/dubaijb/

317 https://en.wikipedia.org/wiki/Saudi_Arabia

318~320 https://www.ritzcarlton.com/en/hotels/saudi-arabia/riyadh/dining

321~322 https://www.fourseasons.com/riyadh

323~325 https://www.mandarinoriental.com/riyadh/olaya/luxury-hotel

326 https://www.restaurant-hospitality.com/finance/five-things-hakkasan-group-
acquired-tao-group-hospitality-what-do-if-your-paycheck, https://kr.linkedin.
com/company/tao-group_2?trk=public_profile_experience-item_profile-section-
card_subtitle-click

328~330 https://www.thetorchdoha.com.qa/, https://www.pinterest.co.kr/qatarism/torch-
tower-doha-qatar/

331~333 https://dohawestbay.intercontinental.com/en/about.html

334~336 https://www.sbe.com/hotels/mondrian/doha

337 https://www.sbe.com/, https://en.wikipedia.org/wiki/SBE_Entertainment_Group

338~340 https://www.fourseasons.com/doha/

345 https://www.shutterstock.com/

346~348 https://www.ritzcarlton.com/en/hotels/middle-east/cairo/hotel-overview

349~351 https://www.sofitel-cairo-nile-elgezirah.com/

352~354 https://www.kempinski.com/en/cairo/royal-maxim-palace-kempinski-cairo

355~357 https://www.fourseasons.com/alexandria/

358~361 https://all.accor.com/hotel/1666/index.ko.shtml

363~365 https://www.movenpick.com/en/africa/tunisia/tunis/hotel-du-lac-tunis/

366~368 https://www.anantara.com/en/sahara-tozeur/restaurants/

369~370 https://www.minor.com/en/about/history, https://en.wikipedia.org/wiki/Minor_
International, https://charme-caractere.org/a-propos-de-cc/

372~373 https://all.accor.com/hotel/1540/index.fr.shtml

374~375 https://all.accor.com/hotel/9126/index.ko.shtml

377~379 https://latourhassanpalace.com-hotel.com/

380~382 https://www.lecasablanca-hotel.com/en/index.html

383~385 https://www.royalmansour.com/en/

386~389   https://mamounia.com/fr/

390   https://www.shutterstock.com/

391~393   http://www.sheheraz.com/photos-fes-palais-sheherazade-fes-hotel-luxe/

395   https://www.fairmont.com/mount-kenya-safari

396~399   https://www.kempinski.com/en/nairobi/hotel-villa-rosa/

400~403   https://www.hemingways-collection.com/nairobi/

404~405   https://www.lord-erroll.com/

407~408   https://www.serenahotels.com/kampala

409~410   https://www.marriott.com/en-us/hotels/ebbsi-sheraton-kampala-hotel/

412~413   https://millecollines.rw/

415~416   https://www.hotelclubdulac.com/fr/

417   https://en.wikipedia.org/wiki/Mount_Kilimanjaro

418~420   https://www.hyatt.com/en-US/hotel/tanzania/hyatt-regency-dar-es-salaam-
           the-kilimanjaro/darhr

422~423   https://www.huntingdon-malawi.com/

425~427   https://www.serenahotels.com/polana

428   https://www.serenahotels.com/, https://en.wikipedia.org/wiki/Serena_Hotels

429   https://www.carlton-madagascar.com/

430~431   https://www.carlton-madagascar.com/

434~436   https://www.saxon.co.za/

438~439   https://www.belmond.com/hotels/africa/south-africa/cape-town/belmond-
           mount-nelson-hotel/

440~441   https://www.suninternational.com/table-bay/

443   https://corporate.suninternational.com/about/, https://www.
           nedbankgolfchallenge.com/

444~445   https://granderoche.com/

사단법인 한국티(TEA)협회 인증

티소믈리에 & 티블렌딩 전문가 교육 과정 소개

글로벌 시대에 맞는 티 전문가의 양성을 책임지는

한국티소믈리에연구원

티소믈리에 1급, 2급 자격증 과정
- 티소믈리에 2급
- 티소믈리에 1급

티소믈리에 골드(강사 양성) 과정
- 강사 양성 과정, 티 비즈니스의 이해 과정

티블렌딩 전문가 1급, 2급 자격증 과정
- 티블렌딩 전문가 2급
- 티블렌딩 전문가 1급

티블렌딩 골드(강사 양성) 과정
- 강사 양성 과정, 티블렌딩 응용 개발 과정.

■ **티소믈리에** 고객의 기호를 파악하고 티를 추천하여 주거나 고객이 요청한 티에 대한 특성과 배경을 바로 알아 고객에게 추천하는 전문가.

■ **티블렌딩 전문가** 티의 맛과 향의 특성을 바로 알아 새로운 블렌딩티(Blending tea)를 만들 수 있는 지식과 경험을 갖춘 전문가.

티 소믈리에가 들려주는
호레카(HoReCa) 속 티(Tea) 세계 1

2022년 8월 1일 초판 1쇄 발행
저　　　자　　정승호
펴　낸　곳　　한국 티소믈리에 연구원
출 판 신 고　　2012년 8월 8일 제2012-000270호
주　　　소　　서울시 성동구 아차산로 17 서울숲 L타워 1204호
전　　　화　　02)3446-7676
팩　　　스　　02)3446-7686
이 메 일　　info@teasommelier.kr
웹 사 이 트　　www.teasommelier.kr
펴　낸　이　　정승호
출 판 팀 장　　구성엽
디자인·인쇄　　㈜지엔피링크

한국어 출판권 ⓒ 한국 티소믈리에 연구원(저작권자와 맺은 특약에 따라 검인을 생략합니다)
ISBN 979-11-85926-68-1
세트 979-11-85926-67-4

값 28,000원